★"十三五"★
国家重点出版物出版规划项目
现代航空制导炸弹设计与工程

国之重器出版工程
国防现代化建设

制导炸弹总体设计

Overall Design of Guided Bomb

胡卫华 武 溪 卢 俊 陈 军 黄 波 编著

U0195400

西北工业大学出版社
西 安

【内容简介】 本书分为9章,内容包括概述,制导炸弹总体设计内涵、特点及研制程序,战术技术指标分析论证,制导炸弹总体设计概述,制导炸弹制导控制系统设计,引战系统设计,"六性"设计,系统性能分析及优化设计,武器系统试验等。

本书可供国防类相关专业高年级大学生和相关领域专业技术人员阅读、参考。

图书在版编目(CIP)数据

制导炸弹总体设计 / 胡卫华等编著. — 西安 ：西北工业大学出版社,2022.11
ISBN 978 - 7 - 5612 - 8535 - 0

Ⅰ. ①制… Ⅱ. ①胡… Ⅲ. ①制导炸弹-总体设计
Ⅳ. ①TJ414

中国版本图书馆 CIP 数据核字(2022)第 224689 号

ZHIDAO ZHADAN ZONGTI SHEJI
制 导 炸 弹 总 体 设 计
胡卫华 武 溪 卢 俊 陈 军 黄 波 编著

责任编辑:张 友	策划编辑:杨 军
责任校对:朱晓娟	装帧设计:李 飞

出版发行:西北工业大学出版社
通信地址:西安市友谊西路 127 号　　　邮编:710072
电　　话:(029)88491757,88493844
网　　址:www.nwpup.com
印 刷 者:陕西隆昌印刷有限公司
开　　本:710 mm×1 000 mm　　　1/16
印　　张:17.875
字　　数:350 千字
版　　次:2022 年 11 月第 1 版　　2022 年 11 月第 1 次印刷
书　　号:ISBN 978 - 7 - 5612 - 8535 - 0
定　　价:85.00 元

专家委员会委员（按姓氏笔画排列）：

于　全　中国工程院院士

王　越　中国科学院院士、中国工程院院士

王小谟　中国工程院院士

王少萍　"长江学者奖励计划"特聘教授

王建民　清华大学软件学院院长

王哲荣　中国工程院院士

尤肖虎　"长江学者奖励计划"特聘教授

邓玉林　国际宇航科学院院士

邓宗全　中国工程院院士

甘晓华　中国工程院院士

叶培建　人民科学家、中国科学院院士

朱英富　中国工程院院士

朵英贤　中国工程院院士

邬贺铨　中国工程院院士

刘大响　中国工程院院士

刘辛军　"长江学者奖励计划"特聘教授

刘怡昕　中国工程院院士

刘韵洁　中国工程院院士

孙逢春　中国工程院院士

苏东林　中国工程院院士

苏彦庆　"长江学者奖励计划"特聘教授

苏哲子　中国工程院院士

李寿平　国际宇航科学院院士

李伯虎	中国工程院院士
李应红	中国科学院院士
李春明	中国兵器工业集团首席专家
李莹辉	国际宇航科学院院士
李得天	国际宇航科学院院士
李新亚	国家制造强国建设战略咨询委员会委员、中国机械工业联合会副会长
杨绍卿	中国工程院院士
杨德森	中国工程院院士
吴伟仁	中国工程院院士
宋爱国	国家杰出青年科学基金获得者
张　彦	电气电子工程师学会会士、英国工程技术学会会士
张宏科	北京交通大学下一代互联网互联设备国家工程实验室主任
陆　军	中国工程院院士
陆建勋	中国工程院院士
陆燕荪	国家制造强国建设战略咨询委员会委员、原机械工业部副部长
陈　谋	国家杰出青年科学基金获得者
陈一坚	中国工程院院士
陈懋章	中国工程院院士
金东寒	中国工程院院士
周立伟	中国工程院院士

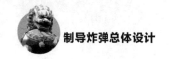

郑纬民　中国科学院院士

郑建华　中国科学院院士

屈贤明　国家制造强国建设战略咨询委员会委员、工业
　　　　和信息化部智能制造专家咨询委员会副主任

项昌乐　中国工程院院士

赵沁平　中国工程院院士

郝　跃　中国科学院院士

柳百成　中国工程院院士

段海滨　"长江学者奖励计划"特聘教授

侯增广　国家杰出青年科学基金获得者

闻雪友　中国工程院院士

姜会林　中国工程院院士

徐德民　中国工程院院士

唐长红　中国工程院院士

黄　维　中国科学院院士

黄卫东　"长江学者奖励计划"特聘教授

黄先祥　中国工程院院士

康　锐　"长江学者奖励计划"特聘教授

董景辰　工业和信息化部智能制造专家咨询委员会委员

焦宗夏　"长江学者奖励计划"特聘教授

谭春林　航天系统开发总师

《现代航空制导炸弹设计与工程》
编纂委员会

主　　任：王兴治

副 主 任：

　　　樊会涛　尹　健　王仕成　何国强　岳曾敬

　　　郑吉兵　刘永超

编　　　委（按姓氏笔画排列）：

　　　马　辉　王仕成　王兴治　尹　健　邓跃明

　　　卢　俊　朱学平　刘兴堂　刘林海　刘剑霄

　　　杜　冲　李　斌　杨　军　何　恒　何国强

　　　吴催生　陈　军　陈　明　欧旭晖　岳曾敬

　　　胡卫华　施浒立　贺　庆　高秀花　谢里阳

　　　管茂桥　樊会涛　樊富友

总 主 编：杨　军

执行主编：

　　　杨　军　刘兴堂　胡卫华　樊富友　谢里阳

　　　何　恒　施浒立　欧旭晖　陈　军　刘林海

　　　袁　博　邓跃明

 **前　言**

　　从海湾战争、科索沃战争、阿富汗战争、伊拉克战争和近期的叙利亚战争及利比亚战争等局部战争中弹药使用数据来看,航空炸弹依然是战争中使用数量最多的一种空地武器,且精确制导炸弹使用比例不断提高。与导弹、火箭弹等武器不同,航空炸弹一般不带动力,主要依靠飞机或其他飞行器携带至高空投放使用,因此,其装填系数较高。随着精确制导技术的应用,目前的航空炸弹具有精度高、毁伤威力大、射程近、成本低的特点,在现代多次局部战争中发挥着重要的作用。

　　自从现代意义上的空军在第一次世界大战中建立以来,它就是一个以进攻性作战为主的军种,航空炸弹是最主要的攻击弹药。在第二次世界大战中,参战的各现代化国家均大量使用了航空炸弹,其中美、英两国的战略轰炸机投放了上百万吨的航空炸弹,摧毁了德国、日本大部分的军事工业设施和城市,对推动战争进程起到了关键性的作用。

　　第二次世界大战期间开始发展制导炸弹,1991年海湾战争以后,制导炸弹就成为了航空炸弹的主体。1999年科索沃战争中,北约盟军在地面未出动一兵一卒,主要依靠投放的各种制导炸弹轰炸,征服了一个国家,达到了战争目的,创造了世界战争史上的成功范例,并由此奠定了制导炸弹作为高技术局部战争中主用弹药的地位。

随着我国综合国力的持续增长，我国的制导炸弹以自行研制为主体，且研制水平得到了大幅的提升，完整地走过了从概念研究、系统预研、系统集成与演示验证、型号研制，到定型生产的自主创新全过程，逐步赶上了世界先进水平，为国防建设做出了重要贡献。

制导炸弹大部分型号是在常规炸弹基础上加装制导组件研制而成的，部分型号根据作战需求全新研制；制导炸弹的战斗部通常占全弹质量的80%以上，毁伤威力大，攻击目标类型多。由于制导炸弹是大量使用的武器，要求生产成本较低，为了保证足够的命中精度，要充分利用载机和其他支援系统的支持；制导炸弹的投放过载较小，对尺寸和质量的限制也较小，便于应用新技术以提高武器的各项性能。因此，制导炸弹与其他制导武器的研制有较大差异。

制导炸弹研制是一项复杂的系统工程，总体设计在其中起到了主导作用。本书侧重于制导炸弹的系统设计，编写中力求概念清楚、叙述简明、可操作性强，可供从事制导炸弹研制的工程技术人员阅读，也可作为高等院校有关专业的学生和教师的参考用书。

在编写本书过程中，得到了陈明、王建博、韩强、李明、瞿伯红、陈国强、粟登峰、李文鑫、刘胜、罗欣、郭慧萍、牛卉、李浩成、唐小军等的大力支持，同时参阅了相关文献资料，在此一并致谢。

由于经验不足，水平有限，书中的疏漏和不足之处在所难免，敬请广大读者批评指正。

编著者

2022 年 5 月

目　录

第 1 章　概述 ……………………………………………………… 001

　1.1　航空炸弹的概念 ………………………………………… 002

　1.2　航空炸弹的发展历程、地位、现状及发展趋势 ………… 003

第 2 章　制导炸弹总体设计内涵、特点及研制程序 ………… 014

　2.1　制导炸弹总体设计的内涵 ……………………………… 015

　2.2　制导炸弹总体设计的特点 ……………………………… 016

　2.3　制导炸弹的研制程序 …………………………………… 016

第 3 章　战术技术指标分析论证 ……………………………… 020

　3.1　制导炸弹的主要战术技术指标 ………………………… 021

　3.2　战术技术指标分析论证原则 …………………………… 022

　3.3　主要战术技术指标分析论证 …………………………… 023

第 4 章　制导炸弹总体设计概述 ……………………………… 040

　4.1　制导炸弹系统组成 ……………………………………… 041

　4.2　总体结构布局设计 ……………………………………… 043

4.3 气动外形设计 ·· 062

4.4 飞行性能分析 ·· 068

4.5 机弹接口设计 ·· 079

4.6 电气系统设计 ·· 083

第 5 章 制导炸弹制导控制系统设计 ·················· 100

5.1 概述 ·· 101

5.2 制导炸弹制导控制系统设计依据 ····················· 103

5.3 制导控制系统设计流程 ·································· 105

5.4 导引律设计 ·· 109

5.5 稳定控制系统设计 ··· 122

5.6 制导控制组件 ·· 131

5.7 数学仿真 ··· 151

5.8 半实物仿真 ·· 155

第 6 章 引战系统设计 ···································· 163

6.1 概述 ·· 164

6.2 设计目标 ··· 165

6.3 研制流程及主要内容 ······································ 165

6.4 引信设计 ··· 167

6.5 战斗部设计 ·· 175

6.6 主要试验 ··· 196

第 7 章 "六性"设计 ······································ 198

7.1 可靠性设计 ·· 199

7.2 维修性设计 ·· 215

7.3 测试性设计 ·· 219

7.4 保障性设计 ·· 221

7.5 安全性设计 ·· 226

7.6 环境适应性设计 ·· 231

第 8 章 系统性能分析及优化设计 ································ 237

  8.1 系统性能分析 ································ 238

  8.2 系统优化设计 ································ 240

第 9 章 武器系统试验 ································ 243

  9.1 大型地面试验 ································ 244

  9.2 机弹地面试验 ································ 246

  9.3 电源适应性试验 ································ 248

  9.4 电磁兼容性试验 ································ 248

  9.5 "六性"试验 ································ 251

  9.6 挂飞试验 ································ 264

  9.7 程控分离试验 ································ 265

  9.8 飞行靶试试验 ································ 265

  9.9 复杂环境适应性及边界性能试验 ································ 266

  9.10 作战试验 ································ 267

参考文献 ································ 268

第1章

概　述

　　航空炸弹自出现以来，就得到了世界各国的重视。随着科学技术的进步，经过几十年的发展，根据作战使命需求的不同，形成了爆破、杀爆、侵彻、燃烧、云爆、电磁等多种毁伤形式，惯性、卫星、激光、红外、电视、毫米波或是复合制导等多种制导体制的航空炸弹系列。相对于导弹而言，航空炸弹有效载荷比高，成本低，从近几次局部战争来看，航空炸弹依然是对地攻击使用量最大、效费比最高的武器，各国都在重点发展。

|1.1　航空炸弹的概念|

　　广义上的航空炸弹是从航空器上投放的各类无动力的弹药,可以分为三类:第一类是直接摧毁或杀伤目标的主用炸弹,包括爆破炸弹、杀伤炸弹、燃烧炸弹、侵彻炸弹、纵火炸弹、燃料空气炸弹等;第二类是起辅助作用的辅助炸弹,如照明弹、标志弹等;第三类是用来完成特定任务的炸弹,如发烟炸弹、照明炸弹、救生弹、宣传炸弹以及训练炸弹等。在绝大多数情况下,我们讲的航空炸弹主要是第一类炸弹。

　　按照装药类型,航空炸弹可分为常规炸弹和核炸弹。常规炸弹采用普通装药,核炸弹采用核装药。按照有无制导装置,航空炸弹可分为非制导炸弹和制导炸弹。非制导炸弹是指由载机投放后,依靠自身惯性自由下落的炸弹,受风等环境影响较大,命中精度较低,通常采用低空投放使用。制导炸弹是在航空炸弹基础上增加制导装置,使炸弹能够自动导引飞向目标。这类炸弹的投放包络较大,射程远,命中精度较高。

　　自20世纪下半叶以来,随着技术的不断进步,航空炸弹得到了前所未有的大发展,多种类型的制导炸弹在历次战争中得到大量应用,且所占用弹量的比例不断提高。到目前为止,制导炸弹已经成为各国武器装备序列中的重要组成部分,成为各国技术兵器领域的重点发展对象。

1.2　航空炸弹的发展历程、地位、现状及发展趋势

1.2.1　航空炸弹的发展历程

1911 年在意大利与土耳其争夺利比亚战争中,意大利军队首次使用手榴弹实施了飞机对地轰炸,揭开了航空炸弹发展序幕,但是从严格意义上来说,这还不能算是真正的航空炸弹。第一次世界大战(简称"一战")期间,俄国、德国都研制出了真正的航空炸弹,并且航空炸弹一经出现便在战场上得到了普遍使用,整个一战期间交战双方共投放炸弹 5 万多吨。

第二次世界大战(简称"二战")期间,航空炸弹得到了迅速发展,出现了集束炸弹、子母炸弹、穿甲炸弹和凝固汽油燃烧弹等新型航空炸弹,炸弹的质量也达到了数吨级别。

制导炸弹的首次出现是在第二次世界大战中。20 世纪 30 年代末至 40 年代初,德国最先研制成功采用无线电方式制导的 HS‐293 炸弹和 FX‐1400 炸弹,并在战场上使用。

HS‐293 有 V2 和 V3 两种型号,它们是在 SC‐500 型普通航空炸弹上加装弹翼、尾翼和制导装置制成的无动力滑翔炸弹,质量约 800 kg。

FX‐1400 是一种轴对称制导炸弹,全弹质量 1 800 kg,无推进系统,如图 1‐1 所示。

1944 年德国在空袭意大利舰队时曾多次使用这两种炸弹,击沉了 4.25 万吨的罗马号战列舰。

图 1‐1　制导炸弹的鼻祖——FX‐1400

在第二次世界大战后期美国也开始研制制导炸弹。

20 世纪 60 年代以后,随着电子技术的进步和制导技术的成熟,制导炸弹有了迅速的发展,电视制导、激光制导、红外制导、雷达波制导的制导炸弹相继出现,图 1－2 所示的 GBU－8/B 制导炸弹就是采用的电视制导方式。1960 年激光器诞生后,出现了不同型号的激光制导炸弹,其精度大大提高,命中目标的圆概率偏差(CEP)也减小到 7.5 m 以内。这就使一枚制导炸弹可以起到几十乃至上百枚普通炸弹的作用并使载机的轰炸和攻击次数大大减少,被敌方地面防空火力击中的危险也明显降低。在越南战争、中东战争和海湾战争中,美国和以色列都曾大量使用制导炸弹。

图 1－2　GBU－8/B 制导炸弹

20 世纪 70 年代至今,在技术推动和需求牵引共同作用下,国外航空炸弹不断更新发展,形成了完备的航空炸弹装备体系,目前已发展成"宝石路"系列激光制导炸弹、图像制导炸弹、联合直接攻击弹药(JDAM)、联合防区外武器(JSOW)、风修正子母炸弹(WCMD)、小直径炸弹(SDB)、巨型炸弹等七大系列组成的完备的航空炸弹装备体系,广泛装备使用,在现代局部战争中取得了优良的效果,成为空地精确打击武器的主装备。

在制导炸弹发展历程中,需求牵引和技术推动始终是其发展的驱动力,但归根结底还要靠技术的发展来实现,可以说技术发展是实现制导炸弹发展的前提。

1.2.2　航空炸弹在现代战争中的地位

从国外军事强国的装备体系看,航空炸弹从来都是规模化使用的弹药武器。打赢一场战争,需要向敌方倾泻数万吨弹药,一直靠导弹显然是不行的。相对于导弹,航空炸弹具有低成本、大威力的优势,是摧毁敌方战争设施、生命线工程、交通运输设施、军事工业基地等目标,使敌方地面武装力量瘫痪最主要的武器装备。

美国2005—2018年空地武器采购数据表明,航空炸弹依然是其采购的主要装备类型。空地武器采购总量中航空炸弹占比96%,其中联合直接攻击炸弹JDAM超过20万枚,"宝石路"制导炸弹系列约30万枚,而中近程和远程导弹分别为7 109枚和5 150枚,仅占2.3%和1.7%,如图1-3所示。

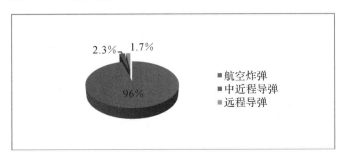

图1-3 美国2005—2018年空地武器采购数量占比

近期几次局部战争中弹药使用数据表明,航空炸弹是使用数量最多的空地武器,地位和作用仍然无可替代,且精确制导炸弹使用比例不断提高。如图1-4所示,海湾战争中总用弹量约25.6万枚,其中航空炸弹用量占比51%,制导炸弹占总量的8%;科索沃战争总用弹量为2.3万枚,航空炸弹用量占比96%,制导炸弹占总量的35%;阿富汗战争中总用弹量约1.2万枚,航空炸弹用量占总量的90%以上,制导炸弹占总量的56%;伊拉克战争中总用弹量约2.9万枚,航空炸弹用量占比95%以上,制导炸弹占总量的68%。在叙利亚战争中,俄罗斯大量使用KAB500、KAB1500等制导炸弹和FAB-500等普通炸弹。

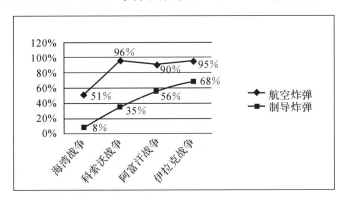

图1-4 近期几次局部战争中航空炸弹用量占比

因此,航空炸弹在空地打击武器弹药装备中的地位依然无可替代,随着隐身飞机的发展,航空炸弹在未来战争中的运用甚至可贯穿整个战争的全过程。

1.2.3 航空炸弹的发展现状

世界主要军事强国均十分重视航空炸弹的发展。美、俄、法、德、以色列、南非和其他一些国家也都在大力研制新型制导炸弹,其中以美国最为典型。

美国始终紧扣作战需求,坚持循序渐进的发展路线,贯彻"通用化、系列化、模块化"设计思想,逐步形成了体系完善、品种齐全、功能完备的航空炸弹体系,并引领世界航空炸弹的发展。

历经 70 余年,美国先后研制了数百型航空炸弹(其中制导炸弹 75 种 135 个型号),主要包括 MK80 整体式普通炸弹系列、CBU 子母式普通炸弹系列、"宝石路"激光制导炸弹、图像制导炸弹、联合直接攻击炸弹 JDAM、联合防区外武器 JSOW、风修正子母炸弹 WCMD、小直径制导炸弹 SDB、重型炸弹 MOAB/MOP、微小型制导炸弹等产品。

1. MK80 整体式普通炸弹系列

20 世纪 50 年代,美国为高速飞机外挂使用研制了 MK80 整体式普通炸弹系列,代替老式高阻炸弹。MK80 整体式普通炸弹系列是美国陆海空三军广泛装备使用的航空炸弹,同时也是现有各型制导炸弹改进发展的基本弹型,目前已装备多个国家和地区。

MK80 整体式普通炸弹系列主要包括 100 kg 级的 MK81、250 kg 级的 MK82、500 kg 级的 MK83 以及 1 000 kg 级的 MK84,如图 1-5 所示。该炸弹系列在钢制流线型壳体、特里托纳尔高爆炸药、M904/M905 机械引信基础上,持续改进战斗部壳体材料、主装药和引信。

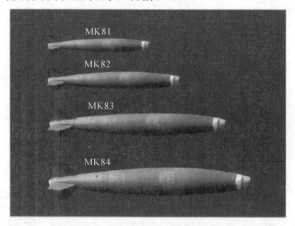

图 1-5 MK80 整体式普通炸弹系列

2. CBU子母式普通炸弹系列

20世纪80年代,美国为了提高对面目标的轰炸效率,开展了多型CBU普通子母式炸弹的研制。

典型的CBU普通子母式炸弹主要包括CBU-78、CBU-87、CBU-89、CBU-94和CBU-97。CBU-78内装45颗BLU-91/B反坦克地雷和15颗BLU-92/B反步兵地雷;CBU-87内装202颗BLU-97/B综合效应子弹药,具有破甲、杀伤和燃烧多种作用效果;CBU-94内装200枚BLU-114/B碳纤维子弹药,主要攻击电力设施;CBU-89内装72颗BLU-91/B反坦克地雷和22颗BLU-92/B反步兵地雷;CBU-97包含10颗BLU-108/B敏感引爆武器,每个BLU-108/B携带4个配有红外/激光探测器和小型火箭发动机的弹头,可旋转扫描探测目标并爆炸形成自锻破片攻击坦克。

3. "宝石路"激光制导炸弹

20世纪60年代,为了提高命中精度,美国在普通炸弹上加装激光导引头、控制组件和气动组件,构成了"宝石路"激光制导炸弹,如图1-6所示。

至今"宝石路"激光制导炸弹的发展已历经四代。其中"宝石路"Ⅰ/Ⅱ采用激光风标导引头+继电式控制,是世界上使用最早、装备数量最多的激光制导炸弹。"宝石路"Ⅲ采用激光比例导引头+线性控制,克服了风标导引头的原理误差,降低了对风速的敏感性,拓宽了投放包络,提高了导引精度,命中精度CEP不大于1 m。20世纪90年代通过加装惯性/卫星复合制导装置,形成了增强型"宝石路"Ⅲ制导炸弹和"宝石路"Ⅳ制导炸弹,具备全天候、多目标攻击能力。

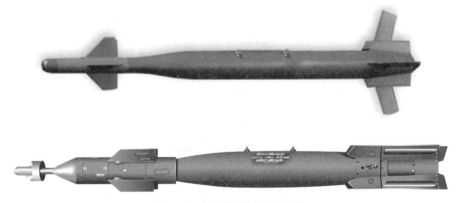

图1-6 "宝石路"激光制导炸弹

4. 图像制导炸弹

图像制导炸弹有电视制导炸弹和红外成像制导炸弹两种。

20世纪60年代,美国研制了ΛGM-62Λ"白星眼"Ⅰ电视制导炸弹。20世纪70年代,为了提高在攻击严密设防的目标时的突防能力和生存能力,美国研制了GBU-15模块化图像制导滑翔炸弹,如图1-7所示。

图1-7　GBU-15图像制导炸弹

AGM-62A"白星眼"Ⅰ采用"发射前锁定、发射后不管"的制导方案,投放距离有限。为解决此问题,发展了"白星眼"Ⅱ及其增程型,通过增大弹翼和增加双路数据传输,采用指令制导、发射后锁定,实现了远距离投放。GBU-15采用模块化结构,可选配电视和红外成像两种导引头,以及3种战斗部:第一种是MK84型通用爆破战斗部,第二种是可装填396枚BLU-97/B子炸弹或混装15枚BLU-106B子炸弹和75枚HB876杀伤地雷的SUU-54型子母战斗部,第三种是BLU-109侵彻爆破战斗部。其导引头、战斗部可根据不同的任务进行组合。

5.联合直接攻击炸弹JDAM

20世纪90年代,为了降低成本、提高作战使用灵活性、提高命中精度,美国对普通炸弹进行低成本制导化改造,形成联合直接攻击炸弹JDAM,如图1-8所示。

图1-8　联合直接攻击炸弹JDAM

JDAM 的发展共分 3 个阶段。第一阶段是在 MK80 系列炸弹和 BLU-109 侵彻炸弹基础上,换装制导控制尾舱和气动组件,实现全程自主制导,命中精度 CEP 不大于 13 m;第二阶段在第一阶段的基础上,将触发延时引信换装为可编程引信,并采用新型主装药,提高了投放安全性、引战配合效率和毁伤威力;第三阶段增加了全捷联激光导引头,命中精度 CEP 不大于 3 m。未来可换装红外成像、毫米波和合成孔径雷达等导引头。

6. 联合防区外武器 JSOW

20 世纪 90 年代,为了填补联合直接攻击炸弹 JDAM 和中程空地导弹 SLAM 两种空地武器之间的射程空隙,美国空、海军联合研制了联合防区外武器 JSOW,如图 1-9 所示。

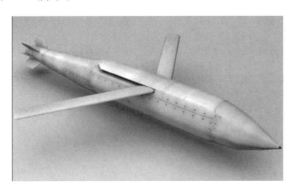

图 1-9 联合防区外武器 JSOW

JSOW 共有 4 种型号:AGM-154A,采用惯性/卫星制导体制,战斗部装填 145 枚 BLU-97/B 综合效应子弹药,主要用于攻击各类面目标;AGM-154B,战斗部装填 6 枚 BLU-108/B 敏感引爆子弹药,主要用于攻击装甲目标;AGM-154C,采用惯性/卫星中制导＋捕控指令红外成像末制导,携带 BLU-111 爆破战斗部或 APW-800 半穿甲战斗部,主要用于攻击点目标;JSOW-ER,制导方式与 AGM-154C 相同,采用涡喷发动机,最大射程 200 km,可选用上述各类战斗部。

7. 风修正子母炸弹 WCMD

20 世纪 90 年代,为解决子母炸弹高空投放命中精度低的问题,美国基于 CBU 系列子母式普通炸弹改进研制了风修正子母炸弹 WCMD。

首先在 CBU-87、CBU-89 和 CBU-97 子母炸弹基础上加装惯性制导组件,分别形成 CBU-103、CBU-104 和 CBU-105 风修正子母炸弹 WCMD 系列,如图 1-10 所示;为打击伊拉克生化武器,2002 年研制了风修正子母炸弹 CBU-107,内装数千个动能金属杆;为了进一步提高命中精度和投放距离,加装

了 GPS(全球定位系统)卫星导航装置和"长射"弹翼组件,命中精度 CEP 提高到 13 m,射程提高到 65 km 以上。

图 1-10　修正子母炸弹 WCMD

8.小直径制导炸弹 SDB

21 世纪初,按照小型、高效、低成本的弹药发展需求,美国开展了小直径制导炸弹 SDB 的研制。

小直径制导炸弹发展分 SDB Ⅰ 和 SDB Ⅱ 两个阶段,如图 1-11 所示。SDB Ⅰ 采用惯性/差分卫星制导体制,配装大长径比侵彻爆破战斗部、可编程多功能引信、大升阻比可折叠"钻石背"弹翼,命中精度 CEP 不大于 5 m,最大投放距离不低于 110 km,主要用于打击地面固定坚固目标。SDB Ⅱ 加装低成本半主动激光/红外成像/毫米波雷达三模复合导引头和双向数据链终端,命中精度 CEP 不大于 3 m,采用多用途杀爆战斗部,主要用于打击低速移动目标。

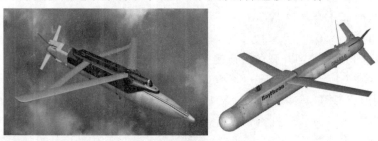

图 1-11　小直径制导炸弹 SDB Ⅰ(左)和 SDB Ⅱ(右)

9.重型炸弹 MOAB/MOP

21 世纪初,为了打击隧道、洞穴目标和地下深层硬目标,美国研制了炸弹之母 MOAB 和重型侵彻炸弹 MOP,如图 1-12 所示。

图 1-12　MOAB(左)和 MOP(右)

MOAB 弹质量约 9.5 t,采用惯性/卫星制导体制,战斗部内装 8.5 t 含铝炸药,冲击波毁伤半径约 150 m,爆炸产生的巨大冲击波可达地下建筑深处;MOP 弹质量约 13.6 t,采用惯性/卫星制导体制,尾部安装四片栅格尾翼,战斗部壳体采用高强度合金钢,装填 2.4 t 高爆炸药,侵彻威力是 BLU-109 的 10 倍以上,可有效打击深埋加固目标。

10.微小型制导弹药

进入 21 世纪以来,为满足分布式作战需求以及 MQ-1"捕食者"、MQ-9"死神"、RQ-5"猎人"等无人机对地作战需求,美国开展了"僚机""灰山鹑"和"小精灵"等微小型蜂群攻击弹药和"蝰蛇打击""手术刀""短柄斧"等微小型无人机制导炸弹研制。

"僚机"质量不大于 61 kg,可携带 9~22.5 kg 多种有效载荷,通过组件化设计和协同作战,能够执行区域侦察、协同目标定位、电子压制/诱骗/干扰、时敏目标打击等多种作战任务;"灰山鹑"长约 16.5 cm,翼展 30 cm,质量约 0.3 kg,巡航时间约 20 min,可在地面指挥站的控制下,通过机间通信和协同,以不同编队完成集结、搜索、定位和攻击等任务;"小精灵"是美军正在开展研制的一种可回收武器系统,可装载武器、传感器及其他特种任务设备,实施侦察、打击任务;"蝰蛇打击"质量约 20 kg,采用高爆破甲战斗部,主要用于打击坦克;"手术刀"质量约 45 kg,采用杀爆战斗部,借助新型半主动激光制导系统可对固定目标和移动目标实施精准打击;"短柄斧"质量仅 2.7 kg,战斗部质量 1.8 kg,采用惯性/卫星制导体制,命中精度 CEP 可达 1~3 m,主要打击无防护的软目标。

1.2.4　航空炸弹的发展趋势

随着科学技术的发展,攻防对抗的手段越来越先进,战场环境越来越复杂,

制导炸弹的发展可能主要向着"低成本、高精度、大威力、远射程、模块化、智能化"的方向发展。

1.贯彻"三化"设计，实现系列化发展，降低成本

国外航空炸弹非常注重"三化"(通用化、系列化、组合化)设计，根据作战任务的不同，研制了不同圆径的各种类型的战斗部，形成通用的弹上器件，制定了标准化的接口和协议，通过不同的状态组合，形成了完备的武器谱系。以美国为例，美国 GBU－15 模块化滑翔制导炸弹，可选配 MK84 通用爆破战斗部、BLU－109 侵彻爆破战斗部或 SUU－54 型子母战斗部，DSU－27A/B 型电视导引头或WGU－10/B 型红外成像导引头。战斗部、导引头可根据不同任务进行组合。联合直接攻击弹药 JDAM 和联合防区外武器 JSOW 也分别有多种型号，制导系统、战斗部可实现互换，以达到系列化发展的目的。弹上组件的标准化和通用化，是实现炸弹低成本的关键。

2.不断丰富制导体制，提高命中精度

提高精度一直是制导炸弹发展的重点，也是制导炸弹更新换代的主要标志。目前，炸弹的制导技术比较单一，大多采用激光、红外或者两者复合等光学制导方式，使用过程中往往需要载机照射，环境的影响也对光学制导带来诸多限制，各种压制、诱偏的新型干扰手段也不断出现，制导炸弹的未来发展，必将在兼顾成本的同时，逐步丰富制导体制，以提高制导系统的精度和作战使用灵活性，解决制导炸弹发射后不管、全天候作战、高命中精度的需求。

3.提高炸弹射程，实现防区外投放

随着防空反导技术的发展，防空武器系统的探测和拦截距离越来越远，对无动力制导炸弹而言，射程往往是其短板，给载机带来了一定的威胁。在保证命中精度的同时，采用滑翔或动力增程技术，实现炸弹的防区外投放，有利于提高载机的生存概率，降低飞行员的心理压力。美国为了实现防区外投放，提高作战飞机生存能力，不断增大航空弹药攻击距离。例如，"宝石路"Ⅲ激光制导炸弹通过采用折叠弹翼组件，使攻击距离达到 30 km 以上；通过在联合直接攻击弹药JDAM 和风修正子母炸弹 WCMD 弹身中部增加折叠滑翔弹翼，使其攻击距离达到 60 km 以上；通过在 GBU－15 模块化制导滑翔炸弹、联合防区外武器JSOW 基础上加装增程发动机，使其最大攻击距离达到 150 km 以上。

4.陆续改进引战系统，实现高效毁伤

毁伤目标是武器最终使命，美军根据高效毁伤作战需求，不断改进航空弹药引战系统。例如：针对点目标高效毁伤需求，研制了 MK80 系列通用爆破战斗部、BLU 系列侵彻战斗部；针对面目标高效毁伤需求，研制了 SUU 系列子母战斗部、BLU 系列子弹药；针对密闭空间目标高效毁伤需求，研制了 BLU－118 温

压战斗部；针对软杀伤作战需求，研制了 CBU - 94、E - Bomb 等非致命弹药；针对精确起爆作战需求，研制了 FMU - 139、FMU - 142、FMU - 152、FMU - 159 等通用触发引信及 FMU - 113 通用近炸引信。

5. 引入人工智能，适应未来战争形态

进入 21 世纪以来，世界科学技术飞速发展，人工智能、互联网＋、大数据、云计算等高新技术在军事领域的广泛运用，形成了新的作战力量，催生了新的攻防手段，产生了新的作战样式，将从根本上改变战争形态。人工智能技术的应用，各种智能无人、有人/无人协同平台和武器等智能装备将陆续问世，充斥到战场的各个角落，成为军队作战的新锐力量和主体。航空炸弹是主要军事强国装备数量最多的空地武器，也是使用数量最多的空地武器，随着战争形态的转变，为适应未来战争需求，航空炸弹的智能化发展势在必行。

第 2 章

制导炸弹总体设计内涵、特点及研制程序

制导炸弹是一个复杂的武器系统，涉及多个研制单位和多个专业。各单位、各专业的工作在制导炸弹的研制过程中互相关联，关系错综复杂。另外，一个制导炸弹型号项目从论证到生产定型往往需要几年到十几年的时间，研制周期长。为了科学统筹各单位、各专业的研制工作，有目标、有节点、有计划地完成制导炸弹型号研制任务，确保研制品质，将整个研制过程划分为若干个研制阶段。

|2.1 制导炸弹总体设计的内涵|

制导炸弹总体设计是以战场需求为目标，多种设计方法为手段的系统性设计工作。

制导炸弹总体设计是一门系统工程科学，其在制导炸弹设计中的作用可概括为：根据军方拟定的战术技术指标要求，确定制导炸弹系统总体方案及各分系统方案，完成总体参数优化设计，确定各分系统设计技术指标及验收方法，组织协调各分系统按设计流程完成制导炸弹系统参数设计，建立参数设计体系，设计和组织系统级地面及飞行试验，解决制导炸弹研制过程中遇到的跨学科技术问题。

与普通航空炸弹总体设计不同，制导炸弹总体设计除需对战术技术要求分析、总体参数优化设计、气动外形设计、结构部位安排设计、引战设计等内容进行研究外，还需对与制导炸弹闭环系统特性密切相关的动力学建模、分析与设计技术，控制系统分析与设计技术，以及它们与制导炸弹总体性能的关系进行深入研究。

2.2 制导炸弹总体设计的特点

制导炸弹总体设计工作主要包括技术工作和管理工作。技术工作是基础，作为一个项目的总设计师，是技术问题的指挥和决策者，在技术上应具有较高的水平和较为丰富的项目研制经验，对最前沿的技术手段、现阶段作战典型模式、部队现役装备体系有深入了解，熟悉制导炸弹与载机构成的整个武器系统的组成、功能及原理。项目的管理工作由总指挥来组织协调，其主要任务是协调项目研制的人力与财务资源，共同保证项目设计工作有条不紊地进行。制导炸弹总体设计工作的特点主要由以下三方面。

1. 系统性

制导炸弹的设计过程是一个复杂的系统工程，涉及战斗部、引信、结构、控制、气动、电气等多个分系统，各系统之间不仅学科专业技术性强，而且相互紧密联系。制导炸弹的设计过程就是数据在各学科之间流动的过程中，增加设计师的创新思想，形成制导炸弹系统的完整设计体系。因此，总体设计师需要系统地把握各分系统的输入、输出，调配各分系统的设计过程，完成制导炸弹的总体设计。

2. 综合性

制导炸弹的系统总体是由多个分系统组成的，涉及多个学科专业，总体设计工作则是将各分系统视为一个整体，采用系统工程的观点，创造性地解决总体与分系统之间、各分系统之间的矛盾，实现制导炸弹整体性能上的最优。

3. 复杂性

在制导炸弹的研制过程中，总体设计极其重要，而总体设计师在工作过程中也会遇到许多复杂的技术问题。如制导炸弹系统中质量质心、转动惯量、尺寸、速度、静稳定性等很多关键系数的设计，都给设计工作带来了很多的问题。对于总体设计师来说，需要具备跨学科考虑问题的能力，才能更好地完成总体设计工作。

2.3 制导炸弹的研制程序

制导炸弹的典型研制过程一般包括论证阶段、方案阶段、初样阶段、正样阶段和设计定型阶段等。其中初样阶段、正样阶段统称为工程研制阶段。在研制初期可根据型号的特点、使用方的战术技术要求、研制周期、经费及设备能力等因素,对研制阶段进行调整。研制阶段和研制程序确定后不得随意更改,确需更改时,必须经过充分论证,组织使用方和专家再评审,报型号总设计师批准后方可执行。

2.3.1　论证阶段

1. 工作依据

论证阶段的工作依据是武器装备中、长期发展规划,使用方提出的作战任务需求或制导炸弹初步战术技术指标。

2. 任务

论证阶段的任务是配合使用方完成上报型号战术技术指标,进行战术技术指标的技术、初步技术方案、经济可行性论证,完成立项论证报告。

3. 主要工作内容

论证阶段的主要工作内容是:根据使用方提出的作战任务需求或初步战术技术指标要求,充分考虑预先研究成果、技术与工业水平,开展方案可行性分析与作战效能分析,提出主要战术技术指标,包括作战使命、作战方式、典型目标、适应载机、发射方式、有效射程、威力、制导体制、命中精度、外形尺寸及重量、使用保管环境条件、贮存寿命、可靠性、维修性及各分系统技术指标等;提出初步技术方案并对其可行性进行分析;完成型号研制周期和研制经费的估算。

4. 完成标志

论证阶段的完成标志是立项综合论证报告通过评审。

2.3.2　方案阶段

1. 工作依据

方案阶段的工作依据是立项批复文件,有关标准、规范和法规等。

2. 任务

方案阶段的任务是完成型号研制方案论证、选型与初步设计,进行原理性样机研制与验证,突破关键技术,确定最终的总体技术方案,确定整个项目研制工作安排。

3. 主要工作内容

方案阶段的主要工作内容是:组建研制体系和行政指挥系统、设计师系统和质量师系统;编制型号研制程序及网络图,确定研制产品总数量及各状态的数

量;完成武器系统研制条件(包括研制周期、研制经费和研制保障)论证;进行分系统原理样机研制及试验验证,完成关键技术攻关;根据使用方批复的主要作战使用性能指标,完成总体方案论证与选型,提出各分系统研制要求及技术指标;完成必要的验证型试验,如静力试验、吹风试验、侵彻威力试验或数学仿真试验等,对关键指标进行验证,预测所有的技术指标要求是否能达到预期效果,最终完成总体方案报告编制,完成质量、标准化、可靠性等顶层大纲的编制。

4.完成标志

方案阶段的完成标志是完成总体技术方案评审。

2.3.3　初样阶段

1.工作依据

初样阶段的工作依据是总体技术方案,型号研制任务书及分系统研制任务书,有关标准及规范。

2.任务

初样阶段的任务是完成产品的详细设计,完成初样机试制和试验工作,对设计和工艺方案进行验证。

3.主要工作内容

初样阶段的主要工作内容是:编制并下发初样阶段各分系统研制任务书;编制初样阶段研制计划流程图,完成有关技术文件;完成详细设计,初样技术状态确定;完成试制工艺和工装准备,通过工艺评审,开展初样机试制;制定外协外购件验收技术要求并组织验收;完成初样机总装、调试;开展系统联试、半实物仿真、环境试验、飞行试验等试验验证;完成初样研制阶段研制工作总结。

4.完成标志

初样阶段的完成标志是完成初样机试制和试验工作,完成初样阶段的总结及评审。

2.3.4　正样阶段

1.工作依据

正样阶段的工作依据是初样研制总结,上级部门下达的指令性计划、有关标准及规范。

2.任务

正样阶段的任务是根据初样阶段产品试制和试验情况,分阶段检查产品设计、技术设计和工艺质量,并完成产品优化,确定设计定型技术状态,为设计定型阶段研制工作奠定良好的基础。

3.主要工作内容

正样阶段的主要工作内容是:编制并下发正样阶段各分系统研制任务书;编制本阶段研制计划流程图;根据初样研制情况,进行设计和工艺优化,完成正样设计评审及工艺改进评审;组织完成外协外购件验收;完成正样机总装、调试;开展系统联试、半实物仿真、环境试验、可靠性增长试验、飞行试验等试验验证;完成正样研制阶段研制工作总结。

4.完成标志

正样阶段的完成标志是,完成设计和工艺优化;完成正样机试制和地面试验、飞行试验,并达到试验大纲要求;提出型号设计定型技术状态。

2.3.5　设计定型阶段

1.工作依据

设计定型阶段的工作依据是研制总要求,批复的设计定型试验大纲。

2.任务

设计定型阶段的任务是完成设计定型研制阶段的设计与试制,全面检验战术技术指标和维修使用性能,并按有关规定完成设计定型。

3.主要工作内容

设计定型阶段的主要工作内容是:编制本阶段研制计划流程图;确定产品设计定型技术状态;组织完成外协外购件验收;完成设计定型样机试制。完成设计定型试验大纲(靶场及靶场外试验大纲)编制、评审并报主管机关批准,按照试验大纲要求,完成设计定型试验;根据上级军工产品定型委员会(简称定委)有关定型规定编制总体及配套的设计定型(鉴定)文件,并逐级完成设计定型(鉴定)。

4.完成标志

设计定型阶段的完成标志是完成设计定型飞行试验,批准型号设计定型。

第3章

战术技术指标分析论证

　　战术技术指标是指完成特定的战术任务而必须保证的战术性能、技术性能和使用维护性能。战术技术指标一般由军方或订货方根据国家军事装备发展规划和军事需求提出，或由研制单位根据军事需求而制定战术技术要求，报军方或订货方批准后下达。

　　战术技术指标是研制制导炸弹的根本依据，也是制导炸弹研制终结的检验验收的依据。因此，必须重视战术技术指标的量化和可操作性。

　　制导炸弹战术技术指标确定程序：制导炸弹立项研制前，首先由军方论证部门或订货方根据军事斗争需求，从战争形式、作战体系、目标环境、武器作战使用方式等方面分析研究，提出制导炸弹主要战术技术指标；然后由研制单位论证实现主要战术技术指标的可行性方案，包括战术技术指标的合理性及实现的可行性，总体方案的设想和拟采用的主要技术途径、关键技术、大型试验方案、技术保障条件、研制周期和研制经费概算等；最后形成立项论证报告，经上级批准后立项。进入研制程序后，由研制单位对战术技术指标进行分解，开展详细方案论证与设计，研制样机并进行试验，对主要战术技术指标进行验证；军方论证部门或订货方根据研制情况对战术技术指标进行进一步细化，形成研制总要求，经上级批准后作为制导炸弹检验验收的依据。

　　战术技术指标分析论证，就是应用科学的分析方法和先进的计算工具，对制导炸弹的主要性能进行定性描述、分析与计算，为制导炸弹的论证、设计、研制、装备部署和作战使用，提供决策依据。

|3.1 制导炸弹的主要战术技术指标|

制导炸弹主要战术技术指标是对要研制的新型制导炸弹提出的各项具体要求,包括战术要求和技术要求。战术要求包括作战使命任务、载机适应性、攻击包络、命中精度、目标特性、战斗部及毁伤威力、环境适应性等。技术要求是指满足战术性能要求而采用的各项技术所体现出的性能,它能反映出制导炸弹的技术特点,以及研制成本和装备服役费用。它是设计制造制导炸弹最根本的原始条件和依据。下面简单介绍制导炸弹的几种主要战术技术指标。

1. 作战使命任务

作战使命任务主要描述制导炸弹需要打击的目标。目标特性是选择战斗部种类、制导体制方式的重要依据。

2. 载机适应性

载机适应性是指制导炸弹需适应的载机型号、挂架型号、投放方式、投放条件(速度、高度、离轴角等)及最大过载等。

3. 发射条件

发射条件是指制导炸弹能满足正常使用的有关限制因素的范围和要求,其主要包括发射高度、发射速度、发射扇面角或离轴角、飞机发射姿态要求等。

4. 射程

射程是指制导炸弹典型投放高度、速度、离轴角以及末端约束条件下的射程

范围。射程指标又包含了最大射程和最小射程。

5.命中精度

命中精度是指制导炸弹实际命中点相对理想命中点的偏差。常见的命中精度指标有圆概率偏差(CEP)、命中概率两种。圆概率偏差是指以落点的散布中心为圆心画圆,使得该圆范围内包含炸弹全部落点的50%;命中概率是指命中目标的炸弹总数占使用总数的百分比。

对于固定目标一般使用圆概率偏差,对于运动目标一般使用命中概率。

6.战斗部及毁伤威力

该指标描述战斗部的种类,并约束与落速、落角、引战匹配、目标易损性相关的制导炸弹战斗部毁伤能力。

7.抗干扰性能

抗干扰性能是指制导炸弹适应战场复杂光、电、磁环境的能力,如卫星抗干扰、激光抗干扰、红外抗干扰等。

8.圆径级别及外廓尺寸

圆径级别及外廓尺寸是指根据载机挂载要求和目标特性提出的制导炸弹圆径级别(即重量级,有50 kg、100 kg、250 kg、500 kg、1 000 kg等)、外轮廓尺寸等。

9.接口要求

这是指要求制导炸弹应具备的接口,包括制导炸弹与飞机间的机械接口和电气接口,制导炸弹与地面保障设备间的检测接口、装订接口、支撑接口等。

10.制导体制

这是指为实现制导炸弹的控制与导引任务所采取的技术组合,常见的有惯性/卫星、惯性/卫星+电视、惯性/卫星+激光、惯性/卫星+激光/红外等。

11."六性"要求

这是指制导炸弹的可靠性、维修性、测试性、安全性、保障性、环境适应性指标要求。

12.寿命

这包括贮存寿命、首翻期、通电寿命、挂飞寿命、挂飞起降次数等。

13.其他限制性要求

这包括元器件、原材料使用要求及限制。

3.2 战术技术指标分析论证原则

制导炸弹的战术技术指标论证一般应遵循以下原则。

1.适应作战任务需要

必须明确制导炸弹在整个空地打击武器体系中的定位,避免与其他类似产品任务重叠重复开发,明确打击的目标类型和特性。必须适应现有装备体系特点,适应军方的战法特点。

2. 兼顾技术的先进性与实现的可行性

从作战要求考虑,制导炸弹研制应尽可能采用先进技术。制导炸弹的研制周期一般为 3～5 年,服役期限一般为 10～15 年,其面对的是未来的战场目标,只有在研制时采用较先进的技术,才能保证制导炸弹发挥持续的作战效力。

然而,先进技术往往成熟度较差,在工程实践上存在风险较大,如果不能很好地解决该问题,则可能带来研制进度的滞后。新技术采用过多,还可能带来技术相容性的问题,结果导致总体性能反而得不到大幅提升。因此,采用新技术必须确定可行,研制所必需但尚未完全突破的技术应有充分依据表明在短期内可以解决,否则应改进设计,采用替代方案。

3. 指标协调合理

制导炸弹的各项性能指标是互相关联、互相制约的,指标的提出应从系统角度出发,所有指标应匹配合理、协调一致。

4. 高性能与经济性的平衡

制导炸弹相对于导弹来说,低成本是它的优势。因此,在制导炸弹研制过程中,高性能和经济性这对矛盾略向经济性偏斜。

5. 便于进行验证

制导炸弹的研制必须经试验验证满足作战使用要求才可以定型装备,对于提出的指标,必须是可验证的。在现有试验条件下,能通过各种模拟试验、仿真试验、飞行试验等进行考核和评估,能够得到明确的定量或定性结论。

3.3　主要战术技术指标分析论证

3.3.1　目标特性分析

制导炸弹作为一种空对地武器,主要依赖载机投放使用来攻击目标,其目标特性直接决定制导炸弹的导引方式、精度要求以及战斗部的种类和威力要求,它是制导炸弹设计的重要依据。因此,在开展制导炸弹设计之前,必须对目标的特性做全面、深入的分析研究。

1. 目标分类

制导炸弹所要攻击的目标,包括敌人任何直接或间接用于军事行动的部队、

技术装备和设施等。从目标机动性、坚硬程度、尺寸等 3 个方面将制导炸弹攻击的目标进行分类,如图 3-1 所示。

(1)按机动性分:固定目标 F、慢速运动目标 M。

(2)按坚硬程度分:超级坚硬目标 U、坚硬目标 H、中等坚硬目标 M、软目标 S。

(3)按尺寸分:点目标 O、面目标 A。

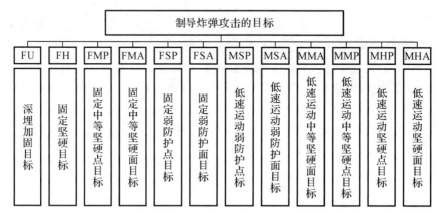

图 3-1　制导炸弹攻击的目标分类图

2.典型目标特性

典型目标是指在同类目标中,根据目标的辐射特性、运动特性、几何形状、抗毁能力等,并考虑到技术发展,综合而成的具有代表性的目标。根据武器的性质,通常只模拟目标的数个主要特性。

(1)深埋加固目标(FU),典型目标实例——地下深层目标。

地下深层目标根据其埋入地下的深度和结构可分为 3 种类型。

第一类建造在浅地表下,深度通常在 5 m 左右,周围用混凝土加固。目前大部分地下深层硬目标均为此类工事,采用露天"挖掘和覆盖法"构筑,即先挖出土石,在开阔的作业面上建造加固的混凝土掩体,在剩余空间内填埋岩石或泥土。第二类位于较深的岩石、隧道或土层中,使用传统的挖掘机或爆炸技术建造,也可以利用天然洞穴,因而更加隐蔽。最典型的代表是利比亚塔胡纳的化学生产设施,据称建造在地下 18 m 深处。第三类建造在深层岩石中,一般深度为 20~1 000 m,常规侵彻武器难以对付这种工事目标。这类工事通常倚靠山基开挖,隧道也可能利用天然地洞。美国的北美防空防天司令部是目前世界上最坚固的地下防御设施,位于美国科罗拉多州的科罗拉多斯普林斯市的夏延山山区,依靠约 1 000 m 厚的花岗岩山体、质量达百吨的钢门和 1 300 多根巨型弹簧,能够承受百万吨级核弹的攻击,如图 3-2 所示。

图 3-2 美国夏延山地下指挥中心内部设备示意图

(2)固定坚硬目标(FH),典型目标实例——大型桥梁、拦河大坝。

桥梁种类繁多,按结构形式不同,可分为梁式桥、拱式桥、悬索桥、斜拉桥等,如图 3-3 所示。

(a)   (b)

(c)   (d)

图 3-3 各种桥梁示意图

(a)梁式桥; (b)拱式桥; (c)悬索桥; (d)斜拉桥

梁式桥、拱式桥跨度较小,悬索桥和斜拉桥跨度较大。桥梁一般由上、下两部分构成,上部称为桥跨结构,它包括承重结构(如梁式桥的承重结构是主梁)和桥面系(包括桥面、人行道、栏杆、行车道铺装层等);下部是桥墩、桥台及其基础

的总称。桥梁的表面温度与内部各点温度随时都会变化,与所处的地理位置、建筑物的方位以及季节、太阳辐射强度和气候变化等因素有关。在太阳的辐射下,黑色沥青路面的表面温度可达 70℃,而浅颜色的混凝土路面的表面温度约为 60℃。

(3)固定中等坚硬点目标(FMP),典型目标实例——防御工事、飞机掩体。

构筑防御工事是战时减少或避免人员伤亡、武器装备损失的必要防护手段,对提高部队生存力、保存战斗力具有重要作用。防御工事一般分为永备工事和野战工事两大类。永备工事是战前经专门设计、长期构筑的防备工事,具有较高的抗力和防护能力;野战工事则多是临战或战时快速搭建的辅助性防护工事,防护能力相对较低。永备工事又可包括步兵火力工事、火炮工事、掩蔽工事和观测工事等,其中步兵火力工事特性见表 3-1。

表 3-1 步兵火力工事特性

分类	形状	内径/m	墙厚/m	结　构
碉堡	圆形	1.8	0.4~0.5	钢混,地上高 1.6~2.4 m,地下深 0.8 m
	三角形	—	0.8~0.9	钢混,由 3 个小堡、1 个小伏堡、1 个防空堡、1 个人员掩蔽部组成
地堡	圆形	2.5	0.5	钢混,地上 1.2~2.4 m,地下 0.8~1 m
	方形	2×2×2	0.4	钢混
	马蹄形	2.5	1	钢混,地上 1.6 m,地下 1.2 m
暗堡	—		0.5~1	钢混
反空降堡	—	3.4~8	1	钢混,高 6~13 m

一般地面飞机掩体由机堡主体、防护门和尾喷口三部分组成,多为拱形落地结构,如图 3-4 所示。机堡主体分为两层被覆,内层为装配式双波纹钢板,波纹钢板的厚度不小于 10 mm,钢壳外被覆 50~60 cm 厚混凝土。

图 3-4 美国 F-16 双机掩蔽库

(4)固定中等坚硬面目标（FMA），典型目标实例——机场跑道、技术兵器阵地。

机场跑道分为刚性路面和柔性路面两种。路面由路基、底基层、下垫层和表层组成。刚性路面的最表层由普通水泥混凝土构成，耐磨损，适合承受较重的静力载荷；下垫层由稳固或非稳固细粒材料制成；底基层由稳固或非稳固粗粒材料制成。柔性路面的最表层是沥青混凝土，它可以分散飞机轮胎载荷施加的高应力，减轻对路基的压力；下垫层一般是用各种散材料，如沙、炉渣、碎石、灰土等压实而成的；底基层用天然或人造烧结材料制成。最底层的路基是由现场土质、淤泥、沙子等材料经夯实机压形成的。

国际民航组织与美国联邦航空局将机场跑道依长度分为不同等级：

A 级：大于或等于 2 100 m；

B 级：1 500～2 100 m（不含 2 100 m）；

C 级：900～1 500 m（不含 1 500 m）；

D 级：750 ～900 m（不含 900 m）；

E 级：600 ～750 m（不含 750 m）。

在跑道宽度方面，A 级与 B 级均为 45 m，C、D、E 级为 45 m 以下不等。

技术兵器阵地主要有导弹阵地、火箭及火炮阵地等，其本身具有一定的防护能力，且大多还利用地形构筑有防护设施，具有较强的防护能力。同时，利用地貌设置伪装，具有一定的隐秘性。

以"霍克"导弹阵地为例，其部署如图 3－5 所示。其中，每个导弹发射阵地配备 2 个火力单元，每个火力单元配备 2 个发射班，每个发射班配备 3 套发射装置，每套发射装置配置 3 枚导弹、1 部脉冲目标捕获雷达和 1 部连续目标捕获雷达。

(5)固定弱防护点目标（FSP），典型目标实例——固定式雷达。

对于固定式雷达，各种电子设备及配套设备均安装在固定的掩体内，天线馈电系统及天线座安装在固定天线塔台上，一般暴露在室外，如图 3－6 所示。固定式雷达天线馈电系统中，反射面天线、馈源和馈线是要害部件；通话问询系统中，问询机天线是要害部件；动力传动系统中，天线座的旋转关节是要害部件。制导炸弹战斗部毁伤元素（破片、冲击波）极易对固定式雷达天线馈电系统及天线座造成破坏。

(6)固定弱防护面目标（FSA），典型目标实例   发电厂、油库。

工厂、粮油库、发电厂、车站、天然气站、交通及通信控制中心等大多数民用设施都属于固定弱防护面目标。这类目标是现代社会发展与居民生活的基本要素，也是战时被重点攻击的地面目标。

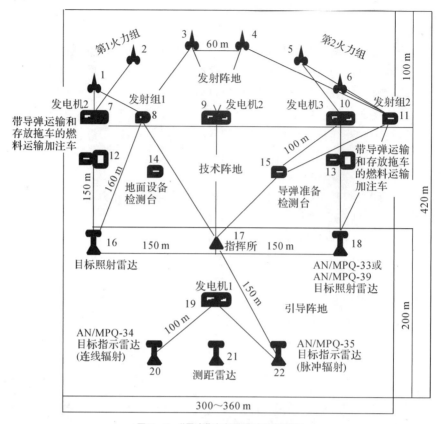

图 3-5 "霍克"地空导弹阵地部署图

图 3-6 美国地基 GBR 雷达

以中国台湾兴达发电厂为例,如图 3-7 所示,其装机容量为 4 325 MW,属于特大容量电厂,共有 9 个发电机组,汽力机组 4 部,复循环机组 5 部。图中左侧四个圆形穹顶结构建筑为燃煤厂房,燃煤通过燃煤通道输送至锅炉厂房,燃烧后产生的蒸汽输送至发电厂房,推动发电机工作发电。临近发电厂房的是露天的主变压器和配电设备,其余辅助设备分布在工厂的四周。工厂地处空旷,在战时,容易布置防空阵地。一般对于没有特殊防护的火电厂目标,锅炉厂房和发电厂房为多层地面建筑,顶部无特殊防护;锅炉和发电机布置在厂房顶层,底层为辅助设备;变电站为地面设备。

图 3-7 兴达发电厂

地面油库中有油罐及油桶等,钢质油罐为 5~10 个,直径为 12.33~22.79 m,高度为 8.46~11.85 m,顶部厚 2.5 mm,侧壁为变厚度 4~10 mm,上薄下厚,如图 3-8 所示。

图 3-8 油库

(7)低速运动弱防护点目标(MSP),典型目标实例——小型舰船。

小型舰船主要包括鱼雷艇、导弹艇、巡逻艇等各类水面快艇。大型导弹艇的排水量为 200~600 t,艇长 50~60 m,宽 10 多米,高 2 m;小型导弹快艇的排水量为 100 t 以下,艇长 20～40 m,宽 5～6 m。小型舰船的探测特性见表 3-2。
小型舰船的防护能力较弱,一般为 8～20 mm 的中等强度的钢甲、铝合金甲,有
的甚至为木质材料制成。

表 3-2 小型舰船探测特性

目标 类型	典型 目标	几何特性/m			激光漫反射特 性(反射系数)	温度特性 (与背景平均 等效温差)/K	运动特性(速度) km/h
		长	宽	高			
水面 目标	小型 舰船	20～40	7～10	6～8	0.43～0.48 (参照铁 金属的特性)	≥5	10～30

以中国台湾"海鸥"级导弹快艇为例,"海鸥"级导弹快艇为铝合金艇身,排水
量 47 t,艇身长 25 m、宽 6 m,至桅顶高 7.33 m,吃水 2.2 m。

(8)低速运动弱防护面目标(MSA),典型目标实例——集群武装人员。

武装人员作为战场主体,是战争的直接参与者。与飞机、坦克等武器装备相
比,武装人员可以说是战场上防护能力最弱的典型代表,在作战过程中,弹丸、破
片以及冲击波都足以对其造成致命性杀伤。冲击波对人员造成毁伤的判别标准
见表 3-3,各国关于弹丸、破片使人员丧失战斗力的能量临界值见表 3-4。

表 3-3 冲击波超压对人员的毁伤标准

峰值超压/MPa	损伤程度
≥0.1	极严重伤(大部分导致死亡)
0.05～0.1	重伤(内脏严重受损,可引起死亡)
0.03～0.05	中等伤(听觉器官损伤、骨折等)
0.02～0.03	轻微挫伤

表 3-4 弹丸、破片使人员丧失战斗力的临界值

国家	法国	德国	美国	中国	瑞士	俄罗斯
能量临界值/J	40	80	80	98	150	240

(9)低速运动中等坚硬点目标(MMP),典型目标实例——装甲车。

装甲车是具有装甲防护的各种履带或轮式车辆的统称,主要有步兵战车、装
甲运兵车、侦察车、指挥车、通信车、扫雷车、架桥车、救护车、回收车等,如图 3-9
所示。该种车辆大多装有铝合金或均质钢甲,其防护能力较坦克弱,通常可防小
口径炮弹和炮弹碎片。

图 3 - 9 几种装甲车

(a)步兵战车；(b)扫雷车；(c)架桥车；(d)回收车

表 3 - 5 给出了几种装甲车的防护性能。从表中可看出，装甲车前部防护钢板的厚度要大于两侧，在计入装甲的倾角效应时，装甲钢板的有效厚度最大达到了 60 mm。美国的装甲车的防护结构与其他国家有很大的不同，为复合防护结构，防护总厚度达到了 150 mm 以上，但其有效防护厚度为 12.7 mm（钢）或 25.4 mm（铝合金），其总的有效防护厚度低于 50 mm（装甲钢）。

表 3 - 5 几种装甲车辆的防护性能及参数

型 号	装甲类型	前部防护装甲	两侧防护装甲
M2（美）	间隙甲铝合金	152.4 mm（其中：钢 6.35 mm ＋ 空隙 25.4 mm＋钢 6.35 mm＋ 空隙 88.9 mm＋铝合金 25.4 mm）	—
"黄鼠狼"式（德）	均质甲	30 mm/60°	20 mm/60°
BMΓ - 1（俄）	均质甲	19 mm/57°	18 mm/90°

（10）低速运动中等坚硬面目标（MMA），典型目标实例——大型补给舰船。

大型补给舰船主要有战斗支援舰、油料补给舰、干货/弹药船等，该类舰船航速在 20 kn 左右，其防护能力相对作战舰船较弱，如图 3 - 10 所示。

图 3-10　美国亨利·凯泽级油料补给船

表 3-6 列出了部分美军大型补给舰船的主要参数。

表 3-6　美军大型补给舰船的主要参数

名　称	供应级快速 战斗支援舰	亨利·凯泽级 油料补给船	刘易斯·克拉克级 干货/弹药船
满载排水量/t	48 500	40 900	42 674
全长/m	229.7	206.5	210
型宽/m	32.6	29.7	32.2
吃水/m	11.6	10.9	9.1
航速/kn	25	20	20
续航力	6 000 nmile/22 kn	6 000 nmile/18 kn	14 000 nmile/20 kn
载货量	15.6 万桶燃油、 1 800 t 弹药、250 t 干货、 400 t 冷冻品和 75.7 t 淡水	18 万桶燃油、 8 个冷冻集装箱、 690 m² 干货存储空间	2.3 万桶燃油、 6 675 t 弹药和干货、 1 743 t 冷冻品、 200 t 淡水

(11)低速运动坚硬点目标(MHP),典型目标实例——坦克。

坦克的防护装甲有主装甲和附加装甲等。主装甲是坦克装甲车辆的最基本防护手段和最重要的防护屏障。装甲类型包括均质装甲、复合装甲(含间隙装甲)、反应装甲、贫铀装甲以及电装甲等。表 3-7 列出了现代主战坦克正面装甲抗穿甲能力和抗破甲能力。

表 3-7　现代主战坦克正面装甲抗穿甲能力和抗破甲能力

坦克型号	抗穿甲能力/mm	抗破甲能力/mm
"豹"2	400	700
"挑战者"	500	800

续表

坦克型号	抗穿甲能力/mm	抗破甲能力/mm
M1A1	400	1 000
T－72M	450	900
T－80	500	1 060

以 M1A2 主战坦克为例,如图 3－11 所示,该型坦克长 7.99 m,宽 3.66 m,高 2.44 m,质量 60 多吨,最高时速 66 km/h,配备了先进的车际信息系统和战场管理系统,装有全新的防护装甲和电子设备。

图 3－11　M1A2 主战坦克

(12)低速运动坚硬面目标(MHA),典型目标实例——航空母舰(简称"航母")。

美国"尼米兹"级航母是世界上现役排水量最大、水面作战能力最强、现代化程度最高的超级航母,是美国第二代核动力航母。"罗斯福"号航母是美国"尼米兹"级航空母舰的四号舰,如图 3－12 所示。该航母总长 332.9 m,斜角甲板长 237.7 m,飞行甲板宽 76.8 m,从基线至桅杆总高 76 m,飞行甲板至基线高 30.63 m,至水线高 19.11 m,水线位于第 3 甲板和第 4 之间之间,靠近第 4 甲板。水线宽 40.8 m。机库长 208.48 m,最宽处为 32.92 m,高度为 8.08 m,占三层甲板层高。

图 3－12　美国"罗斯福"号航母

相关资料显示,"尼米兹"级航母的飞行甲板由 50 mm 厚钢板和复合装甲组成,通道甲板厚 14 mm 左右,机库甲板厚约 38 mm,水线以上舷侧外板厚约 38 mm,水线以下舷侧外板厚约 24 mm,弹药库和机舱有 63.5 mm 的复合装甲。

通过对目标特性进行分析,可以制定如下要求:

(1)依据对目标的毁伤要求,确定战斗部的类型、质量、引战配合要求。

(2)根据目标特性,确定制导体制、攻击目标的方式、对目标的命中精度。

(3)依据目标攻防特性,确定制导炸弹的射程、离轴角、载机安全撤离措施以及抗干扰措施等。

3.3.2 射程

射程是在保证一定命中概率的条件下,制导炸弹投放点至命中点或落点之间的地面距离,是制导炸弹的主要战术技术指标之一。制导炸弹属于无动力型武器,其射程主要受投放高度、投放速度、扇面角、末端约束条件(如进入方位角、落速、落角、攻角等)以及风的影响。一般来说,在射程指标论证过程中,主要从敌方防空能力、制导炸弹的使命任务以及自身气动特性出发。表 3-8 列出了部分中远程防空系统主要性能指标。在确定战术技术指标时,一般只涉及典型投放条件下的最大射程和最小射程。

表 3-8 部分中远程防空系统主要性能指标

国 别	武器名称	最大射程/km	最大射高/km	最大飞行马赫数
美国	爱国者-3	50	20	5
	标准-3	500	160	7
俄罗斯	S-300	40~300	25	6
	S-400	40~400	100	8

(1)最大射程:在典型投放条件下(一般指最高投放高度、最大投放速度),无末端约束和扇面角时,满足命中精度的制导炸弹最大有效射程。不同的载机发射平台,制导炸弹的最大射程将有一定的差别。

(2)最小射程:在典型投放条件下(一般指最低投放高度、最小投放速度),满足命中精度的制导炸弹最小有效射程。最小射程受载机安全性、制导炸弹引信安保以及导航与控制等因素影响。

对目标实施扇面攻击时,制导炸弹在空中拐弯转向目标飞行,实际飞行的航迹将比直接攻击的距离大。

3.3.3　命中精度

命中精度是指炸弹实际命中点相对理想命中点的偏差。表示命中精度的指标一般有圆概率偏差和命中概率。以落点散布中心为圆心画圆,使得该圆范围内所包含的弹着点占全部落点的50%,则该圆的半径就是圆概率偏差(CEP)。命中概率是指命中目标的炸弹数目占向目标发射的全部炸弹数量的百分比。

为试验验证的方便,通常对制导炸弹攻击固定目标的精度考核采用圆概率偏差方式,对攻击运动目标的精度考核采用命中概率方式。

1.命中精度的提出依据

制导炸弹的命中精度主要根据目标尺寸和战斗部威力提出。一般来说,对于侵彻、穿甲、破甲类战斗部,需要命中精度较高;对于杀伤、爆破、子母类战斗部,所需的命中精度略低。

2.影响制导炸弹命中精度的因素

影响制导炸弹命中精度的因素有内部和外部两种。外部因素一般有载机的位置、姿态、速度误差,目标定位或指示误差,外界干扰(如大气扰动)等,内部因素主要有产品制造误差、导航误差、导引头测量误差、控制误差等。

(1)载机的位置、姿态、速度误差。对于现代作战飞机,位置、姿态、速度主要由大气数据计算机、惯性导航装置、卫星导航装置、无线电高度表等设备提供的信息进行融合后得到,并将其用于火控解算和下传给制导炸弹。因此,载机的位置、姿态、速度误差主要是由机上大气数据计算机、惯性导航装置、卫星导航装置、无线电高度表等设备引起的。

(2)目标定位或指示误差。制导炸弹上使用的目标信息主要包括目标坐标、目标图像(如可见光图像、红外图像)以及其他辐射特性。这些信息可由前期侦察或机上设备直接测量获得,其精度一般在几米到几十米范围。

目标指示误差是由地面、空中等目标指示设备在目标指示过程中产生的误差,如激光指示、红外指示等。这类误差一般较小,约在厘米级到米级。

(3)产品制造误差。产品制造误差属于系统误差,主要有制导炸弹与数学模型之间的差别、惯性导航(简称"惯导")及导引头等安装误差。

(4)导航误差。制导炸弹上用的导航系统主要有惯性导航、卫星导航等。

惯性导航建立在牛顿经典力学定律的基础之上,当物体受外力作用时,将产生一个成比例的加速度,通过用加速度对时间进行连续积分就可以计算出速度和位置的变化。一个惯性导航系统通常包含陀螺仪和加速度计这两种器件,陀螺仪用来测量角运动参数,加速度计用来测量线运动参数,其原理图如 3 - 13

所示。

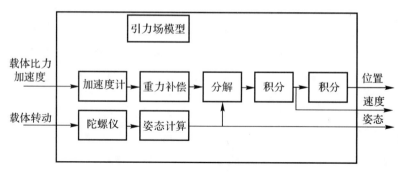

图 3 - 13 惯性导航原理

惯性导航装置的误差主要有惯性器件的零偏误差、标度因数误差和安装误差等。零偏误差主要用零偏稳定性和零偏重复性来衡量。零偏稳定性是指当被测量的量值为零时,测量器件输出量的离散程度,以规定时间内输出量的标准偏差等效输入量表示。零偏重复性是指在相同的条件及规定的时间间隔内,重复测量惯性器件零偏的一致程度,以各次测试零偏的标准偏差表示。标度因数误差常用标度因数非线性来衡量,它是指在输入量程的范围内,惯性器件的输出值与拟合直线的最大偏差与最大输出量之比。

卫星定位误差有系统误差和随机误差两类。其中,系统误差主要包括星历误差、钟差、大气折射等。目前,国际上常用的卫星导航系统定位精度见表3-9。

表 3 - 9 常用卫星导航系统定位精度

系统名称	GPS Ⅲ	GLONASS	GALILEO	"北斗二"号
水平位置误差/m	3.7	10	7.5	10
高程误差/m	5.6	20	15	15

(5)导引头误差。导引头误差包括框架角误差、视线角或角速率测量误差,以及由姿态隔离、惯性延时等环节引起的误差。

(6)控制误差。单纯的控制误差主要由导引律解算、控制环节、惯性环节和信号时延等引起。

3.3.4 战斗部毁伤威力

毁伤威力是表示制导炸弹对目标破坏、毁伤能力的一个重要指标。制导炸弹的威力表现为制导炸弹命中目标并在战斗部可靠爆炸之后,毁伤目标的程度和概率,或者说,制导炸弹在目标区爆炸之后,使目标失去战斗力的程度和概率。不同类型的战斗部,用不同的参数表示其威力。

1. 侵彻型战斗部

对于侵彻型战斗部,为了使目标被毁伤并失去战斗力,一般要求炸弹的战斗部必须首先穿透目标,采用延时引信,才能起到毁伤作用,所以常常用侵彻深度作为衡量其毁伤威力的指标。在论证过程中,常采用 Young 经验方程来预估侵彻战斗部的侵彻深度。

当侵彻着速小于 61 m/s 时,有

$$H = 0.000\,8 \times S \times N \times (m/A)^{0.7} \times \ln(1 + 2.15v^2 \times 10^4) \quad (3-1\text{a})$$

当侵彻着速大于 61 m/s 时,有

$$H = 0.000\,018 \times S \times N \times (m/A)^{0.7} \times (v - 30.5) \quad (3-1\text{b})$$

式中:H 为侵彻深度,单位为 m;v 为着靶速度,单位为 m/s;m 为战斗部质量,单位为 kg;A 为弹体截面积,单位为 m²;S 为表示土壤、混凝土等介质侵彻特性的参数;N 为弹头性能系数。

2. 杀伤爆破战斗部

对于杀伤爆破型战斗部,主要依靠战斗部爆炸后形成的破片杀伤目标。破片要能杀伤目标,必须具有足够的动能,杀伤典型目标所需动能见表 3-10。由于破片飞散过程中有速度损失,显然离爆炸中心的距离越远,杀伤动能越小。战斗部爆炸所形成的破片飞离爆炸中心一定距离后,其动能若小于杀伤目标所必需的动能,破片便不能杀伤目标。通常将破片能杀伤目标的最大作用距离称为有效杀伤半径,也称为威力半径。

在确定有效杀伤半径时,应与命中精度协调一致。一般来说,有效杀伤半径应大于 2.5 倍命中精度。

表 3-10 杀伤典型目标所需动能

目标类型	人员	飞机	装甲(10 mm)	装甲(16 mm)
动能 E/J	78~98	1 470~2 450	3 430	10 190

圆柱体装药破片初速度计算如下:

$$v_0 = \sqrt{2E} \sqrt{\frac{\beta}{1 + 0.5\beta}} \quad (3-2)$$

式中:$\sqrt{2E}$ 为炸药的 Gurney 常数,常见炸药的 Gurney 常数见表 3-11;β 为单位长度圆柱内炸药质量与壳体质量之比。

表 3 - 11   常见炸药的 Gurney 常数

炸药种类	爆速 /(m·s^{-1})	装药密度 /(g·cm^{-3})	$\sqrt{2E}$/(m·s^{-1})
TNT	6 640	1.59	2 316
RDX	8 180	1.65	2 834
HMX	8 600	1.84	2 895
Tetry	7 850	1.62	2 500
Octol	8 643	1.80	2 895

Gurney 常数由如下公式计算得到：

$$\sqrt{2E} = 0.52 + 0.28 D_e \qquad (3-3)$$

破片在飞行过程中，由于受到空气阻力的作用，飞行速度会下降。破片在距爆心 x 处的速度为

$$v_x = v_0 e^{-\frac{C_D \rho_a S}{2m_f} x} \qquad (3-4)$$

式中：C_D 为破片阻力系数；ρ_a 为当地空气密度；S 为破片迎风面积；m_f 为破片质量。

3.爆破战斗部

对于爆破型制导炸弹，装药质量直接影响其威力大小，装药量越大战斗部威力就越大。战斗部威力常用冲击波波阵面超压和比冲量来表征。常见目标破坏的冲击波超压和比冲量值见表 3 - 12。

表 3 - 12   常见目标破坏的冲击波超压和比冲量值

目标名称		峰值超压/MPa	比冲量/(kN·s·m^{-2})
人员	基本无伤害	<0.02	
	中等程度伤害	0.03～0.05	
	致死	>0.1	
工事	1.5 层砖的砖墙	0.015	1.9
	2 层砖的砖墙	0.025	2
	0.2 m 厚的钢筋混泥土墙	0.3	2.2～2.5
	坚固建筑物		2～3
飞机	严重破坏	0.05～0.1	
	完全破坏	>0.1	
舰艇	中等程度破坏	0.03～0.04	
	严重破坏	0.07～0.078	

续 表

目标名称		峰值超压/MPa	比冲量/(kN·s·m⁻²)
装甲车辆	严重破坏	0.4～0.5	
	完全破坏	1～1.5	

3.3.5 制导体制

制导体制是为实现制导炸弹导引与控制所采取的技术组合。对于制导炸弹来说，一般将飞行过程分为中制导和末制导两段。其中，中制导段常用的方式有惯性导航和卫星导航。

当前，制导炸弹上用的末制导模式主要有电视、红外、激光及毫米波等，对地攻击一般采用红外、激光或电视制导，对舰攻击一般采用红外或毫米波制导。随着战场环境越来越复杂，干扰技术不断发展，单一模式的末制导系统受到越来越大的挑战，为提升炸弹作战使用灵活性，提升命中精度，目前的末制导正在向双模或多模复合的方向发展。

3.3.6 可靠性

可靠性是相对故障而言的，可靠性是指按设计要求正确完成任务的概率。可靠性是衡量制导炸弹作战性能的一个综合性指标。它主要取决于制导炸弹设计、生产时所采取技术措施的可靠程度及可维修性，同时还取决于操作使用人员在制导炸弹的贮存、运输、技术准备、挂机等过程中的检查测试的仔细程度、操作人员的技术水平和操作技能的熟练程度等。

制导炸弹是由许多分系统组成的，而各个分系统又由成千上万个零部件组成，因此制导炸弹的可靠性就直接取决于分系统的可靠性，或者说取决于零部件的可靠性。

第 4 章

制导炸弹总体设计概述

　　制导炸弹总体方案设计是一个从已知条件出发创造新产品的过程，是将战术技术指标要求转化为武器的最重要的步骤。其设计内容很广泛，概括起来有 4 个方面，即选择和确定总体方案及性能参数，对分系统提出设计要求，提出地面及飞行试验要求，进行试验并对结果进行分析。本章主要对第一个设计内容，即选择和确定总体方案及性能参数进行论述。

|4.1 制导炸弹系统组成|

制导炸弹没有动力,一般需与运载平台等其他系统或设备配合,构成一个功能相对完整和独立的整体,才能完成要求的作战任务,这个整体就称为制导炸弹武器系统。通常,制导炸弹武器系统主要由制导炸弹、运载平台和综合保障系统组成,如图 4-1 所示。

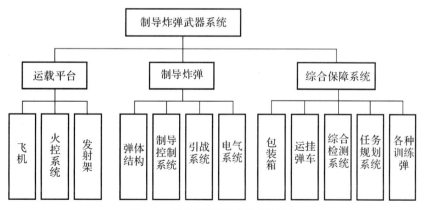

图 4-1　常见制导炸弹武器系统组成

制导炸弹常用的运载平台主要有歼击机、强击机、轰炸机、察打一体无人机

等,如图4-2所示。近年来,随着飞行技术的发展,制导炸弹的运载平台有向多旋翼无人机、无人直升机、浮空器等方面拓展的趋势。

图4-2　轰炸机、无人机携带制导炸弹

　　制导炸弹是整个武器系统的核心,直接体现了武器系统的性能和威力,关系到任务的最终达成。通常,制导炸弹由弹体结构、制导控制系统、引战系统、电气系统等分系统组成,各分系统又包含多个子系统和设备。以激光制导炸弹为例,其组成如图4-3所示。

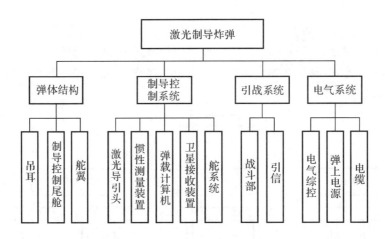

图4-3　激光制导炸弹系统组成

　　在激光制导炸弹各分系统中,弹体结构用于维持弹体外形、装载弹上设备、提供操纵面等,制导控制系统主要实现制导炸弹的导引和控制,引战系统主要对目标进行毁伤,电气系统主要为弹上各设备供电、产生和传递信号。

　　综合保障系统主要用于保障制导炸弹使用维护过程中的贮存、运输、挂载、检测、使用、维修以及各项训练等。

|4.2 总体结构布局设计|

制导炸弹结构总体设计目的是寻求制导炸弹各组成部分在弹上的最佳组合和布局方案,选定能满足总体设计要求的最佳弹体结构方案,并对弹体各组成部件和各系统弹上设备的有关结构提出设计要求和协调技术要求,同时要求弹上设备安排应协调紧凑,并具有较好的工作环境,线路、电缆等尽可能短,便于维修。

弹体结构是制导炸弹的主体部分,是由弹身、气动力面(弹翼、舵翼)、弹上机构及一些零、部、组件连接组合而成的具有良好气动外形的壳体。制导炸弹使用过程中,弹体结构应具有足够的强度、刚度和稳定性,能够承受地面训练和飞行中的外力,并维持良好的气动外形,实现阻力小的要求,同时为各系统提供可靠的工作环境,并保证制导炸弹的完整性和有效性。

总体来说,制导炸弹结构总体设计的目的和作用主要有以下几方面:

(1)在制导炸弹方案设计过程中,结构总体设计起着配合制导炸弹总体,开展总体方案设计的作用。分析与选择可能的制导炸弹结构方案,论证各舱段的布局方案,考虑弹上设备的安装布局、弹上电缆线路的布置与走线及弹内有效空间的制约关系等;配合总体确定制导炸弹的理论外形、各分离面位置、各部段几何形状和结构参数、质心及转动惯量等;同时考虑弹翼和舵翼的位置和尺寸,确保各舱段的主要外形尺寸;防止结构详细设计阶段出现重大的技术问题甚至颠覆性问题,包括结构、机构、结构动力特性、成本、进度等问题,使总体设计建立在可靠而且可行的方案设计基础上。

(2)结构设计方面,结构总体设计起着总体和各分系统协调的作用。弹体结构各组成部分及其弹上设备与弹体的接口设计要求,都必须把结构总体设计确定的有关结构协调技术要求作为其设计依据,这样才能确保各分系统设备在弹体内安装的可行性、合理性和操作协调性等,同时有利于提高系统工作的可靠性。应正确选择各舱段和翼面的基本结构形式和全弹受力传力特性,确定能满足总体设计要求的最佳结构方案。

(3)制定制导炸弹外形图、结构总体布局图、弹上设备安装图,并初步确定载荷情况,为制导炸弹的具体结构设计、强度设计提供设计输入。

(4)总装总调方面,结构总体设计起着综合和汇总作用。一方面,要把弹体结构舱段和各分系统所包含的弹上设备等,设计组合成完整的制导炸弹产品,并保证制导炸弹的完整性和有效性,为制导炸弹总装提供图纸和技术条件,制导炸

弹装配完成后,对其结构进行水平测量,检验结构设计精度,验证结构总体精度分配指标是否合理;另一方面,还要对各系统的有关技术文件进行综合和汇总,编制出供制导炸弹总装和测试使用的技术文件。

4.2.1 结构总体设计的基本原则

在进行制导炸弹结构总体设计时,除遵循总体设计的基本要求外,还应遵循以下基本原则:

(1)弹体结构必须满足总体设计提出的技术要求。在规定的使用环境条件下,弹体结构各部分必须保证工作可靠和使用安全,并满足质量特性要求。

(2)满足空海一体化的作战思想,结构"三防"(防核武器、生物武器和化学武器)及防腐蚀设计合理运用在结构设计中,提高制导炸弹的使用可靠性和贮存可靠性。

(3)能合理利用制导炸弹技术领域的最新技术和预研成果,使制导炸弹结构具有一定的先进性,但也应尽可能采用成熟的技术成果,以减少技术风险。

(4)制导炸弹的结构静力学、动力学分析应贯穿于结构设计的各个阶段,以保证制导炸弹具有良好的静力和动力学特性。

(5)尽可能采用标准化、通用化和模块化的结构设计,提高制导炸弹零、部、组件的标准化程度。

(6)在制定和选择结构方案时,应充分考虑制导炸弹承制单位的现有工艺基础,保证制导炸弹具有良好的工艺性。

(7)在选择结构总体方案时,必须立足于国内的物质条件,应尽量降低制导炸弹的研制成本,保证制导炸弹的研制周期。

(8)应尽量使制导炸弹具有良好的使用操作性、可维修性和安全性,尽可能达到操作简单、使用安全、维护方便,减少制导炸弹的勤务操作时间,如开箱、装箱、吊装等。

(9)低成本设计思想应贯穿在结构总体设计过程中。

(10)采用互换性的设计理念,保证产品结构具有良好的互换性。

4.2.2 结构总体布局

结构总体设计应使各种弹上设备具有良好的工作环境,满足弹道飞行设计要求,保证制导炸弹在整个飞行时间内有适宜的静稳定性和可操作性,力求制导炸弹结构简单、工艺性好,质量轻、使用维护便利,并具有互换性等。制导炸弹结

构总体布局的要求如下:

(1)确保制导炸弹在整个飞行阶段有适度的静稳定性和可操作性。

(2)合理地放置各个部件,以满足各部件的约束条件。

(3)弹上的各个部件具有良好的工作环境,以保证它们具有良好的工作性能。

(4)尽量采用快卸机构,保证制导炸弹在作战使用中的便捷性,且维护方便。

为使制导炸弹具有一定的静稳定性,应适当安排制导炸弹的质心位置和压心位置。缩短质心和压心之间的距离,使质心向前移动,压心向后移动,使制导炸弹得到较大的静稳定裕度。

另外,在部件安排时,应使制导炸弹在整个飞行过程中质心变化尽量小。各个部件位置的安排应尽可能满足它们的特殊要求,如密封性、防潮性、抗振性等。

制导炸弹结构总体布局与其外形布局密切相关,由不同外形衍生出的制导炸弹布局也会有所不同。外形布局是指弹翼、舵翼、尾翼等在弹身上相对位置的安排,特别是控制面位置的选择,控制面的位置选择与制导炸弹的纵向控制形式与要求有关。

制导炸弹的控制舵面常布置在制导控制尾舱上,远离制导炸弹质心。制导炸弹气动面控制形式和外形布局不同,造成弹体结构布局、结构形式、舱段连接、弹上设备布置位置等均有较大差异。小直径炸弹 SDB 与"宝石路"Ⅳ炸弹结构总体布局分别如图 4-4、图 4-5 所示。

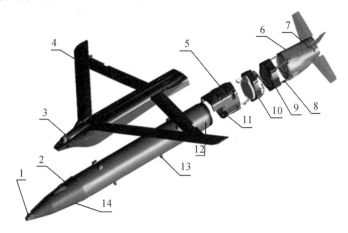

1—爆破顶端; 2—弹头填装; 3—解保发生器; 4—菱背翼; 5—AJGPS 天线;

6—热电池; 7—尾部驱动系统; 8—GPS 接收装置; 9—抗干扰模块;

10—任务计算机; 11—惯性测量单元(IMU);

12—引信; 13—吊耳; 14—弹头壳体

图 4-4　小直径炸弹 SDB 结构布局简图

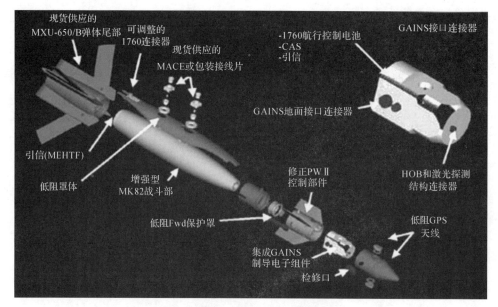

图 4－5 "宝石路"Ⅳ炸弹结构布局简图

4.2.3 弹上设备布置

弹上设备布置方案的设计和弹体内部空间尺寸结构的协调,是结构总体方案制定必须要考虑的问题。制定弹上设备布置方案的目的是确定弹上设备在弹体内安装位置的可行性。弹上设备的安排也是一个复杂的问题,必须考虑到多方面的因素,同时每种型号的制导炸弹都有自己的设计要求与设计条件,不能千篇一律地处理,所以,弹上设备安排的原则是具体问题具体分析,通常需要从以下几方面来考虑。

1.弹上设备的功能和用途

导航控制系统设备,主要包括惯性器件、舵机、舵机控制器、任务机、电源等,为了准确感受制导炸弹质心位置的运动参数,最好将惯性器件安排在制导炸弹的质心附近,并远离振动源。角速率陀螺能敏感弹体的弹性振动,因此,尽可能把它安排在离节点较远的波峰处,如图 4－6 所示,避免或减小由于弹体弹性振动引起的角速度信号失真和避免严重情况下引起的共振。安排这些敏感器件时,不仅应进行弹性体的振动特性计算,还应进行振动模态试验。舵机应尽量靠近舵面转轴位置处,这样可以简化执行机构和执行结构的长度,提高控制准确度。

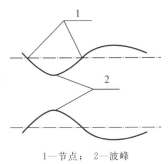

1—节点； 2—波峰

图 4 - 6 角速率陀螺安放的影响

引信与战斗部系统设备，如近炸引信应尽量靠近战斗部，以免增大电路损耗，影响战斗部起爆。为保证其可靠性，应远离振源。触发引信应安装在弹体结构强度、刚度较高的部位，如舱体本体上或舱体的连接框上。

安全自毁系统中的自毁装置或程序控制器，应布置在设备舱内，以保证它们完成制导炸弹飞行中所承担的任务。但其爆炸器等应布置在所要炸毁的目标上或目标附近，以便紧急情况下摧毁目标。

遥测系统中的设备，通常也布置在设备舱内，一般集中组合安装，既便于安装和减小电缆长度，也利于在制导炸弹定型设计时方便将其去除，而使设备舱内的设备布局无须做较大的变动，一般用配重块替代遥测设备即可。

2.弹上设备性能和安装要求

选定弹上设备在弹体内布局位置时，应根据弹上设备性能对弹体内环境适应性和对安装刚度及强度要求，来确定具体的安装方案。

惯导组合体等高精度设备，通常应放在设备舱内，而且要求安装基面刚度大、安装面加工精度高、环境条件好、远离振源；同时尽量安排在靠近全弹质心处，以精确感受航向、俯仰，减少弹体受干扰时产生的附加信号。

速率陀螺应尽量安排在制导炸弹弹性固有振型的波峰或波谷附近，以减少弹体弹性振动引起的角速度信号失真，避免严重情况下引起的共振。

3.使用维护性

制导炸弹既要承受远距离运输，长时间贮存，又要兼顾多次挂机、挂飞训练和测试要求，其使用环境复杂，弹上设备结构布局安排时应考虑包装运输、维护检测和作战使用的需求，以满足制导炸弹的使用作战要求。同时弹上设备布置应综合考虑检测、维护、操作空间等条件要求。一般情况下，经常检测、维护和操作的设备放在舱体窗口附近，不经常维护的设备放在内层；大型弹上设备放在内层，小型弹上设备放在外层，以改善舱体窗口开敞性；一般先装配基准件、重大

件,后装复杂件、精密件,装配顺序为先里后外,易损的零、部件尽可能最后装配;现场安装的设备或经常拆装的设备应放在舱体窗口附近,避免拆动其他设备等。

4.弹上设备安装的防松措施

在安装弹上设备的过程中,一般采用如下防松措施:

(1)开口销:用于带减振和缓冲的设备。

(2)双螺母:用于质量大、体积大的设备。

(3)弹簧垫圈:用于小型设备的刚性连接结构。

(4)防松胶:用于不拆卸的设备。

(5)保险丝:用于关键、重点设备。

为了提高螺纹连接的可靠性,对于重要部位应采用力矩扳手,使螺纹连接具有一定的预紧力。

实际上,弹上设备布置方案的确定与结构总体协调之间是紧密相关的,有时需要交叉进行,互为设计条件。以上所探讨的弹上设备布置方案,是设备布局安排的第一步,具体的布置方案还必须通过弹体内部空间尺寸和相互关联的结构尺寸协调后,把某些重要的、复杂的、关键的弹上设备的外形和主要结构尺寸定下来,才能最后确定。

5.弹上设备安排布置图

进行弹上设备安排时必须考虑弹上各系统及设备的特殊要求,保证弹上设备具有良好的工作环境。目前,"小型化、模块化"是制导炸弹设计的发展方向,各系统设备的小型化设计可以提高部位安排空间,减小全弹质量;分系统设备的模块化设计,有利于弹体空间部位的安排和调整,同时提高系统互换性,利于安装维护。弹上设备安排的结果,具体反映在安排布置图上。制导炸弹的研制过程,也是弹上设备安排布置图的细化、完善的过程。在制导炸弹结构总体设计的初期,弹上设备通常用矩形块或方块表示。随着设计工作的深入和反复协调,通过三维建模或利用原理样弹或模型弹实物,最终把弹上设备在弹体的安装位置确定下来。

为了完成制导炸弹的质心定位,要求用较大比例尺,绘制两个投影的部位安排图。在主视图上应尽可能多地反映弹上设备,用两个投影图无法清楚地表示各弹上设备的安装位置关系时,应增加相应的视图。各弹上设备之间应留出合理的安全距离,以避免在震动的条件下设备之间发生碰撞。

电缆、线路等往往难以绘制在弹上设备安排布置图上,在部位安排中需要留出必要的边缘空间。目前,随着三维软件 UG、Pro/E 等的快速发展,已出现电缆、线路走线设计模块,使电缆与线路走线在结构总体布局中越来越便利。

随着计算机技术的发展以及图形学的出现,目前基本上利用计算机实现了制导炸弹的弹上设备安排。绘制弹上设备安装布置图还应与原理样弹或三维模型配合进行。弹上设备安排是一项涉及面广、影响因素多的系统工程,因此,即使在相同原则指导下进行此项工作,各类制导炸弹的弹上设备的安排形式也有很大差异。图 4-7 为某型制导炸弹弹上设备安装布置图。

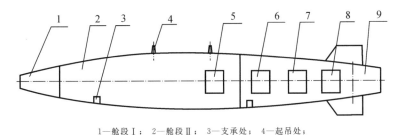

1—舱段Ⅰ; 2—舱段Ⅱ; 3—支承处; 4—起吊处;
5—设备Ⅰ; 6—设备Ⅱ; 7—设备Ⅲ; 8—设备Ⅳ; 9—舱段Ⅲ

图 4-7 某型制导炸弹弹上设备及部件安排图

4.2.4　舱段划分与部件设计

1. 分离面划分方案

考虑到空气动力特性及功能的差别,制导炸弹的弹身、弹翼和舵翼等部件的几何形状、结构形式及选材有着显著的差别,这就是制导炸弹弹体结构分成各个独立的部件的原因。但从工艺的角度出发,各部件还可进一步分解,以满足零件加工和装配工艺的要求。制导炸弹结构可分解成多个装配单元,相临装配单元之间的连接处或结合处就形成了分离面。在保证工艺和使用维护要求的前提下,分离面数目越少,对产品减重越有利,而且可以提高产品的结构刚度,增大固有频率。制导炸弹的分离面一般根据用途,可分为设计分离面和工艺分离面两大类。

(1)设计分离面。设计分离面是根据制导炸弹产品结构、使用、维护和安全等方面的需要而设置的。设计分离面中,有一部分又起工艺分离面的作用,如头舱(导引头)分离面、尾部整流罩分离面等。设计分离面是在制导炸弹总装或使用过程中进行舱段连接的,一般采用对接或套接形式。弹翼为了便于加工及更换,常使设计分离面和弹体分离,设计成独立的部件;舵翼相对于弹体作轴线转动,因此其也需设计成独立的部件。

(2)工艺分离面。工艺分离面是为了满足加工、装配等需要,提高结构工艺性而设置的,它仅在制导炸弹的制造过程中起作用。在制定加工、装配工艺方案时,应根据生产条件和装配原则选取适当的工艺分离面。

选择设计分离面和工艺分离面的原则:设计分离面的选择应考虑制导炸弹的性能、使用和维护要求,并保证分离出的部件具有相对完整性、足够的强度和刚度;工艺分离面的选择主要考虑加工制造的可行性、工件开敞性和两种装配原则(分散装配原则和集中装配原则),使工艺分离面的划分既做到结构开敞性好、改善加工及装配条件、有利于缩短装配时间和提高装配质量,又能使协调关系比较简单,减少工艺装备和缩短生产周期,从而达到较好的技术经济效果。一般科研试制阶段常采用集中装配原则,工艺分离面应尽量少;定型后宜采用分散装配原则,工艺分离面应适当增加。

2.战斗部布置方案

战斗部是制导炸弹的有效载荷,是直接用来摧毁目标的部件,在制导炸弹中占有重要的地位。战斗部的质量、质心对制导炸弹的质量、质心影响较大,很大程度上决定全弹的质量和质心,一般应根据制导炸弹的总体设计要求(主要考虑威力性能指标),使战斗部的质量在制导炸弹的总质量中占有合理的比例。

由于制导炸弹要攻击的目标种类繁多,不同的作战使命对战斗部的需求也不同,因此选择战斗部类型的基本原则必须是保证整个制导炸弹武器系统具有最佳的摧毁效率。

(1)战斗部的位置安排。战斗部在制导炸弹上的位置,既要考虑应保证能最大限度地发挥战斗部对目标的破坏作用,也要考虑制导炸弹弹体结构的部位安排和气动布局要求。一般而言,战斗部位于全弹的头部和中部。

FT-1型制导炸弹,整体战斗部位于全弹的头部,如图4-8所示。

1—战斗部; 2—制导控制尾舱
图4-8 FT-1型制导炸弹

某型子母制导炸弹,子母战斗部位于全弹的中部,如图4-9所示。

(2)战斗部的结构类型。战斗部作为制导炸弹的一个部件,在进行结构设计时与结构总体相协调。战斗部的类型、承力结构、连接形式、吊耳安装位置等则与全弹结构有关,其质量、质心、转动惯量、接口尺寸、外形尺寸等满足结构总体要求。

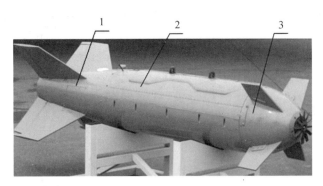

1—制导控制尾舱；　2—子母型战斗部；　3—头舱

图 4 - 9　某型子母制导炸弹

下面分别对侵彻、杀伤爆破、聚能及子母等几种典型的常规战斗部进行简要论述。

1）侵彻战斗部。侵彻战斗部是依靠战斗部自身动能侵入目标，在引信预定程序作用下，引爆战斗部传爆药柱，继而起爆主装药，毁伤目标。侵彻战斗部通常采用尖卵形头部、大长径比外形，高强度整体式战斗部壳体和尾螺，全包覆装药结构，装填高能钝感的炸药，配装抗高过载引信。

战斗部壳体是战斗部的结构主体，既要具有合适的形状，满足侵彻性能和强度要求，又要具有足够的装药空间，满足爆破性能要求。侵彻硬目标过程中，战斗部壳体要承受很高的冲击载荷，从而对弹体材料及结构强度提出了较高要求。根据战斗部壳体的受力分析，保证侵彻过程中战斗部的结构强度、保护内部装药，战斗部壳体应具有高强度和高应变率，一般选用高强度特种钢为战斗部壳体材料，如 30CrMnSi、35CrMnSiA 等。整体式侵彻战斗部常采用机械加工、旋压、焊接等加工形式。

美国 BLU - 109/B 型侵彻战斗部剖面图如图 4 - 10 所示，BLU - 116/B 型侵彻战斗部如图 4 - 11 所示。

图 4 - 10　BLU - 109/B 型侵彻战斗部剖面图

2）杀伤爆破战斗部。杀伤爆破战斗部主要由炸药爆炸作用于壳体或破片体,形成大量高速破片群,利用破片的动能高速撞击、引燃、引爆作用毁伤目标。

图 4-11 BLU-116/B 型侵彻战斗部

战斗部壳体通常采用硬壳式结构,由隔框、壳体、主装炸药、传爆药柱及附件等组成。硬壳式结构起容纳炸药、形成杀伤破片、连接其他组件(导引头舱、制导尾舱等)等作用。壳体一般选用 20 号钢,采用壳体刻槽、装药表面刻槽、药柱聚能刻槽、壳体区域脆化、镶嵌钢珠、圆环叠加点焊等形式,爆炸以后所形成的破片在预控质量范围内的破片数多,破片成型性能好。

美国 MK84 杀伤爆破战斗部剖面图如图 4-12 所示。

图 4-12 MK84 杀伤爆破战斗部剖面图

3)聚能战斗部。根据杀伤元素不同,聚能战斗部可分为射流聚能和爆炸成型战斗部两种;按结构形式又可分为单级聚能、串联式聚能战斗部等。聚能战斗部主要是利用主装药爆炸时药型罩聚能效应形成高速、密实、连续的金属射流,来侵彻毁伤装甲等目标。为增加打击后效,采用活性材料药型罩,爆炸形成射流,侵入目标后产生爆炸,形成侵彻和内爆效应两种毁伤机理联合作用,大幅提高聚能战斗部的毁伤威力。聚能战斗部主要由传爆序列、战斗部壳体、主装药、药型罩等组成。

药型罩是聚能战斗部的核心部件,主要包括材料选取、形状、结构设计等。

a. 药型罩材料选取。药型罩的作用是在炸药爆炸高温、高压爆轰波作用下,被压缩而形成金属射流。因此,药型罩所选用材料应满足高密度、高塑性、强度及熔点适当。药型罩常用材料由紫铜、铝合金、钢、钛合金等,大量的试验表明,紫铜药型罩破甲性能最好。

b. 药型罩形状。目前,通过对各种形状的药型罩进行深入研究,发现锥形是可靠性高、破甲效果好的药型罩形状。随着加工技术的进步,已出现多种异型药型罩,常见形式有锥形、截锥形、圆锥形、双锥形、半球形、抛物线形等,如图 4-13 所示。

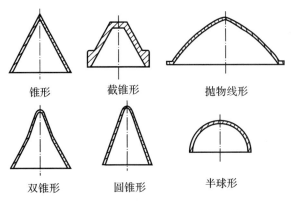

锥形　　　　　截锥形　　　　　抛物线形

双锥形　　　　　圆锥形　　　　　半球形

图4-13 常用药型罩结构形状示意图

c.药型罩结构。药型罩的结构参数对形成的射流有较大的影响。药型罩结构参数主要有半锥角 α、罩壁厚 δ、壁厚变化率 Δ、药型罩高度 h、药型罩开口直径 d 等。

美国 AGM-65A/B 聚能战斗部如图 4-14 所示。

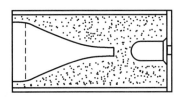

图4-14 AGM-65A/B 聚能战斗部

4)子母战斗部。子母战斗部作为制导炸弹的载荷单元,主要用于装填一定数量的相同或不同类型的子弹药,并按照预定的要求开舱抛撒子弹药,使子弹药形成一定的散布面积和散布密度,依靠子弹药来摧毁目标。

在进行子母战斗部结构设计时,应与结构总体相协调,应满足如下要求:

a.子母战斗部的承力结构、连接形式、吊耳安装位置等与全弹结构有关,其质量、质心、转动惯量、接口尺寸、外形尺寸等满足结构总体要求。

b.子母战斗部要满足结构密封性、连接快捷性、电磁兼容性、贮存可靠性及互换性等方面的要求。

c.子母战斗部要满足引信安装与起爆、电缆穿插走线、子弹药时间装定接口等要求。

　　子母战斗部舱结构较为复杂,一般由隔框、承力芯轴、抛撒机构、子弹药、蒙皮及蒙皮切割装置等组成。其中承力芯轴是全弹的承力骨架,承力芯轴在设计时要有足够的强度与刚度。作战时,制导炸弹飞行至目标区域上空时,蒙皮切割装置作用,将蒙皮切割开,同时抛撒机构作用,通过燃气压力将子弹药从战斗部舱抛出。某型子母战斗部舱结构简图如图 4 - 15 所示。

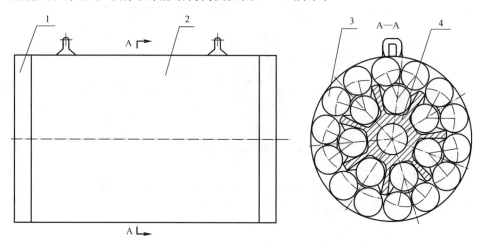

1—隔框;　2—蒙皮;　3—子弹药;　4—承力芯轴
图 4 - 15　某型子母战斗部舱结构简图

　　美国 CUB - 87/B 子母型制导炸弹结构简图如图 4 - 16 所示。

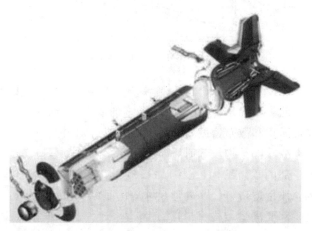

图 4 - 16　CUB - 87/B 子母型制导炸弹结构简图

3.设备舱布置方案

　　设备舱顾名思义就是安装弹上设备(如导引系统、控制系统、热电池及弹上电缆等)的舱体或舱段,一般随弹上设备的名称而命名,比如:安装能源设备的舱体称为能源舱;安装舵机、舵机控制器的舱体称为舵机舱;安装热电池的舱体称为热电池舱等。

制导炸弹和航空炸弹最大的区别在于制导炸弹具有导引系统,即俗称"大脑"。以激光制导炸弹为例,其导引系统的基本功能是捕获被攻击目标的信息,并对信息进行处理,为制导炸弹提供指引和导航。导引系统一般位于制导炸弹的头部,通常简称为导引头。控制系统好比制导炸弹的"神经中枢",一般是指舵机及舵机控制器,它的基本作用是执行导引头生成的制导指令,控制制导炸弹的飞行姿态和运动轨迹,保证制导炸弹准确命中目标。热电池及弹上电缆通常称为"血液和血管",为弹上设备的正常运行提供电源。此外,其他弹上设备如自毁装置、遥测设备、天线等不再一一叙述。由此可见,设备舱的布置在制导炸弹结构总体中占有重要的地位,设备舱一般安装在制导炸弹的后部或尾部,少数位于前端。

在进行设备舱布置设计过程中,一般应遵循以下原则:

(1)设备舱的布置设计应将同套设备或功能相近设备集中布置,减少连接距离,减轻连接质量。

(2)设备舱的布置设计要考虑使用维护方便,操作窗口、检测窗口设计要合理。

(3)设备舱的布置设计应注意相互协调,尽量避免因某一弹上设备故障而拆装大量其他的设备。

(4)设备舱的布置设计要考虑对全弹质量、质心的影响。

设备舱的布置设计是否合理,是否紧凑,代表了制导炸弹结构总体的设计水平的高低,设备舱中每一空间都应得到充分利用,布置设计过程中要充分提高设备舱的空间利用率。

影响设备舱布置方案的因素是多方面的,如设备舱尺寸约束、设备约束、空间约束、布局约束等,不能一概而论,应根据实际情况合理布置,图 4-7 所示是制导炸弹设备舱常见布局形式。

4. 舱段连接方案

根据制导炸弹武器系统使用、管理以及制造分工等特点和需要,常常把制导炸弹分为多个舱段,各舱段因功能不同而形成,它们之间各自独立设计和试制。结构总体设计的内容之一,就是要把各独立的舱段连接组合成一个完整的制导炸弹弹体结构。为此,首先要进行舱段连接方案的策划与选择,然后进行结构协调和舱段连接结构设计,并为各舱段结构设计提供设计条件和要求。

舱段连接结构设计的原则和要求是基于制导炸弹结构总体设计的基本思想

而提出的,具体原则和要求如下:

(1)必须保证连接结构在制导炸弹使用过程中具有足够的强度、刚度及结构可靠度。

(2)尽量使结构简单,在满足安全系数的要求下质量轻。

(3)连接结构应有良好的加工工艺性。

(4)舱体上必须开设检测或安装窗口时,应合理地设计窗口的形状、数量和位置,尽量减小窗口对舱体结构强度、刚度的削弱。

(5)避免舱体结构的平面部位与曲面蒙皮连接产生装配间隙,避免因紧固件连接时的压紧作用,间隙消除时蒙皮产生的装配应力。

(6)应合理安排受力构件和传力路线,使载荷合理地分配和传递,减少或避免构件受附加载荷,尽量不影响舱段结构件的承载性能。

(7)对有密封要求的舱段,应选择密封性能良好的结构形式。

(8)结构设计过程中应考虑材料间的相容性问题。

(9)结构设计过程中应考虑结构"六性"(可靠性、维修性、测试性、保障性、安全性和环境适应性)设计、"三防"设计及结构防腐蚀设计。

实际上,由于其他设计条件(如舱段材料、舱段结构形式、加工工艺、安装及操作空间等)限制,以上的设计要求很难同时达到。因此,在进行舱段连接方案选择时,必须进行全面分析和综合考虑,在满足主要设计要求的前提下,选取最优的弹体结构总方案。

舱段分离面的连接形式对全弹固有频率有较大的影响,舱段连接不合理或者连接性能不好,也会影响制导炸弹的飞行性能,因此设计必须精心慎重。常见的分离面的连接形式有舱段套接(径向连接)、舱段对接(轴向连接、斜向盘式连接)、螺纹连接、V形块连接等。

5.制导炸弹结构物理参数

制导炸弹的质量、质心、转动惯量和几何尺寸等在很大程度上影响制导炸弹武器系统的机动能力和作战使用,因此,需要对制导炸弹质量、质心、转动惯量和外形尺寸等提出限制要求。制导炸弹的战术技术指标一经确定,就明确了对制导炸弹飞行性能的要求,根据战术技术指标要求可以合理地选择制导炸弹的飞行性能数据,规定制导炸弹各组成部分的外形尺寸、质量要求等,作为各分系统详细设计的输入。

制导炸弹的弹长、弹径、弹翼翼展、舵翼翼展、质量、质心、转动惯量、模态以及各组成部件的尺寸、质量、质心等参数,均关系着制导炸弹的物理特性,需要通过设计分析才能明确,一般称为制导炸弹的物理参数。就制导炸弹结构总体而言,制导炸弹物理参数可以分为两部分,针对结构,一部分是设计输入,如制导炸弹的弹长、舵轴位置、舵翼翼展、弹翼翼展、质量、质心和弹径等,另一部分是设计输出,如制导炸弹的转动惯量、模态参数等。

制导炸弹总体设计过程复杂,涉及的专业面广,需要多轮协调设计才能得到理想的设计参数,制导炸弹的质量、质心是制导炸弹最为重要的参数,属于制导炸弹的原始参数,是制导炸弹弹道、气动、控制等设计的基础。制导炸弹质量、质心控制的意义在于:在制导炸弹设计初期,选择一个合理的、有预见性的质量、质心,加以控制并贯穿到制导炸弹研制的整个过程。要精确控制制导炸弹的飞行轨迹,首先要精确了解制导炸弹的质量特性参数(质量、质心、转动惯量等)。制导炸弹的质量、质心、转动惯量等为制导炸弹的飞行姿态和理论计算提供了重要的基础参数,因此,对制导炸弹的质量、质心、转动惯量等进行控制和测量是至关重要的。制导炸弹设计一般具有继承性,即使新概念制导炸弹的设计,其研制过程也可以充分借鉴国内外现有的制导炸弹的经验数据和设计准则,根据国内工业能力能够达到的水平,在考虑制造成本的情况下,对制导炸弹各分系统的质量、质心进行预测。根据制导炸弹结构特点及研制经验可得制导炸弹的初始质心位置一般控制在全弹长度的 $40\% \sim 50\%$ 处,制导炸弹的质量公差往往由零、部、组件公差决定,零、部、组件公差参照相应的国家行业标准或国家军用标准。

制导炸弹质量与质心设计时应遵循以下原则:

(1)质量最轻原则。对于制导炸弹而言,在保证强度、刚度的基础上,使弹体结构达到最轻,意味着有效载荷的增加,因此,结构质量最轻始终是制导炸弹结构总体设计追求的目标,"为减轻航空武器的每一克重量而奋斗"成为了结构设计师的口号。为了使制导炸弹质量最轻,应考虑以下原则:

1)提高制导精度,提升战斗部的杀伤效能,以减轻战斗部质量。

2)在满足制导炸弹性能、成本因素等前提下,应尽可能采用模块化、集成化的设计思路。相关部件(如舵机与舵机控制器等)尽可能靠近,提高弹体空间利用率,减小电缆长度,使弹体结构尽可能紧凑。弹上设备外壳的强度和刚度能满足舱段壳体设计要求时,应将弹上设备外壳替代舱体外壳,以充分利用结构材料的性能。

3)在保证工艺和使用维护要求的前提下,减少制导炸弹的分离面和舱体窗口的数量。分离面或窗口数量过多,必然会增加连接和加强刚度的零件,造成弹体结构质量增加。

4)尽可能发挥结构材料的综合受力能力,实现等强度设计,减轻制导炸弹的质量。

5)合理利用轻质合金和复合材料,减轻弹体结构质量。

(2)结构轻量化设计原则。近年来,轻质合金在制导炸弹所用材料中比例不

断上升,高强度钢、铝合金、镁合金、复合材料和工程塑料等的应用越来越广泛。特别是铝合金的应用更具前景,采用先进的设计方法和理论计算,"以铝代钢"是弹体结构减重的重要措施。

1)实现结构轻量化的途径。

a.轻量化结构优化设计。开发弹体结构零部件整体加工技术和相关的模块化设计和制造技术,多目标优化设计方法,包括多种轻量化材料的匹配、零部件的优化分块等。利用空心零件、枝杈类结构代替实体结构,确保力学性能前提下,从结构上减少零部件质量等。

b.轻质材料的开发研究。针对关重部位的零件对材料的使用要求,开发研究轻质、高性能,易成形、易加工、低成本、耐腐蚀的先进材料,为制导炸弹轻量化设计提供材料基础和技术支撑。

c.先进制造工艺研究。研究复杂零件整体成形材料流动不均匀性的产生原因和影响因素,开展多种形式的材料流动阻力控制方式及相应工艺理论和设计技术的研究。针对轻质材料如铝合金的变形加工特性,研发新加工工艺,实现铝合金构件均匀、精确、成形完成,保证完整成形流线,达到最优组织,从而提高材料力学性能,实现减重和提高使用性能的双重效果。

2)构件轻量化设计准则。塑性材料的失效是强度和变形的综合因素决定的,在制导炸弹结构总体设计中采用轻量化材料问题,如用轻质铝镁合金代替高强度钢的可靠性,需要综合考虑这两方面的因素。材料的韧度是指材料在静拉伸时单位体积材料从变形到断裂所消耗的功,也叫静力韧度(U_T),是材料强度和塑性的综合表现。它是正应力-应变曲线下所包围的面积,即

$$U_T = \int_0^{\varepsilon_f} S\mathrm{d}\varepsilon \qquad (4-1)$$

式中:S 为构件的有效表面(mm^2);ε_f 为断裂时总应变。

工程上为了简化方便,对金属材料近似采取:

$$U_T = \int_0^{\varepsilon_f} S\mathrm{d}\varepsilon = \sigma_b\delta_f \approx \frac{\sigma_s + \sigma_b}{2}\delta_f \qquad (4-2)$$

式中:σ_s 为屈服强度;σ_b 为抗拉强度;δ_f 为伸长率。

要保证轻质铝镁合金代替高强度钢的寿命和可靠性,就必须要求铝镁合金具备保证安全所必要的静力韧度。专家、学者们通过综合研究分析零件失效与材料性能的关系,尤其是韧性指标的作用,提出了等效静力韧度匹配准则:等效静力韧度是指零件在力作用下,单位体积材料从变形到断裂所消耗的功相等时,具有等同的安全可靠性。

等效静力韧度可表示为

$$U' = \int_0^V U_t \mathrm{d}V = \int_0^h S\left(\frac{\sigma_s + \sigma_b}{2}\right)\delta_f \mathrm{d}h \qquad (4-3)$$

式中:U' 为等效静力韧度(MPa·mm^3);S 为构件的有效面积(mm^2);σ_s 为构件材料的屈服强度(MPa);σ_b 为构件材料的抗拉强度(MPa);δ 为材料延伸率(%);h 为构件的有效厚度(mm)。

在零件设计过程中,在满足强度要求的前提下,为保证寿命和可靠性要求,构件需要满足等效韧度要求,即

$$U'_{构件} \geqslant U' \qquad (4-4)$$

式中:$U'_{构件}$ 为构件静力韧度(MPa·mm^3)。

当选用铝合金、镁合金等轻质材料替代高强度钢,出现静力韧度不等时,可用铝合金、镁合金零件的尺寸来补偿,保证弹体结构的可靠性。如在弹体结构设计过程中,采用等效静力韧度设计原则,用铝合金材料隔框代替 45 号钢隔框,强度、刚度满足要求的条件下,减重效果明显。

4.2.5　质心及转动惯量计算

1.质心计算

炸弹部件安排初步完成后,应进行质心计算,判断是否满足总体设计要求。为方便计算,先建立计算坐标系,取炸弹头部定点为坐标原点,x 轴沿弹轴指向弹体尾部,y 轴在垂直对称平面内,向上为正,z 轴按右手法则确定,其计算步骤如下:

(1) 在坐标系内建立炸弹模型简图,确定各部件 x、y、z 轴三方向质心位置;

(2) 根据各部件的质量和位置,分别对坐标原点取矩,求静力矩;

(3) 根据力矩平衡原则,求炸弹的质心 x、y、z 坐标。

在计算过程中,可将可变质量和不变质量分开,以 x 轴方向为例:

可变质量的直线坐标为

$$x_{mg}(t) = \frac{\sum\limits_{i=1}^{m} M_{mi}(t) X_{mi}(t)}{\sum\limits_{i=1}^{m} M_{mi}(t)} \quad (i=1,2,\cdots,m,m \text{ 为可变质量零件总数})$$

$$(4-5)$$

不变质量的质心坐标为

$$x_{ng} = \frac{\sum\limits_{i=1}^{n} M_{ni} X_{ni}}{\sum\limits_{i=1}^{n} M_{ni}} \quad (i=1,2,\cdots,n,n\ 为不可变质量零件总数) \quad (4-6)$$

全弹质心 x 坐标为

$$X_g(t) = \frac{\sum\limits_{i=1}^{m} M_{mi}(t) X_{mi}(t) + \sum\limits_{i=1}^{n} M_{ni} X_{ni}}{\sum\limits_{i=1}^{m} M_{mi}(t) + \sum\limits_{i=1}^{n} M_{ni}} \quad (4-7)$$

同理,可计算全弹在 y 轴方向和 z 轴方向的坐标。

2. 转动惯量计算

转动惯量是炸弹的重要特征参数,直接影响炸弹的动力学特性。转动惯量计算时一般将坐标系原点建立在炸弹质心位置,采用弹体坐标系进行计算,以利于控制系统直接使用。

炸弹绕 x 轴、y 轴、z 轴的转动惯量计算公式如下:

$$\left. \begin{aligned} J_{x(t)} &= \sum_{i=1}^{m} j_{xmi}(t) + \sum_{i=1}^{n} J_{xni} \\ J_{y(t)} &= \sum_{i=1}^{m} j_{ymi}(t) + \sum_{i=1}^{n} J_{yni} \\ J_{z(t)} &= \sum_{i=1}^{m} j_{zmi}(t) + \sum_{i=1}^{n} J_{zni} \end{aligned} \right\} \quad (4-8)$$

在现代设计中,由于各种三维商业软件发展,利用 UG、Solidwork、PROE 等,均可快速地建立炸弹的三维模型,此类软件均有质量、质心及转动惯量分析功能,可很快得出炸弹的质量、质心及转动惯量参数,但需注意其坐标系定义。

4.2.6　典型制导炸弹结构总体布局设计

美国波音公司牵头研制的制导炸弹"杰达姆"(JDAM),又叫作"联合制导攻击武器",在现役自由落体航空炸弹上加装 GPS 制导装置改进而成,是全天候、自动寻的的制导炸弹,其外形图如图 4-17 所示。

1. 结构与气动布局

JDAM 主要由战斗部、引信、制导控制部件组成,如图 4-18 所示,其中制导控制部件安装在弹体尾部,主要包括 GPS 接收机、惯性测量装置(INS)、电池、尾翼制动装置和呈"十"字形布置的 4 片可动切削三角翼。在弹体中部的壳体上安装了一套搭接式装置,由 4 片弧形带孔矩形金属板组成,每块板上带一条稳定边条翼片,如图 4 - 19 所示。

图 4 - 17　JDAM 外形图

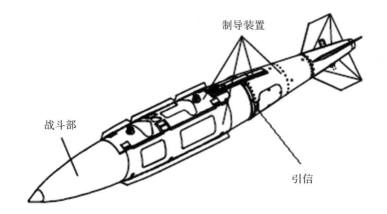

图 4 - 18　JDAM 结构布局图

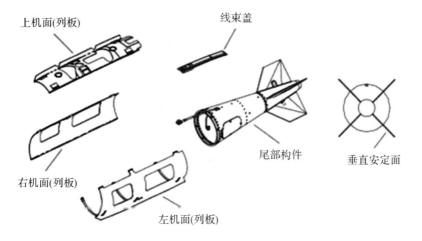

图 4 - 19　JDAM 边条翼结构图

2.制导系统

制导控制部件是 JDAM 的核心,包括 GPS 接收机、惯性测量装置(INS)和任务计算机三部分。为防止电磁干扰和起保护作用,各集成电路装在圆锥体内,外部装上锥形保护罩。两个 GPS 天线分别装在炸弹尾锥体整流罩前端上部(侧向接收)和尾翼装置后部(后向接收),以便在炸弹投弹后的水平飞行段和下落飞行段,能及时接收并处理来自卫星及载机的 GPS 信号,将它传输给弹载任务计算机,以便进行制导控制解算。

|4.3 气动外形设计|

气动外形设计是指制导炸弹暴露在空气中部分的形状设计,包括部件外形设计、布局设计。

4.3.1 气动外形设计原则

制导炸弹战术技术指标是气动外形设计的主要依据,主要包括飞行速度范围、高度范围、射程、制导方式、发射条件、弹体最大外形尺寸等。

气动外形设计在考虑气动特性先进性的同时,还要考虑到结构的合理性及制造的经济性,一般的设计原则如下:

(1)气动外形应具有良好的气动特性,即升阻比要高,全弹纵向、横向静稳定,操纵面效率适中等。

(2)所设计的气动外形结构上能够实现,且能保证制导炸弹与发射平台安全可靠分离、制导炸弹飞行时安全可靠。

(3)应考虑气动外形的继承性,缩短制导炸弹研制周期,降低制造成本。

4.3.2 气动外形设计的步骤

制导炸弹气动外形设计一般按下列步骤进行:

(1)根据制导炸弹战术技术指标要求,结合研制经验,并与总体、控制、结构等反复协调,设想多个原始方案。制导炸弹气动外形设计受到约束较多,比如飞行包络、过载要求、挂装包络要求等。

(2)根据初步设想的原始方案,采用工程计算方法或数值计算方法估算各原始方案的气动特性,并进行弹道仿真计算。

（3）根据弹道仿真计算结果，优选出满足制导炸弹战技指标要求的原始方案作为初步方案。

（4）根据所选择的初步方案，设计风洞试验模型，进行选型风洞试验，并经制导控制系统数学仿真验证其滑翔能力与操稳性能，确定最终的气动外形方案。

（5）全弹气动外形确定后，可开展动导数、铰链力矩、展翼过程等气动特性设计与试验，进行数据补充和舵轴的详细设计等。

（6）气动外形的最终方案的验证必须通过飞行试验进行。在制导炸弹经过大量飞行试验验证，产品设计定型后，完成气动外形方案设计报告及气动外形计算书等文件的编制。

4.3.3 气动布局设计

气动布局是制导炸弹总体设计的重要内容，其任务是使制导炸弹的气动特性能满足稳定性、操纵性和机动性等要求，以实现制导炸弹的战术技术指标。

气动布局设计是安排弹翼、尾翼、操纵舵面等翼面在弹身纵向和周向相对位置的布置方案。

翼面的周向布置主要有两种形式：一种是面对称布置形式，炸弹存在一个对称平面，空气动力相对该对称平面具有对称性，如一字形翼；另一种是轴对称布置形式，主要有十字形翼和 X 字形翼等。采用面对称布置形式的翼面质量小，升阻比大，但侧向过载能力小；采用轴对称布置形式的翼面升力和侧向力基本一致，在各个方向上的过载能力相同，但质量较大，升阻比较小。

翼面的纵向布置按弹翼和操纵舵面的相对位置不同，可分为 4 种形式：正常式、鸭式、无尾式和旋转弹翼式，如图 4 - 20 所示。

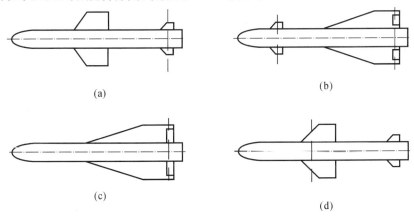

图 4 - 20 4 种气动布局示意

(a)正常式； (b)鸭式； (c)无尾式； (d)旋转弹翼式

1. 正常式布局

弹翼在前,尾翼在后,操纵舵面在尾翼后部或操纵舵面为整个尾翼(全动舵面)。这种布局,由于尾翼距飞行器质心远,尾翼的稳定作用和舵面操纵作用较好,是目前最成熟、应用最广泛的一种气动布局。

这种布局,在弹翼的下洗和阻滞作用下,尾翼稳定作用有所降低,操纵舵面的操纵效率也会降低。为了减小这些影响,尽量将尾翼靠后布置,以增加操纵力和稳定力的力臂。

正常式布局还有一个好处,就是操纵舵面的攻角与舵偏角方向相反,如果迎角产生的铰链力矩系数是正的,舵偏角产生的铰链力矩系数就是负的,可以减小操纵舵面的铰链力矩,从而所需的舵机功率较小,以便选用体积较小的舵机。进行滚转控制时,由于操纵舵面在弹翼之后,操纵舵面偏转产生的下洗不会影响弹翼,因此滚转控制的效率较高。

2. 鸭式布局

鸭式布局与正常式布局相反,操纵舵面在弹翼的前面,距全弹质心较远,对全弹升力影响较小,操纵效率较高,所需的操纵舵面尺寸较小,不需要大功率的舵机。鸭式布局操纵舵面在全弹质心前面,弹翼在全弹质心之后,容易调整全弹的静稳定性。但是,操纵舵面偏转产生的滚转力矩,大部分被弹翼产生相反的滚转力矩抵消,操纵舵面无法进行滚转方向的控制,需要另外设计操纵舵面控制滚转。操纵舵面偏角与攻角方向相同,即要使攻角增加,舵偏角也要增大,这都是使舵面铰链力矩增加的,因此增大了铰链力矩系数。

目前,国外有一种拼合鸭式布局方案,在鸭舵前增加一组固定面,改变来流方向,减小了鸭舵的合成攻角,保证了炸弹舵偏较大时不容易发生失速风险,典型的有法国的"铁锤"制导炸弹。

3. 无尾式布局

无尾式布局由一组布置在弹身尾部的弹翼组成,操纵舵面在弹翼后缘,这类制导炸弹的静稳定度很大。但是,这种布局的制导炸弹,全弹稳定性与操纵性匹配存在一定的困难,有时要在弹翼前方增加反安定面来进行调整。

4. 旋转弹翼式布局

旋转弹翼式布局与正常式布局类似,不同的是弹翼是可以相对于弹体旋转的,起操纵作用,而尾翼是固定的,起稳定作用。此类布局的主要特点是,弹翼布置在全弹质心附近,对控制指令响应最快。由于弹翼面积很大,铰链力矩较大,所需的舵机功率也大。

对于制导炸弹,一般采用正常式布局形式,只是在有某种特殊要求时才使用其他布局形式。

4.3.4 部件气动外形设计

制导炸弹部件气动外形设计包括弹身、翼面（弹翼、尾翼、操纵舵面等）主要部件的设计。部件气动设计需综合考虑气动、结构、控制、战斗部、部位安排等因素，方能设计出满足总体技术要求的合适形状。

1. 弹身气动外形设计

弹身是制导炸弹的躯体，是炸弹有效载荷的承载部件，它与翼面等部件相连，其内装有弹上设备、战斗部等系统，因此，弹身应有足够的空间和强度、刚度。弹身外形设计既要遵循气动性能好的原则，又要考虑控制、结构、威力、使用等方面的实际需要，有时还要考虑隐身要求。弹身外形力求光滑，平缓过渡，减小尾部和底部阻力。

弹身头部是产生阻力的主要部件，设计时应考虑飞行速度的要求，同时也应考虑导引头或引信等部件及其安装要求，对于超声速飞行的炸弹，为降低波阻，应尽量采用大长细比尖拱形头部或楔形头部，当头部必须采用导引头时，可在导引头上加装尖拱形整流罩，在弹道末端进行抛罩处理。对于亚声速炸弹，头部外形对阻力影响不大，既可设计成钝头圆形、圆锥形、抛物线形等形状，也可设计成多棱锥形或楔形。

弹身中部设计时应考虑战斗部等要求，其横向截面多设计为圆形，也可设计为矩形、椭圆形等形状。

弹身尾部设计时应考虑弹上设备等要求，一般设计成船形尾部，改善尾部阻力和底阻。底径的大小可以根据舵机安装空间要求或底部天线安装要求进行设计。

影响弹身气动特性的几何参数主要有弹身长径比、头部长径比、尾部长径比、尾部收缩比等。

选择弹身几何参数时，应使制导炸弹具有良好的气动性能，还应考虑外形尺寸的限制、战斗部有效载荷、弹上设备安装条件等。

弹身长径比主要对结构和阻力影响较大。长径比增加，弹身的结构质量增大，亚声速时阻力增大，超声速时阻力减小，战斗部有效载荷与弹身结构强度、刚度会产生矛盾，因此，应在结构和阻力之间综合考虑弹身长径比，制导炸弹的弹身长径比一般在 4～14 之间。

头部长径比主要根据速度范围及头部内的弹上设备或导引头等安装要求进行选择。亚、跨声速时，头部长径比通常在 0.5～2 之间选择；超声速时，头部长径比通常在 1.5～4 之间选择。制导炸弹的头部长径比一般在 0.5～4 之间。

尾部长径比和尾部收缩比选择应考虑弹上设备安排情况,天线、舵机等部件安排应有足够的空间,还应考虑尾部底径大小对阻力的影响。制导炸弹的尾部长径比一般在 0.5～4 之间。

2. 翼面气动外形设计

翼面包括弹翼、尾翼、操纵舵面等,是产生升(侧)力的部件,其产生升(侧)力的大小取决于剖面及平面形状。因此。翼面气动外形设计包括剖面设计和平面形状设计。

弹翼气动外形设计应能产生足够的过载,选择合适的翼型、展弦比、相对厚度,保证其升力系数尽量大、阻力尽量小,提升全弹升阻比,在强度、刚度上又能满足使用要求,以保证弹翼在飞行过程中不产生较大的变形。同时,所设计的弹翼外形其结构上应能够加工实现。

尾翼的主要作用是调整全弹的稳定性,其气动外形设计与弹翼气动外形设计要求基本一致。

操纵舵面的主要作用是给制导炸弹提供控制力矩,进行操纵舵面外形设计时,应考虑制导炸弹的稳定性、操纵效率等,合理安排舵轴位置,使铰链力矩尽可能小。

(1)翼剖面(翼型)设计。

翼剖面按使用的速度范围可分为亚声速翼型、跨声速翼型和超声速翼型。制导炸弹应根据使用速度范围选择相应翼型。

亚声速翼型通常可分为对称双弧翼型、不对称双弧翼型和层流翼型 3 种常见翼型。这类翼型最大厚度靠后,前缘半径较小,可提高临界马赫数,获取大的升阻比。美国的 NACA 系列、苏联的 ЦАГИ 系列等翼型,都列出了剖面参数及主要气动性能,可供设计选用。亚声速翼型相对厚度通常在 6％～15％之间。

设计跨声速翼型时,尽量保留亚声速翼型特点,避免或延迟局部超声速区的出现和附面层分离而造成的阻力剧增,因此,选择相对厚度较小、厚度分布合理的翼型,可提高临界马赫数,减小翼型的阻力。如超临界翼型就具有上述特点,与常规翼型相比,其前缘较饱满,上表面比较平坦,下表面后部有向上弯曲段等。跨声速翼型相对厚度通常在 5％～12％之间。

超声速翼型有 3 种:菱形(双楔形)、六角形(改型双楔形)和双弧形。超声速气流会出现激波和膨胀波,压力分布明显改变,波阻显著增加。因此,通过减小相对厚度来降低波阻。该类翼型构造简单,较多用于超声速飞行器和跨声速的小展弦比弹翼和舵面。超声速翼型相对厚度通常在 4％～8％之间。

制导炸弹通常选择双弧形、六角形等翼型,翼型相对厚度通常选择 5％～15％之间。

（2）翼平面形状设计。

翼面是产生升力的主要部件,影响翼面气动性能的主要几何参数有翼面积S、展弦比λ、根梢比η、后掠角χ等。

1）弹翼几何参数的选择。

弹翼几何参数包括弹翼面积S、展弦比λ、根梢比η、后掠角χ等。

选择弹翼面积S时,主要考虑炸弹的气动布局形式、炸弹重量、需用过载等。

弹翼面积初步设计时可按下式进行估算,进行弹翼面积估算时应考虑留有余量。

$$S \geqslant \frac{nG}{c_y q} \qquad (4-9)$$

式中:c_y为升力系数,可根据气动方案进行估算;q为动压;n为需用过载;G为炸弹重量。

展弦比λ的选择主要根据炸弹战术技术指标要求进行。

展弦比对气动特性的影响为:展弦比增大,升力线斜率增大,最大升力也增大,失速攻角减小,升阻比增大,阻力发散马赫数降低,波阻增加,气动载荷增加。

滑翔型制导炸弹一般选择较大的展弦比,以获取较大的升阻比,但要考虑跨声速、超声速飞行时展弦比的影响,还应考虑对结构设计的影响,展弦比一般在$4 \sim 12$之间选择。

根梢比η对弹翼的展向载荷分布和展向失速有较大影响:根梢比增大时,展向载荷向内移动,也会引起翼梢失速,减小了翼面的最大升力;根梢比增大,翼根的弦长增加,厚度变大,会增加对空间的要求。因此,选择根梢比时,应综合考虑气动性能和结构要求。

在选择后掠角χ时,主要考虑炸弹的飞行速度:亚声速时,后掠角可以较小,甚至采用平直翼;超声速时,后掠角增加,可提高临界马赫数,相应地提高了阻力发散马赫数,在超声速时可减弱激波强度,减小波阻,但升力线斜率减小,翼梢容易失速,超声速条件下后掠角一般可选择$30° \sim 60°$之间。

2）尾翼几何参数的选择。

尾翼的展弦比λ、根梢比η、后掠角χ的选择原则上与弹翼类似。选择尾翼几何参数时,一般选择较小的展弦比,较大的根梢比或较大的后掠角,主要考虑全弹的操稳特性来选择尾翼面积。制导炸弹的尾翼后掠角一般选择$30° \sim 60°$之间。

3）操纵舵面几何参数的选择。

操纵舵面几何参数包括面积、展弦比 λ、根梢比 η、后掠角 χ 和转轴位置等,操纵舵面的形式有全动舵面和后缘舵面,制导炸弹一般采用全动舵面,也有采用后缘舵面的。操纵舵面几何参数的选择与尾翼基本一致,其面积一般按全弹的操稳特性确定,全动舵面转轴位置一般取操纵舵面平均气动弦长的 $25\% \sim 50\%$,后缘舵面的弦长一般取翼面弦长的 $15\% \sim 45\%$。

为降低制造成本,制导炸弹的翼平面一般可采用加工工艺较为简单的平行四边形或梯形,即弹翼采用平行四边形,尾翼采用梯形,操纵舵面采用梯形或矩形。

|4.4 飞行性能分析|

研究制导炸弹飞行性能时,通常将制导炸弹作为一可控质心处理,也就是说,制导炸弹的飞行轨迹是可以人为改变的,而轨迹的变化则决定于作用在制导炸弹上的外力及力矩。作用在制导炸弹上的外力主要有空气动力、重力和发动机推力(有发动机的话)。作用在制导炸弹上的力矩有空气动力引起的空气动力力矩、发动机推力引起的推力矩。为此,本节介绍作用在制导炸弹上的空气动力特性,以及制导炸弹静稳定性、操纵性及飞行特性。

4.4.1 空气动力特性

空气动力特性是指作用在制导炸弹上的空气动力和空气动力力矩随制导炸弹几何外形、飞行姿态(攻角、侧滑角等)、飞行速度、大气密度、空气黏度和可压缩性等参数的变化规律,是分析制导炸弹性能的依据。

在进行空气动力特性分析计算中,往往利用空气动力合力矢量和合力矩矢量在某个参考坐标系中的分量。常用的参考坐标系有弹体坐标系 $Ox_ty_tz_t$ 和速度坐标系 $Oxyz$,这两种坐标系的定义和之间的关系如图 4 – 21 所示。

弹体坐标系 $Ox_ty_tz_t$ 固连在弹体上,坐标原点 O 为制导炸弹的质心;Ox_t 轴与弹体纵轴重合,指向头部为正;Oy_t 轴在弹体纵向对称面内并垂直于 Ox_t 轴,向上为正;Oz_t 轴垂直于 x_tOy_t 平面(纵向对称面),方向按右手坐标系确定。

空气动力合力沿弹体坐标系分解后,得到 3 个分量,它们分别是:

轴向力:$X_t = C_{x_t}q_\infty S$,与 Ox_t 轴方向相反为正,C_{x_t} 称为轴力系数;

法向力:$Y_t = C_{y_t}q_\infty S$,与 Oy_t 轴方向一致为正,C_{y_t} 称为法向力系数;

侧向力：$Z_t = C_{z_t} q_\infty S$，与 Oz_t 轴方向一致为正，C_{z_t} 称为侧向力系数。

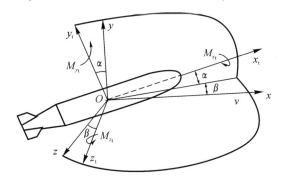

图 4-21 弹体坐标系和速度坐标系

空气动力对制导炸弹质心的合力矩沿弹体坐标系分解后，得到 3 个分力矩为

$$\left.\begin{array}{l} M_{x_t} = m_{x_t} q_\infty SL \\ M_{y_t} = m_{y_t} q_\infty SL \\ M_{z_t} = m_{z_t} q_\infty SL \end{array}\right\} \tag{4-10}$$

式中：S 为参考面积；L 为参考长度；q_∞ 为速压，$q_\infty = \dfrac{1}{2}\rho v^2$，$\rho$ 为空气密度，v 为风速；m_{x_t}、m_{y_t}、m_{z_t} 分别表示俯仰力矩系数、偏航力矩系数、滚转力矩系数。通常用制导炸弹弹身截面面积为参考面积，全弹长度为参考长度。

速度坐标系 $Oxyz$ 的原点 O 为制导炸弹的质心；Ox 轴沿制导炸弹的飞行速度方向；Oy 轴在弹体纵向对称面内并垂直于 Ox 轴，指向上方；Oz 轴与 Ox、Oy 轴互相垂直，构成右手直角坐标系。

空气动力合力沿速度坐标系分解的 3 个分量为：

阻力：$X = C_x q_\infty S$，与 Ox 轴方向相反为正，C_x 称为阻力系数；

升力：$Y = C_y q_\infty S$，与 Oy 轴方向一致为正，C_y 称为升力系数；

侧力：$Z = C_z q_\infty S$，与 Oz 轴方向一致为正，C_z 称为侧力系数。

空气动力对制导炸弹质心的合力矩 M 沿速度坐标系分解后的 3 个分量为

$$\left.\begin{array}{l} M_x = m_x q_\infty SL \\ M_y = m_y q_\infty SL \\ M_z = m_z q_\infty SL \end{array}\right\} \tag{4-11}$$

在实际应用中，合力矩沿速度坐标系分解的 3 个分量不常用，而弹体坐标系上的 3 个分量 M_{x_t}、M_{y_t}、M_{z_t} 经常用。在后面的应用中，用 M_x、M_y、M_z 表示合力矩沿弹体坐标系分解的 3 个分量，而不能误解成沿速度坐标系分解的 3 个分量，

相对应的 m_x、m_y、m_z 分别表示弹体坐标系中的俯仰力矩系数、偏航力矩系数、滚转力矩系数。

由上述两个坐标系定义可知,速度坐标系和弹体坐标系之间的相对方位可由攻角(又称迎角)α 和侧滑角 β 确定,如图 4-21 所示。

攻角 α 是制导炸弹质心的速度矢量 v 在弹体纵向对称面 x_tOy_t 上的投影与 Ox_t 轴之间的夹角,若 Ox_t 轴位于 v 的投影线上方(即产生正升力),则攻角 α 为正,反之为负。

侧滑角 β 是制导炸弹质心的速度矢量 v 与纵向对称面 x_tOy_t 的夹角,从制导炸弹运动方向看,若弹体头部在左侧,则侧滑角 β 为正,反之为负。

速度坐标系和弹体坐标系之间的关系表示为

$$\begin{bmatrix} Ox_t \\ Oy_t \\ Oz_t \end{bmatrix} = \begin{bmatrix} \cos\beta\cos\alpha & \sin\alpha & -\sin\beta\cos\alpha \\ -\cos\beta\sin\alpha & \cos\alpha & \sin\beta\sin\alpha \\ \sin\beta & 0 & \cos\beta \end{bmatrix} \begin{bmatrix} Ox \\ Oy \\ Oz \end{bmatrix} \tag{4-12}$$

1. 空气动力

(1) 升力。全弹气动外形可分成轴对称型和面对称型两种,常见的有两组翼面,即弹翼和尾翼(或操纵舵面)。两组翼面相对于弹体的安装位置不同,有"×—×"型、"+—+"型、"×—+"型、"+—×"型等组合。因此,全弹的升力可以看成是弹翼、弹身、尾翼(或操纵舵面)等各部件产生的升力之和加上各部件间的相互干扰的附加升力。弹翼是提供升力的主要部件,而尾翼(或操纵舵面)产生的升力相对而言较小,在工程应用中通常用升力系数来表述全弹的升力。

升力系数与弹翼、弹身等形状有关,且随全弹飞行高度和速度变化而变化。在全弹气动布局和外形尺寸确定的情况下,升力系数基本上取决于飞行马赫数 Ma、攻角 α 和俯仰舵偏角 δ_z。当攻角 α 和俯仰舵偏角 δ_z 不大时,全弹的升力系数可表示为

$$c_y = c_{y0} + c_y^\alpha \alpha + c_y^{\delta_z} \delta_z \tag{4-13}$$

式中:c_{y0} 为攻角 α 和俯仰舵偏角 δ_z 均为零时的升力系数,它是由于制导炸弹外形相对于 x_tOy_t 平面不对称而引起的。

对于轴对称制导炸弹,$c_{y0}=0$,于是有

$$c_y = c_y^\alpha \alpha + c_y^{\delta_z} \delta_z \tag{4-14}$$

$c_y^\alpha = \left. \dfrac{\partial c_y}{\partial \alpha} \right|_{\delta_z=0}$ 为升力系数对攻角 α 的偏导数,又称为升力线斜率,它表示攻角变化单位角度时升力系数的变化率。

$c_y^{\delta_z} = \left. \dfrac{\partial c_y}{\partial \delta_z} \right|_{\alpha=0}$ 为升力系数对俯仰舵偏转角 δ_z 的偏导数,它表示俯仰舵偏转

单位角度时升力系数的变化率。

全弹外形参数确定的条件下，c_y^a、c_{yz}^δ 是飞行马赫数 Ma 的函数，c_y^a 与 Ma 的函数关系如图 4-22 所示，c_{yz}^δ 与 Ma 的函数关系如图 4-23 所示。

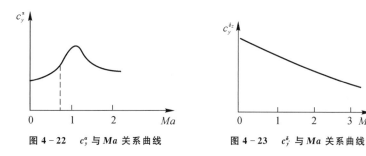

图 4-22　c_y^a 与 Ma 关系曲线　　　图 4-23　c_y^δ 与 Ma 关系曲线

从图 4-22 可以看出：在亚声速飞行时，c_y^a 随 Ma 的增大而增大；在跨声速飞行时，c_y^a 随 Ma 的变化比较剧烈；在超声速飞行时，c_y^a 随 Ma 的增大而减小。

当 Ma 一定时，在小攻角范围，c_y^a 随 α 增大而增加，呈线性关系，如图 4-24 中直线 a 所示。由于空气黏性的影响，随着攻角继续增大，气流会从翼面分离，c_y^a 逐渐下降；当攻角增至一定值时，升力系数将达到极值点 $c_{y\max}$；攻角进一步增大，由于上翼面的气流分离迅速加剧，升力系数不但没增加，反而急剧下降，如图 4-24 中曲线 b 所示，这种现象称为"失速"。$c_{y\max}$ 所对应的攻角称为临界攻角，记为 α_{cr}。

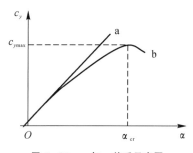

图 4-24　c_y 与 α 关系示意图

（2）阻力。全弹阻力由零升阻力和诱导阻力两部分组成，通常用零升阻力系数和诱导阻力系数来表述。零升阻力系数用 c_{x0} 表示，与升力无关；诱导阻力系数用 c_{xi} 表示，取决与升力的大小。全弹阻力系数可表示为

$$c_x = c_{x0} + c_{xi} \tag{4-15}$$

零升阻力系数 c_{x0} 为攻角和侧滑角均为 0 时的阻力系数，主要由各部件的摩擦阻力系数和压差阻力系数即型阻和波阻组成。零升阻力系数 c_{x0} 包括弹身、弹

翼、尾翼等零升阻力系数及某些外凸突物的附加阻力系数,主要取决于飞行速度和飞行高度。

诱导阻力系数 c_{xi} 与飞行速度、攻角和侧滑角有关,等于弹翼弹身组合体的诱导阻力系数与尾翼弹身组合体的诱导阻力系数之和,故制导炸弹诱导阻力系数表示为

$$c_{xi} = c_{xiWB} + c_{xiTB} \tag{4-16}$$

式中:c_{xi} 为制导炸弹诱导阻力系数;c_{xiWB} 为弹翼弹身组合体诱导阻力系数;c_{xiTB} 为尾翼弹身组合体诱导阻力系数。

全弹气动布局和外形参数确定的条件下,全弹阻力系数 c_x 主要取决于飞行马赫数 Ma、飞行攻角 α 和侧滑角 β。c_x 与 α 的关系如图 4-25 所示,c_x 与 Ma 的关系如图 4-26 所示。

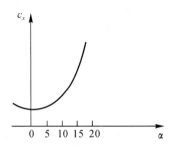

图 4-25 阻力系数 c_x 与 α 的关系

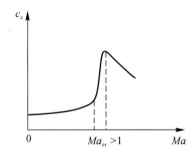

图 4-26 c_x 与 Ma 的关系图

从图 4-25 可以看出,在小攻角范围,阻力系数变化不大,随着攻角增大,阻力系数明显增大,这主要是诱导阻力作用所致。

从图 4-26 可以看出,在亚声速范围,阻力系数变化比较平缓,当速度超过临界马赫数时阻力急剧增加,这是由于产生激波使阻力猛增的结果。在马赫数大于 1 之后,阻力系数减小。

(3)侧力。侧力是由于气流不对称流过制导炸弹纵向对称面的两侧引起的,这种飞行情况称为侧滑。与升力一样,在全弹气动布局和外形参数确定的条件下,侧向力基本上取决于飞行马赫数 Ma、侧滑角 β 和偏航舵偏角 δ_y。当侧滑角 β 和偏航舵偏角 δ_y 不大时,全弹的侧向力系数可表示为

$$c_z = c_z^\beta \beta + c_z^{\delta_y} \delta_y \tag{4-17}$$

根据侧滑角的定义,正侧滑角 β 对应的侧向力为负值,图 4-27 为侧滑角与侧力示意图,图中侧滑角 β 为正,引起的侧力 Z 为负。

对于轴对称制导炸弹,若把弹体绕纵轴 Ox_t 旋转 $90°$,这时的侧滑角 β 就相当于原来的攻角 α 的情况。因此,轴对称制导炸弹的侧向力系数的求法类似于

升力系数的求法。因此,有

$$c_z^\beta = -c_y^\alpha \tag{4-18}$$

$$c_z^{\delta_y} = c_{y^z}^\delta \tag{4-19}$$

空气动力的大小取决于飞行速度、空气密度、气动外形及飞行姿态。在实际应用中,利用先进的数值计算技术计算全弹的空气动力,并通过风洞试验验证,确定全弹的阻力系数、升力系数和侧向力系数。

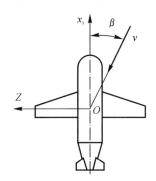

图 4 - 27　侧滑角与侧力示意图

2.空气动力矩

如前所述,空气动力矩包括俯仰力矩、偏航力矩和滚转力矩 3 个分量。空气动力矩的大小与炸弹的几何外形、飞行马赫数、飞行高度、攻角、操纵舵面偏角、角速度等有关。在研究空气动力矩之前,有必要说明压力中心。操纵舵面偏角正负的定义为:产生正力矩时的操纵舵面偏角为负的。

(1)压力中心。压力中心是指作用在制导炸弹上的空气动力的合力作用点。在攻角不大的情况下,近似地把总升力在制导炸弹纵轴上的作用点作为全弹的压力中心。

由攻角 α 所引起的那部分升力 $c_y^\alpha \alpha$ 在纵轴上的作用点,称为制导炸弹的焦点。舵偏角所引起的那部分升力 $c_{y^z}^\delta \delta_z$ 作用在舵面的压力中心上。

从制导炸弹头部顶点至压力中心的距离,即为制导炸弹压力中心位置,用 x_p 表示。如果知道制导炸弹上各部件所产生的升力及作用点的位置,则全弹的压力中心位置就可用下式求得:

$$x_p = \frac{\sum\limits_{k=1}^{n} c_{yk}^\alpha x_{pk} \dfrac{S_k}{S}}{c_y^\alpha} \tag{4-20}$$

式中:c_{yk}^α 为某一部件所产生的升力系数对攻角的导数;x_{pk} 为某一部件的压力中心位置。

制导炸弹的压力中心位置很大程度上取决于翼面相对于弹身上的前后位置。翼面位置离制导炸弹头部顶点越远，x_p 值也越大。此外，压力中心位置还取决于飞行马赫数 Ma、攻角 α、操纵舵面偏角 δ_z、翼面安装角等。

（2）俯仰力矩系数。俯仰力矩是空气动力矩在制导炸弹 Oz_t 轴上的分量，它使制导炸弹产生绕 Oz_t 轴抬头或低头的转动。在制导炸弹气动布局和外形几何参数确定的情况下，它的大小与飞行马赫数 Ma、飞行高度、攻角 α、舵面偏角 δ_z、绕 Oz_t 轴的角速度 ω_z、攻角变化率 $\dot{\alpha}$ 及舵面偏角变化率 $\dot{\delta}_z$ 等有关。

俯仰力矩系数表达式为

$$m_z = m_{z0} + m_z^\alpha \alpha + m_z^{\delta_z} \delta_z + m_z^{\overline{\omega}_z} \overline{\omega}_z + m_z^{\overline{\dot{\alpha}}} \overline{\dot{\alpha}} + m_z^{\overline{\dot{\delta}}_z} \overline{\dot{\delta}}_z \qquad (4-21)$$

对于制导炸弹，$\dot{\alpha}$、$\dot{\delta}_z$ 所引起的力矩变化较小，一般不予以考虑，故制导炸弹俯仰力矩系数的表达式为

$$m_z = m_{z0} + m_z^\alpha \alpha + m_z^{\delta_z} \delta_z + m_z^{\overline{\omega}_z} \overline{\omega}_z \qquad (4-22)$$

式中：m_{z0} 为 $\alpha = \delta_z = \omega_z = \dot{\alpha} = \dot{\delta}_z = 0$ 的俯仰力矩系数，它是因制导炸弹外形相对于 $x_t O y_t$ 平面不对称引起的，主要取决于飞行马赫数、炸弹的几何形状、翼面安装角等。对于轴对称炸弹，$m_{z0} = 0$。

偏导数 m_z^α 表示单位攻角引起的俯仰力矩系数的大小和方向，它表征着制导炸弹的纵向静稳定品质，其表达式为

$$m_z^\alpha(\alpha) = -c_y^\alpha \alpha (\overline{x}_p - \overline{x}_G) \qquad (4-23)$$

式中：$\overline{x}_p = \dfrac{x_p}{L}$ 为全弹压力中心至炸弹头部顶点距离的相对坐标，量纲为 1。

俯仰操纵力矩为舵面偏转后形成的空气动力对质心的力矩，其表达式为

$$M_z^{\delta_z}(\delta_z) = -c_y^{\delta_z} \delta_z q S(x_R - x_G) = m_z^{\delta_z} \delta_z q S L \qquad (4-24)$$

由此可得

$$m_z^{\delta_z} = -c_y^{\delta_z}(\overline{x}_R - \overline{x}_G) \qquad (4-25)$$

式中：$\overline{x}_R = \dfrac{x_R}{L}$ 为舵面压力中心至炸弹头部顶点距离的相对坐标，量纲为 1；$c_y^{\delta_z}$ 为舵面偏转单位角度所产生的升力系数；$m_z^{\delta_z}$ 为舵面偏转单位角度时所引起的俯仰操纵力矩系数，也称为舵面效率。对于正常式炸弹，舵面总是在质心之后，故总有 $m_z^{\delta_z} < 0$。

俯仰阻尼力矩 $M_z^{\omega_z}(\omega_z)$ 是由炸弹绕 Oz_t 轴旋转运动所引起的，其大小和旋转角速度 ω_z 成正比，方向总与 ω_z 相反，其作用是阻止炸弹绕 Oz_t 轴旋转运动，其表达式为

$$M_z^{\omega_z}(\omega_z) = m_z^{\omega_z} \overline{\omega}_z q S L \qquad (4-26)$$

式中：俯仰阻尼力矩系数 $m_z^{\omega_z}$ 总是一个负值，其大小主要取决于飞行马赫数、炸

弹的几何形状和质心位置。当炸弹外形和质心位置确定时,俯仰阻尼力矩系数 $m_z^{\bar{\omega}_z}$ 与飞行马赫数 Ma 的关系如图 4-28 所示。

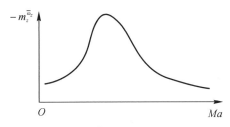

图 4-28　$m_z^{\bar{\omega}_z}$ 随 Ma 变化示意图

（3）偏航力矩系数。偏航力矩是空气动力矩在 Oy_{t} 轴上的分量,它将使炸弹绕 Oy_{t} 轴旋转。对于轴对称炸弹,偏航力矩产生的机理与俯仰力矩是类似的,不同的是,偏航力矩是由侧力产生的。偏航力矩系数的表达式为

$$m_y = m_y^\beta \beta + m_y^{\delta_y} \delta_y + m_y^{\bar{\omega}_y} \bar{\omega}_y + m_z^{\dot{\bar{\beta}}} \dot{\bar{\beta}} + m_y^{\dot{\bar{\delta}}_y} \dot{\bar{\delta}}_y \qquad (4-27)$$

对于制导炸弹,$\dot{\beta}$、$\dot{\delta}_y$ 所引起的力矩变化较小,一般不予以考虑,故制导炸弹偏航力矩系数的表达式为

$$m_y = m_y^\beta \beta + m_y^{\delta_y} \delta_y + m_y^{\bar{\omega}_y} \bar{\omega}_y \qquad (4-28)$$

当存在正的侧滑角 β 时,所产生的力矩 $m_y^\beta \beta < 0$,即 $m_y^\beta < 0$,则该力矩 $m_y^\beta \beta$ 指向 β 减小的方向,炸弹具有航向静稳定性,所产生的力矩 $m_y^\beta \beta > 0$,即 $m_y^\beta > 0$,则该力矩 $m_y^\beta \beta$ 指向 β 增加的方向,炸弹具有航向静不稳定性。

$m_y^{\delta_y} \delta_y$ 为偏航操纵力矩,$m_y^{\delta_y}$ 为舵面偏转单位角度时所引起的偏航操纵力矩系数。

偏航阻尼力矩 $M_y^{\omega_y}(\omega_y)$ 是由炸弹绕 Oy_{t} 轴旋转运动所引起的,其大小和旋转角速度 ω_y 成正比,方向总与 ω_y 相反,其作用是阻止炸弹绕 Oy_{t} 轴旋转,其表达式为

$$M_y^{\omega_y}(\omega_y) = m_y^{\bar{\omega}_y} \bar{\omega}_y qSL \qquad (4-29)$$

式中:偏航阻尼力矩系数 $m_y^{\bar{\omega}_y}$ 总是一个负值。

（4）滚转力矩系数。滚转力矩（又称斜吹力矩）是空气动力矩在炸弹 Ox_{t} 轴上的分量,它是由于气流不对称绕流过炸弹而产生的。在炸弹气动布局和外形几何参数确定的情况下,滚转力矩的大小取决于炸弹的几何形状、飞行马赫数、飞行高度、侧滑角 β、舵面偏转角 δ_x、绕 Ox_{t} 轴转动角速度 ω_x 及制造误差等。滚转力矩系数的表达式为

$$m_x = m_{x0} + m_x^\beta \beta + m_x^{\delta_x} \delta_x + m_x^{\bar{\omega}_x} \bar{\omega}_x \qquad (4-30)$$

m_{x0} 为由制造误差引起的外形不对称而产生的力矩。

$m_x^\beta \beta$ 是由于气流流过弹翼和尾翼时,在翼面上产生不对称的升力造成的。若 $m_x^\beta < 0$,则由侧滑所产生的滚转力矩 $m_x^\beta \beta < 0$,此力矩使炸弹有消除向右倾斜运动的趋势,炸弹具有横向静稳定性;若 $m_x^\beta > 0$,则炸弹具有横向静不稳定性。

滚转操纵力矩 $m_x^\delta \delta_y$ 是操纵副翼或差动舵产生的绕 Ox_t 轴的力矩,导数 $m_x^{\delta_x}$ 就是单位舵偏角所引起的滚转力矩系数,根据 δ_x 的定义,$m_x^{\delta_x}$ 总是负值。

滚转阻尼力矩 $M_x^{\omega_x}(\bar{\omega}_x)$ 是炸弹绕纵轴 Ox_t 转动时产生的,该力矩的方向总是阻止炸弹绕纵轴转动。滚转阻尼力矩 $M_x^{\omega_x}(\bar{\omega}_x)$ 与角速度 ω_x 成正比,即

$$M_x^{\omega_x}(\bar{\omega}_x) = m_x^{\omega_x} \bar{\omega}_x qSL \qquad (4-31)$$

式中:$m_x^{\omega_x}$ 是无量纲的,其值总是负的。

在实际应用中,利用先进的数值计算技术计算全弹的空气动力矩及压力中心,并通过风洞试验验证,确定全弹的俯仰力矩系数 m_z、偏航力矩系数 m_y 和滚转力矩系数 m_x 及压力中心 x_p。

4.4.2 制导炸弹的静稳定性、操纵性

1.静稳定性

静稳定性的定义如下:制导炸弹受外界干扰作用偏离飞行状态后,外界干扰消失的瞬间,若制导炸弹不经操纵能产生空气动力矩,使炸弹有恢复到原飞行状态的趋势,则称制导炸弹是静稳定的;若产生的空气动力矩,将使炸弹更加偏离原飞行状态,则称制导炸弹是静不稳定的;若是既无恢复的趋势,也不再继续偏离原飞行状态,则称制导炸弹是静中立稳定的。

制导炸弹的静稳定性可分为纵向静稳定性、航向静稳定性和横向静稳定性,航向静稳定性和横向静稳定性已在前述进行了简单的分析,本节只分析制导炸弹的纵向静稳定性,即

$$m_z^c = \frac{x_G - x_P}{L} \qquad (4-32)$$

式中:m_z^c 表示纵向静稳定度;x_G 表示从制导炸弹顶点至重心的纵向距离;x_P 表示从制导炸弹顶点至压力中心的纵向距离;L 表示参考长度,一般用制导炸弹全弹长表示。

若制导炸弹的重心位于压力中心之后 $(x_G > x_P)$,则 $m_z^c > 0$,制导炸弹是纵向静不稳定的;若制导炸弹的重心位于压力中心之前 $(x_G < x_P)$,则 $m_z^c < 0$,制导炸弹是纵向静稳定的;若制导炸弹的重心与压力中心重合 $(x_G = x_P)$,则 $m_z^c = 0$,制导炸弹是纵向中立稳定的。

静稳定性是制导炸弹总体设计很关心一个问题,它对于制导炸弹的气动布

局、外形设计、部件安排及制导炸弹的控制系统等都有很大影响。在制导炸弹的设计过程中,应努力使制导炸弹在飞行过程中都是静稳定的,可以从两个方面来保证制导炸弹具有所期望的纵向静稳定度:其一,改变制导炸弹的内部重量安排,从而调整制导炸弹的重心位置,由此改变静稳定度;其二,改变制导炸弹的气动布局,达到改变制导炸弹压力中心位置的目的,如将弹翼前后移动,改变尾翼的位置和面积,等等,由此改变静稳定度。

2. 操纵性

制导炸弹操纵性是指制导炸弹通过操纵舵面改变其飞行状态的特性,可分为纵向操纵性、航向操纵性和横向操纵性,本节只分析制导炸弹的纵向操纵性。

假设制导炸弹在飞行过程中速度、攻角、侧滑角、舵偏转角等均不随时间变化,且作用在制导炸弹的所有俯仰力矩代数和为零,则称制导炸弹处于平衡状态,且有

$$\left(\frac{\delta_z}{\alpha}\right)_B = -\frac{m_z^\alpha}{m_z^{\delta_z}} \quad \text{或} \quad \delta_{zB} = -\frac{m_z^\alpha}{m_z^{\delta_z}}\alpha_B \tag{4-33}$$

式(4-33)表明,为了使制导炸弹在某一飞行攻角下处于纵向平衡状态,必须使升降舵(或者其他操纵面)偏转一相应的角度,这个角度称为升降舵的平衡舵偏角,用 δ_{zB} 表示,为在某一升降舵偏角下保持炸弹的纵向平衡所需的攻角就是平衡攻角,用 α_B 表示。

平衡状态下平衡舵偏角 δ_{zB} 和平衡攻角 α_B 的比值,称为操稳比。在总体布局设计中,操稳比(δ_{zB}/α_B)是一个重要指标。该比值选得过小,会出现操纵过于灵敏的现象,一个小的舵面偏转误差就会引起较大的姿态扰动;该比值选得过大,会出现操纵迟滞的现象。根据制导炸弹设计实践经验,对于不同气动外形布局的制导炸弹,按表4-1要求进行制导炸弹设计,基本可做到稳定性与操纵性的协调匹配。

表 4-1　静稳定性与操纵性的匹配设计

布局形式	$m_z^{c_y}$	δ_{zB}/α_B
正常式布局	$-0.02 \sim -0.08$	$-1.0 \sim -1.5$
鸭式布局	$-0.02 \sim -0.12$	$0.8 \sim 1.2$
无尾式布局	$-0.02 \sim -0.06$	$-1.2 \sim -2.0$
旋转弹翼式布局	$-0.12 \sim -0.2$	$4.0 \sim 10$

4.4.3　飞行性能

飞行性能即为制导炸弹运动特性,如飞行时间、飞行速度、飞行高度、射程、

飞行姿态及弹道过载等。制导炸弹的飞行性能主要指飞行速度、飞行高度、射程和过载。

对制导炸弹的飞行轨迹建模是进行飞行性能分析的重要步骤。一般地,制导炸弹在弹道坐标系下质心运动的动力学方程和运动学方程可表示为

$$\left.\begin{aligned}
m\frac{\mathrm{d}v}{\mathrm{d}t} &= -X - G\sin\theta \\
mv\frac{\mathrm{d}\theta}{\mathrm{d}t} &= Y\cos\gamma_c - Z\sin\gamma_c - G\cos\theta \\
-mv\frac{\mathrm{d}\psi_c}{\mathrm{d}t} &= Y\sin\gamma_c - Z\cos\gamma_c
\end{aligned}\right\} \tag{4-34}$$

$$\begin{bmatrix} \dfrac{\mathrm{d}x}{\mathrm{d}t} \\ \dfrac{\mathrm{d}y}{\mathrm{d}t} \\ \dfrac{\mathrm{d}z}{\mathrm{d}t} \end{bmatrix} = \begin{bmatrix} v\cos\theta\cos\psi_c \\ v\sin\theta \\ -v\cos\theta\sin\psi_c \end{bmatrix} \tag{4-35}$$

式中:t 为飞行时间,单位为秒(s);G 为重力,单位为牛顿(N);m 为炸弹质量,单位为千克(kg);v 为飞行速度,单位为米/秒(m/s);X 为阻力,单位为牛顿(N);Y 为升力,单位为牛顿(N);Z 为侧力,单位为牛顿(N);θ 为弹道倾角,单位为度(°);γ_c 为倾斜角,单位为度(°);ψ_c 为偏航角,单位为度(°)。

1. 飞行速度

飞行速度是制导炸弹总体设计的依据之一。根据战术技术指标要求,制导炸弹的飞行速度可由投放速度、投放高度、射程、目标特性及攻击方式、导引方法等确定,由式(4-34)计算可得制导炸弹的飞行速度。飞行速度确定后,制导炸弹的速度范围、飞行时间、飞行高度、射程等参数均可确定,由此可进行外形设计等。

2. 飞行高度

飞行高度是指飞行中的制导炸弹与目标之间的距离。根据所选取的参照平面不同,制导炸弹飞行高度有海拔高度、相对高度之说。海拔高度是以海平面为起点的高度,相对高度是指飞行中制导炸弹相对目标的高度。制导炸弹的飞行高度信息一般由定位系统(GPS、"北斗")、惯性测量装置等获得。制导炸弹飞行高度主要取决于载机投放高度及制导控制系统,通过对式(4-34)的积分也可计算得出制导炸弹的飞行高度。

3. 射程

射程是在保证一定的命中精度的条件下,制导炸弹投放点在地面坐标系的

投影与命中点或落点之间的距离。制导炸弹射程主要取决于投放高度、投放速度、全弹的气动特性、结构特性、弹道特性、攻击方式、目标特性和制导控制方案等。制导炸弹的射程可以通过弹道仿真计算确定,通过制导控制系统作用可控制射程大小。

4. 飞行包线

制导炸弹的飞行包线给出了飞行高度-速度范围,通常由制导炸弹的研制任务书确定。飞行包线通常由最小、最大飞行高度及某一飞行高度的最小速度和最大速度构成。一般来说,制导炸弹的飞行包线与载机飞行特性、制导炸弹的气动特性、结构特性等因素有关。在具体计算时,一般按照研制任务书要求,进行大量的弹道数学仿真试验,通过对试验结果的数据进行高度-速度曲线拟合得到制导炸弹的飞行包线。

5. 过载

过载是反映制导炸弹机动性能的关键指标之一。过载包括轴向过载和法向过载。轴向过载越大,所产生的轴向加速度就越大,速度值改变得越快;法向过载越大,所产生的法向加速度就越大,改变飞行方向的能力越强。对于没有推力的制导炸弹,其过载主要取决于全弹的气动特性。在进行制导控制系统设计和分析时,应合理应用制导炸弹气动过载,并考虑结构特性、承载能力,以实现制导炸弹最大飞行能力。

|4.5 机弹接口设计|

制导炸弹作为飞机武器系统的一部分,通过机弹机械接口与飞机实现可靠连接,同时,飞机通过机弹电气接口对制导炸弹进行供电,并进行电气通信。

4.5.1 机械接口

制导炸弹与飞机主要通过悬挂系统进行机构连接,进行机构接口设计时,应满足飞机挂载需要,且贯彻 GJB 1C—2006《机载悬挂物和悬挂装置结合部位的通用设计准则》等相关标准。机械接口设计内容主要有吊耳或吊挂设计、弹射区设计、防摆止动区设计、载荷设计、强度设计、电连接器位置设计、弹架间隙设计。

1. 吊耳或吊挂设计

吊耳或吊挂是制导炸弹在发射时与载机的机械接口,应承受制导炸弹在发射及滑行时的过载。在进行弹身结构设计时,吊耳或吊挂的区域需要布置加强

框,用来承受和传递该区域以垂直弹身或沿弹身轴线的集中力的形式作用到弹身结构上的载荷。

常用的吊耳或吊挂形式有吊耳式悬挂和滑块式悬挂。

(1)吊耳式悬挂。通常采用吊耳式悬挂方式进行制导炸弹的悬挂与投放,图 4 - 29 为第Ⅱ、Ⅲ、Ⅳ重量级机载悬挂物用吊耳结构简图,图 4 - 30 所示为吊耳常用连接形式,其中吊耳座与舱体采用焊接连接结构形式。

图 4 - 29　吊耳结构简图

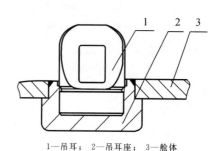

1—吊耳；2—吊耳座；3—舱体

图 4 - 30　吊耳连接形式

(2)滑块式悬挂。采用导轨进行吊耳或吊挂的悬挂、发射时,常采用滑块式接口形式,通常有 T 形内滑块(见图 4 - 31)和 U 形外滑块(见图 4 - 32)两种形式。导轨式发射的吊挂结构简图如图 4 - 33 所示,吊挂常用连接形式如图 4 - 34 所示。

2.弹射区设计

弹射区的位置和结构按 GJB 1C—2006《机载悬挂物和悬挂装置结合部位的通用设计准则》设计,制导炸弹的离机速度、姿态控制和弹射区上载荷随时间的变化均应符合相应的规定。

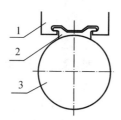

图 4 - 31　T 形内滑块

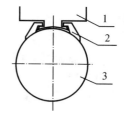

1—导轨；2—吊挂；3—某型制导炸弹

图 4 - 32　U 形外滑块

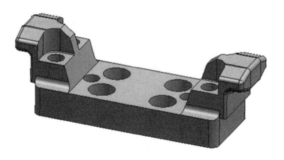

图 4 - 33 导轨式发射的吊挂结构简图

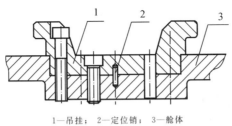

1—吊挂；2—定位销；3—舱体

图 4 - 34 吊挂常用连接形式

3. 防摆止动区设计

防摆止动区的位置和结构按 GJB 1C—2006《机载悬挂物和悬挂装置结合部位的通用设计准则》设计。

4. 载荷设计

载荷是制导炸弹结构强度和刚度设计的主要依据之一，在全寿命周期内，承受着各种外载荷的作用。

（1）运输和装卸载荷设计。根据运输和装卸状态下的制导炸弹质量分布、质心位置，确定运输和吊耳或吊挂接头的载荷情况；根据铁路、公路、空运、水运等运输方式，确定过载与设计情况。

（2）挂飞载荷设计。制导炸弹在载机上挂飞载荷设计，是为了保证制导炸弹在载机起飞、机动飞行、滑行、着陆时的强度和刚度要求。根据载机的飞行包线、制导炸弹的挂载位置，确定相应的载荷情况；根据载机飞行时机弹的气动干扰和着陆时机弹的耦合干扰，确定干扰时的载荷情况；根据载机滑行、着陆时的振动冲击情况，确定相应的载荷情况。

（3）投放发射载荷设计。制导炸弹在弹射投放时，将受到重力、气动力、惯性力、弹射力的综合作用，制导炸弹的载荷设计应与载机的空气动力特性和结构动力特性一致。根据制导炸弹的投放条件，选取与载机相关的气动参数；根据投放

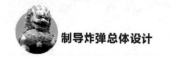

条件、发射方式,确定弹射力、推力和剪切力。

(4)飞行载荷设计。制导炸弹的飞行载荷设计是为了保证弹体结构在飞行过程中作机动飞行和受阵风载荷综合作用下的全弹道的强度和刚度要求。根据制导炸弹的飞行包线,典型弹道特征点的高度、速度、攻角、侧滑角等数据确定制导炸弹的气动载荷;根据结构参数、质量特性、刚度分布,确定刚度特性;根据舵偏角、制导方式和制导规律,确定控制力与控制力矩;根据阵风参数,确定阵风载荷。

5. 强度设计

制导炸弹强度是结构承受外载荷(静、动、热)作用的能力,根据强度准则判断结构强度是否符合要求。

(1)第一强度理论。结构最大主应力 σ_{max} 应不大于同种材料拉伸试验时的强度极限 σ_b,即

$$\sigma_{max} \leqslant \sigma_b \qquad (4-36)$$

(2)第二强度理论。结构最大应变值 ε_{max} 应不大于同种材料拉伸试验时的应变极限 ε_b,即

$$\varepsilon_{max} \leqslant \varepsilon_b \qquad (4-37)$$

(3)第三强度理论。结构最大剪应力 τ_{max} 应不大于同种材料拉伸试验时产生的最大剪应力 $\tau_b = \dfrac{\sigma_b}{2}$,即

$$\tau_{max} \leqslant \tau_b \qquad (4-38)$$

(4)第四强度理论。结构剪应力应不大于相应的强度极限 ε_b,即

$$\frac{1}{2} \sqrt{(\sigma_1 - \sigma_2)^2 + (\sigma_2 - \sigma_3)^2 + (\sigma_3 - \sigma_1)^2} \leqslant \sigma_b \qquad (4-39)$$

式中:σ_1、σ_2、σ_3 分别为第一、第二、第三主应力。

6. 电连接器位置设计

电连接器是用作各弹上设备之间的对外接口或信号的转接器。电连接器的位置按 GJB 1188A—1999《飞机/悬挂物电气连接系统接口要求》设计。

7. 弹架间隙设计

制导炸弹与挂架之间应设计适当的间隙,以便在不需要专业设备和工具的条件下,用最少的人员可靠、迅速地装卸,确保不与载机的任何部分、其他悬挂物或地面发生干扰。弹架接口之间应具有良好的可见度,以便接近与装卸制导炸弹的电连接器、机弹分离开关或其他装置,能够正确目视判断制导炸弹的安装情况。

4.5.2　电气接口

制导炸弹与载机供电及信息交联,应满足 GJB 1188A—1999《飞机/悬挂物电气连接系统接口要求》规定,可与载机使用的 GJB 599A 系列 Ⅲ、外壳号为 25、方向键识别字母为 N 的电连接器相适配。

制导炸弹主信号组连接器接触件排列,应符合 GJB 1188A—1999《飞机/悬挂物电气连接系统接口要求》规定,见表 4 - 2。

表 4 - 2　主信号接触件功能分配

接触件位置	规格	名　称	接触件位置	规格	名　称
A	8	低带宽	H	8	MuxB
B	20	连锁	J	16	115V 交流 C 相
C	16	28.5 V 直流电源 1	K	8	MuxA
D	16	28.5 V 直流电源 1 回线	L	20	地址位 A0
E	16	28.5 V 直流电源 2 回线	M	16	115V 交流 B 相
F	16	28.5 V 直流电源 2	N	16	270V 直流回线(备用)
G	20	地址奇偶校验	P	16	115V 交流 A 相
R	16	270V 直流电源(备用)	Z	16	115V 交流中线
S	20	连锁回线	1	20	投放允许
T	16	结构地	2	12	高带宽 4
U	16	光纤通道 2	3	12	高带宽 3
V	20	地址位 A4	4	20	地址位 A3
W	12	高带宽 2	5	12	高带宽 1
X	20	地址位 A1	6	20	地址回线
Y	16	光纤通道 1	7	20	地址位 A2

|4.6　电气系统设计|

电气系统是制导炸弹武器系统的重要组成部分,对保证武器系统准确可靠的工作起着重要作用。在制导炸弹工作期间,弹上电气系统按照设定时序为弹上各用电系统提供稳定可靠的电能和传输信号,它的工作状态直接影响制导炸

弹的工作状态,因此电气系统设计是制导炸弹的重要内容之一,其目的是根据总体设计要求,结合国军标相关规定,设计合理的电气系统方案并完成产品试制及试验。

4.6.1 电气系统设计概述

制导炸弹电气系统是制导炸弹信号传输、供电和输配电系统的总称。其主要功能是在制导炸弹地面检测和飞行过程中向弹上用电设备提供电能;将弹上各系统连接并组成一个有机的综合系统,使它们相互间协调工作,并保证武器系统在地面或者载机上及自主飞行中能按程序要求适时、可靠地供电和传输指令;与载机配合完成机、弹电源转换及炸弹发射、分离;为弹上设备提供电气时统零点。通常制导炸弹电气系统主要包含弹上电源系统、配电器及电缆网等。

炸弹电源系统主要功能是安全可靠地为弹上各用电设备提供工作所需电能。电源系统一般包含电源预处理系统、弹上主电源和二次电源。电源预处理系统的功能是对载机提供的电能进行预处理,确保弹上设备安全可靠工作,增强炸弹对载机电源的适应性。主电源是制导炸弹自主飞行期间为弹上设备提供电能的设备,目前制导炸弹使用的主电源基本为化学电源,主要有蓄电池和热电池两类。二次电源用来将主电源转换成弹上用电设备所需的特定电源,如 DC/DC(直流/直流)电源、滤波器等。

炸弹配电器是电气系统的核心部件,其功能是弹上电源按弹上各分系统的用电要求,对制导炸弹进行输配电控制、用电时序控制及用电保护。通常配电器由汇流条、控制器件、滤波器、二极管、电阻等元器件及相关结构件组成。

电缆网的作用是连接弹上各用电设备,使其成为一个有机的综合系统。电缆网包括电连接器、电缆附件、导线及其他材料等。

1.设计目标

制导炸弹电气系统的设计目标是:根据炸弹总体要求、电气系统相关标准及弹上各设备情况,设计出符合总体性能指标要求、工作安全可靠、使用维护简单、具备良好的电源适应性和电磁兼容性的弹上电气系统。

2.设计流程

根据制导炸弹研制阶段工作流程及弹上电气系统的工作内容,电气系统设计的流程如图 4-35 所示。

在电气系统方案设计时,电气系统的设计内容主要是对炸弹研制总要求及总体技术方案进行分析,明确炸弹总体对弹上电气系统的功能及技术指标要求,并结合弹上设备的方案制定电气系统技术方案,对炸弹的对外接口、输配电方式、电能需求、电气工作时序等进行分析,完成电气系统方案论证设计及原理设计。

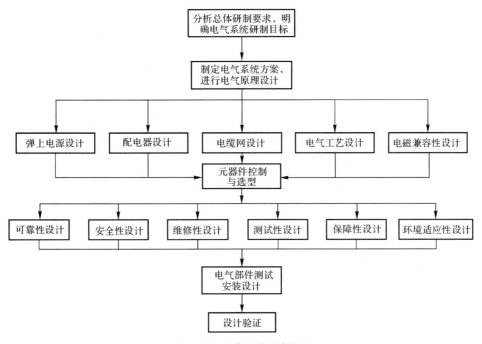

图4-35 电气系统设计流程

在电气部件具体设计阶段,弹上电气系统主要工作是根据方案论证及方案设计结果下发电气部件研制任务书,开展弹上电源、配电器、电缆网、安装工艺、电磁兼容等的详细设计,制定电气系统部件测试要求及相关试验大纲等。

3.设计依据

在进行弹上电气系统设计时,主要的设计依据如下:

(1)载机技术协议及弹上设备用电需求。

(2)制导航弹总体功能性能指标要求。

(3)制导航弹总体结构布局。

(4)电气相关生产工艺性要求。

(5)制导航弹"六性"要求。

(6)相关标准及设计规范。

4.设计原则

制导炸弹设计原则有以下几项:

(1)满足制导航弹武器系统的技术指标和使用要求。电气系统在设计中,必

须满足武器系统的使用环境和战术指标要求,同时要满足对弹上各分系统供电及信号传输的要求。

(2)可靠性。可靠性是关系到武器系统能否正常工作的前提条件。电气系统应该满足总体分配的可靠性指标,为提高固有可靠性,必须进行可靠性设计。

(3)安全性。制导炸弹武器系统上广泛采用的电爆装置,如弹翼展开、舵翼展开、开舱、电引信等,为确保安全,应设计安全保险电路和装置。对点火电路应进行电磁兼容性设计,防止传导和辐射干扰。

(4)电磁兼容性。电气系统设计必须满足总体提出的电磁兼容性指标要求,使电气系统不仅能适应弹内外的复杂电磁环境,还不会因为自身的问题去干扰弹上及弹外其他设备。

(5)积极慎重采用新技术。制导炸弹技术是一门高端技术,在现代科技中发展很快,多年来积累了很多宝贵的研制经验和资料。对于已经取得的成果和经验必须很好地总结和继承下来,并积极慎重地采用新技术,这对缩短型号研制周期和提高质量水平很有意义。

(6)设计的合理、简单、经济性。电路设计应合理,采用可靠性高的元器件,做到既安全可靠,使用维护简便,又有好的经济性。电气系统设计应合理布局,结构紧凑,可达性好,易于维修,检测诊断准确、快速、简便;设计应简化,尽可能采用模块化设计,减少元器件品种和数量;在满足主要技术性能条件下,力求质量和尺寸最小。

4.6.2 电源系统设计

制导炸弹电源系统负责安全可靠地为弹上用电设备提供工作所需电能。电源系统一般包含电源预处理系统、弹上主电源和二次电源。

根据制导炸弹的作战使用情况,通常炸弹的工作状态分为挂机飞行、发射及自主飞行3种状态。挂机飞行状态和发射过程由载机为炸弹供电,自主飞行阶段由弹上主电源为炸弹供电。

1.弹上用电负载分析

目前,制导炸弹基本选用载机提供的28V直流电源为供电电源,并以此电压进行弹上用电负载分析。

弹上用电负载分析,主要根据炸弹各用电设备不同工作状态功率消耗、炸弹的不同工作状态以及弹道飞行姿态进行。弹上用电负载分析一般通过绘制炸弹用电负载曲线图的形式来表达。某型炸弹用电负载曲线图如图4-36所示。

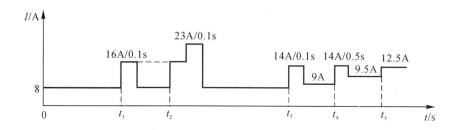

图4-36 某型炸弹用电负载曲线图

在挂机飞行阶段和发射阶段,炸弹由载机提供电能,上述两个阶段的用电负载分析结果应与 GJB 1188A—1999《飞机/悬挂物电气连接系统接口要求》中规定的悬挂物 28 V 直流电源接口负载电流曲线进行核对,确保炸弹用电负载符合标准要求。当用电负载超出载机 28 V 直流电源供电能力时,则需对炸弹用电负载进行优化或使用标准规定的悬挂物 270V 直流或 115V 交流电源。

在炸弹自主飞行阶段,炸弹供电转为弹上主电源供电。该阶段用电负载分析结果作为弹上主电源研制的依据,弹上主电源设计应满足炸弹任何飞行弹道的电源需求。

2.电源预处理系统设计

电源预处理系统的功能是,在炸弹挂机飞行阶段,对载机提供的电能进行预处理,确保弹上设备安全可靠工作,增强炸弹对载机电源的适应性。

当前,国内载机执行的飞机供电特性的军用标准除了上节提到的 GJB 1188A—1999《飞机/悬挂物电气连接系统接口要求》外,还包括 GJB 181—1986《飞机供电特性及对用电设备的要求》、GJB 181A—2003《飞机供电特性》、GJB 181B—2012《飞机供电特性》等。为适应载机供电电源的品质,电源预处理系统主要依据炸弹配装的载机电源特性相关军用标准规定进行设计,应能适应军用标准内要求的电源尖峰、电压浪涌、电源中断、电源畸变、电源脉动等。

电源预处理系统主要由滤波电路、电源尖峰抑制电路、储能电路、稳压电路等部分组成。载机提供 28V 直流电源经过 EMI(电磁干扰)滤波电路,首先进入尖峰抑制电路,再进入稳压电路,并经过输出滤波后提供稳定的电源给弹上用电设备。储能电路在载机 28V 电源中断期间,为电路提供可维持足够时间的电能,保证弹上设备在短时断电时能正常工作。

某型制导炸弹电源预处理系统原理框图如图4-37所示。

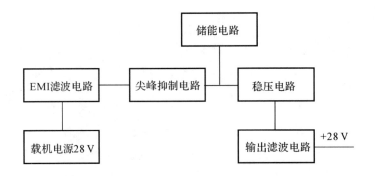

图 4-37　某型制导炸弹电源预处理系统原理框图

3.弹上主电源

制导炸弹弹上主电源使用的常为化学电源,化学电源是一种利用化学反应将化学能转换为电能的装置。目前,在制导炸弹上使用的化学电源以热电池为主,少量产品使用蓄电池。

(1)热电池。热电池是目前制导炸弹上主要使用的化学电源。热电池是一种依靠加热激活的化学电池,其电解质为共熔盐,常温下电解质呈固态不导电,使用时通过外部激活信号使发火元件发火并点燃加热元件,加热元件提供热量,使热电池的内部温度瞬时升到 500℃ 左右,电解质熔融成离子导体,对外输出电能。热电池具有输出电流密度大、比能量高、使用维护方便、耐环境性能好及存储寿命长等优点。

热电池为全密封结构,由壳体、电池盖、发火元件、加热元件、保温元件及电堆等组成,其结构组成见图 4-38。其中电堆由多个电池单体通过串、并联组合而成。单体电池通常由加热层、正极层、电解质层、负极层和阻流环等组成,其结构组成见图 4-39。

热电池在设计和选用时,考虑的主要指标包括工作电压、工作电流、工作时间、激活形式及时间、安全电流、环境力学条件及重量、尺寸等。热电池设计及制造验收可参照 GJB 1430A—2009《热电池通用规范》等要求。图 4-40 为某型制导炸弹热电池模型图。

目前,热电池的激活方式有电激活、针刺激活、撞击激活和惯性激活。制导炸弹通常采用电激活热电池,在配电器内设置激活控制电路,炸弹在收到发射指令后,激活弹上热电池,热电池接通用电设备后开始为用电设备供电。某型号热电池工作电路如图 4-41 所示。

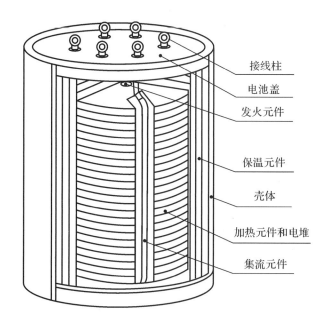

接线柱

电池盖

发火元件

保温元件

壳体

加热元件和电堆

集流元件

图 4-38 热电池组成示意图

电解质层

加热层

负极层+阻流环

正极层

图 4-39 单体电池组成示意图

图 4-40 某型制导炸弹热电池模型图

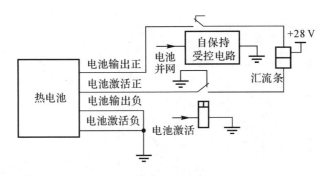

图 4-41　某型号热电池工作电路

（2）蓄电池。常见的蓄电池有锌银蓄电池和锂离子蓄电池。

1）锌银蓄电池由单体电池、加热系统、壳体和对外接口组成。单体电池主要由正负极板、电解液、电极组和隔膜组成,加热系统由加热带和温度继电器组成。锌银蓄电池在使用前加注电解液、充电,并需进行加热,接通用电设备后开始为用电设备供电。

2）锂离子蓄电池由单体电池、加热系统、壳体和对外接口组成。单体电池主要由正负极板、电解液和隔膜等组成。锂离子蓄电池有一定内阻,存储时会有自放电现象,一般需要 6 个月左右进行一次充电维护。

蓄电池贮存寿命短、使用维护复杂、对环境温度敏感,在制导炸弹上使用较少。

4. 二次电源

在炸弹电源系统设计中,载机电源和弹上主电源提供的是弹上一次电源,对于要求其他供电类型的用电设备,必须经过转换装置对一次电源进行电压转换后才能满足其用电要求。制导炸弹常见的二次电源电压有 +5 V 和 ±15 V 直流电压,为满足弹上用电设备使用需求,需对 28 V 直流电源进行 DC/DC 转换。

DC/DC 电源主要由输入滤波电路、DC/DC 转换电路、输出滤波电路等部分组成。某型制导炸弹 DC/DC 电源的原理框图如图 4-42 所示。

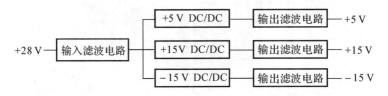

图 4-42　某型制导炸弹 DC/DC 电源原理框图

DC/DC 电源设计及选用时考虑的性能指标包括输入电压、输出电压、输出功率、电压精度、输出纹波电压、转换效率、环境力学条件及质量、尺寸等。

4.6.3 配电器设计

制导炸弹配电器是弹上进行配电控制的执行部件,其作用是在弹上承接供电电源及用电设备,负责将载机电源或弹上主电源提供的电能按照炸弹时序设计,通过设计的配电方式和输电方式送给各用电设备使用。配电器一般由汇流条、继电器、二极管、滤波器、火工品电阻、电阻、电连接器及壳体等组成。某型号制导炸弹配电器模型如图 4 - 43 所示。

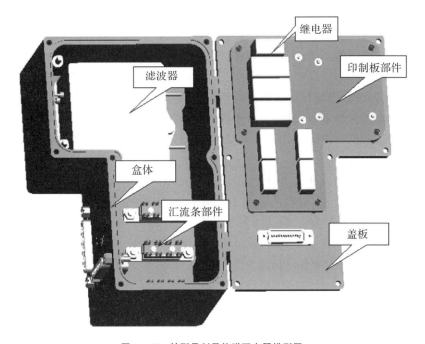

图 4 - 43 某型号制导炸弹配电器模型图

配电器设计应满足以下要求:
(1)满足全弹供电需求及制导炸弹发射流程要求,线路损耗要小。
(2)设计应满足炸弹测试性、安全性以及使用维护等要求。
(3)结构简单、体积和质量小、维护方便。
(4)满足搭接、接地和屏蔽等相关电磁兼容性要求。

4.6.4　输电方式设计

目前,制导炸弹是以 28 V 直流供电体制为主,其输电方式可分为单线制、双线制、共负极双线制 3 种。

(1)单线制输电方式。单线制的输电方式设计时,将各用电设备的供电正线直接连接到供电电源正极,供电负线直接连接到制导炸弹弹体。单线制的输电方式减轻了电缆网质量,方便电网的检测。但是由于该输电方式是以弹体作为公共供电负线,因此弹体上的电磁干扰会通过供电负线传输到用电设备内部,对其工作造成影响,且在制导炸弹生产测试过程中,容易出现短路故障。

(2)双线制输电方式。双线制输电方式,就是将各用电设备的供电正、负线均分别直接连接到供电电源的正、负极,形成单独的供电回路。该输电方式可以避免相互之间的电磁干扰,提高制导炸弹工作的可靠性。其缺点是弹上电缆网的质量相对较大。

(3)共负极双线制输电方式。共负极双线制输电方式是将各用电设备的供电正线直接连接到电源正极,供电负线线统一连接至一公共负极处,再用导线将公共负极与电源负极连接。共负极双线制的输电方式兼顾了单线制和多线制的特点,既考虑了电网质量又可以保证电网具有一定的抗电磁干扰性能。

在进行制导炸弹弹上输电方式设计时,输电方式的选择应综合考虑具体的制导炸弹弹上用电设备情况、制导炸弹的总体性能指标以及制导炸弹的作战环境。

4.6.5　配电方式设计

配电方式有集中式、分散式和混合式 3 种。目前,制导炸弹配电方式主要采用集中式。

(1)集中式配电。集中式配电是指将电源汇集集中至汇流条,再从汇流条直接分配给各用电设备使用的配电方式。集中配电方式结构简单,使用维护方便,多用于用电设备相对不多、电源容量小的情况。

(2)分散式配电。这种配电方式采用不同的电源分别给不同的用电设备供电,用电设备采用就近取电的方式配电。分散式配电的优点是电网质量和尺寸较小,使用维护方便。

(3)混合式配电。当用电设备较多、位置较分散、电源容量大时,多采用混合式的配电方式。混合式配电需在弹上设置多级汇流条,包括主汇流条和各下级分汇流条。用电设备取电时根据其功耗及安装位置分配不同的汇流条供电。混合式配电的优点是可以减少电网质量和尺寸,但其结构较为复杂。

配电方式的具体设计应根据制导炸弹总体性能及使用维护要求、弹上电气系统原理及弹上用电设备的数量等诸多因素进行综合考虑。

4.6.6 控制电路设计

不同的制导炸弹,其作战流程及弹上设备均有所不同,因此根据炸弹作战流程及弹上设备用电需求,按照设计的时序为弹上设备供电是炸弹控制电路设计的重点。

制导炸弹控制电路分为一般供电电路、电源转换电路及火工品供电电路。

(1)一般供电电路。制导炸弹一般供电电路分为直接供电电路和受控供电电路,其中受控供电电路又分为受控直接供电电路和受控延时供电电路。供电电路的选择要依据弹上用电设备的工作情况而定。通常情况,直接供电电路用于弹上需要上电自检和预热的设备供电;受控供电电路用于需要弹上计算机控制其加电(或断电)时机的用电设备供电;受控延时电路用于需要对用电设备加电(断电)时序进行自动控制的电路供电。典型的一般供电电路如图 4-44 所示。

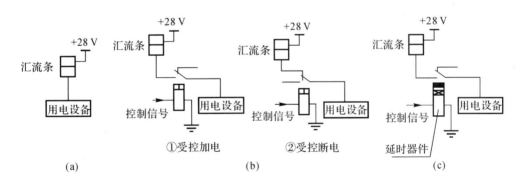

图 4-44 一般供电电路

(a)直接供电电路; (b)受控直接供电电路; (c)受控延时供电电路

(2)电源转换电路。制导炸弹弹上电源转换电路用于炸弹发射过程中完成载机供电与弹上主电源供电的不间断转换。典型的电源转换电路如图 4-45 所示。

在炸弹发射过程中,当弹上计算机采集到弹上主电源电压合格信息时,发出

控制信号控制相应的控制器件动作,完成载机电源与弹上主电源的并网。弹上主电源并网后,可根据具体炸弹发射流程,完成载机与炸弹分离,完成供电切换。

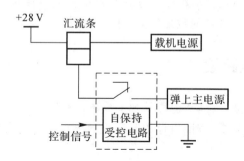

图 4-45　电源转换电路

（3）火工品供电电路。制导炸弹上通常装有引信及抛放弹等火工品。这些火工品内部均有电点火装置,需要外部给电点火装置供电使其工作。弹上火工品供电电路涉及炸弹甚至载机的安全,因此设计时需要进行多重安全性设计和电磁兼容设计,以确保火工品工作前处于安全状态。

目前弹上火工品出于安全考虑,基本使用钝感点火装置作为电起爆元件。钝感点火装置的典型规格为 1 A、1 W、5 min 不发火,5 A、50 ms 可靠发火。因此,在火工品供电线路设计时,既要保证点火装置可靠发火,又要保证不影响整个炸弹的供电网络工作。目前,通常采用串联火工品电阻的措施对线路进行保护。火工品电阻一方面可以起到限流的作用,另一方面可以在线路电流过大时及时熔断,保护供电网络。火工品电阻的选择是火工品供电电路的关键设计之一,需要根据发火装置的等效阻值及发火电流进行选型。

此外,制导炸弹火工品供电电路设计一般由机械控制和软件控制串联形成多级控制,必要时还需增加延时控制,以提高载机和炸弹的安全性。典型的带延时控制的火工品供电电路如图 4-46 所示。

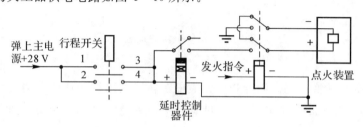

图 4-46　火工品供电电路

4.6.7　电缆网设计

电缆网是弹上系统间传输电能和信号的载体,起到连接弹上设备并使之成为一个有机的综合系统的作用。弹上电缆网设计是依据弹上设备对外电气接口的接线关系及炸弹内部设备的布局安排。电缆网设计包含接线关系设计、电连接器选型、导线选型、防护设计、电缆敷设设计。

根据电缆网的功用及使用情况,电缆网设计应满足以下基本要求:

(1)电缆网的接线关系设计应正确无误,能够准确完成弹上设备间信号的传递。

(2)电缆设计应充分进行电磁兼容设计,保证信号传输中免受干扰。

(3)电缆设计应考虑电缆的实际敷设环境,必要时要做好防护措施,保证电缆工作的可靠性。

1.电气接线关系设计

电气接线关系设计的前提条件是弹上设备间的接线关系。明确弹上设备对外接口的接线接口针脚定义,并对其输入、输出信号进行分析是进行电缆网设计的首要工作。具体设计应包含以下几个方面:

(1)明确弹上设备的对外电气接口信息,包括电连接器型号、信号定义、信号来源(去向)及信号性质等。

(2)对各类信号进行分析,明确所需传输信号的具体传输要求。

(3)绘制全弹电气系统接线图,明确弹上设备间的接线关系。

2.电连接器选择

通过接线关系设计,明确了弹上设备的对外接口信息,为电连接器选择提供了条件。通常情况下电连接器的选择需要考虑以下几个因素:针脚排列、接插件的额定电流、外形尺寸、安装尺寸、耐环境性能及端接形式等。

在弹上电缆具体设计时,电连接器的选择主要依据的是弹上设备对外电气接口中传输的信号、供电通道的数量、接口类型等。在满足以上要求的前提下,再选择满足要求的尺寸和耐环境性等技术性能的电连接器,最后,选择适合使用环境的电连接器尾部附件,保证在安装和使用过程中避免对电连接器接触件产生直接应力。

3.导线选择

在电缆设计时,导线选择主要依据传输信号的性质和电流的大小等。在电缆设计时,导线选择应考虑以下因素:

(1)根据所传输信号的性质选择适合的导线类型。用于供电和传输离散量

控制信号的导线可选用非屏蔽导线,用于传输高低电平信号的导线选择屏蔽或者双绞导线,用于传输高频信号的导线选用同轴线缆等。

(2)根据电缆的使用环境,选择适合的导线。对于高温环境使用的导线,可选用耐高温导线。

(3)根据电连接器接触件规格,选择合适的导线,确保导线和接触件匹配。

(4)对于供电导线,要根据设备用电损耗、线路允许压降选择适合的导线规格。弹上负载最大时,弹上线缆压降也最大,根据下述线压降计算公式算出最远线路的电压降,从而确定弹上供电线路供电电压是否满足要求。若不满足要求,则应缩短供电线路或更换更大线径的导线。

$$\Delta U = I\left(LR + \sum R_k\right) \qquad (4-40)$$

式中:I 为流经导线的电流,A;L 为导线长度,m;R 为导线单位长度的电阻,Ω/m;R_k 为线路中连接器接触件的接触电阻,Ω。

4.其他设计

在电缆设计时除了电连接器和导线的选择外,还包括标记套管、热缩管、防波套、接线端子等附件的选择。标记套管的作用是对电缆和导线进行标识。热缩管的作用主要是对电缆进行保护和固定。防波套的作用是对电缆进行屏蔽保护。接线端子的作用是将导线和设备或弹体进行直接连接。

电缆敷设设计,是保证电缆安装到炸弹内时能顺利实现敷设和连接设备。该设计主要依据是炸弹舱段结构设计情况、内部设备布置情况及相关电缆的安装要求。

此外,为保证电缆工作的可靠性,防止电缆在使用过程中损坏,电缆设计时需要进行防护设计。目前电缆设计常用的防护措施主要是外套锦纶丝绦、热缩管以及尼龙护套等。

4.6.8 电磁兼容性设计

电磁兼容性是设备或系统在其电磁环境中能正常工作且不对该环境中任何设备构成不能承受的电磁干扰的能力。

1.设计工作内容

制导炸弹电磁兼容性设计工作内容主要包含以下几个方面:

(1)分析炸弹电磁环境。在制导炸弹论证阶段,分析预期的电磁环境,提出预期的电磁兼容指标要求。

制导炸弹系统干扰源有弹外干扰[如空中、地面(舰船)各种射频源、核爆炸电磁干扰脉冲等]、自然干扰(如静电、雷电、宇宙射线、地面磁辐射等)和弹内干扰(如雷达无线电高度表、遥测发射机、电气电子设备内部及其之间产生的电磁干扰等)。

(2)制订电磁兼容性大纲和计划。在制导炸弹方案阶段,需制订电磁兼容性大纲,选用和剪裁相关标准,制订合理的电磁兼容性要求;制订系统及分系统电磁兼容性试验项目及计划,在炸弹研制过程中进行电磁兼容性预测与分析。

(3)频率管理。炸弹上安装了卫星接收天线、遥测天线等,载机上通信设备、雷达设备等也都具有各自的不同天线,这些天线使用了多种工作频率。设计时不仅要考虑工作频率,还必须考虑到发射功率、谐波与杂波电平、占有带宽等。在使用区域内避免机与弹之间同频干扰、邻道干扰、中频干扰以及互通干扰。

(4)电磁兼容性设计。制导炸弹电磁兼容性设计一般分电路级设计、设备级设计、系统级设计、全弹设计。其中电路和设备的电磁兼容设计是系统级电磁兼容设计的基础,是最基本的也是最重要电磁兼容性设计,其主要内容如下:

1)按电磁兼容性准则选择元器件和电路。

2)采用搭接、接地和屏蔽技术。良好的接地设计达到的目的:①尽量降低数个电路共同使用的接地阻抗所产生的噪声电压;②避免产生不必要的地环路。

3)滤波器的选择、设计和安装固定。

4)根据电磁耦合途径确定关键电路、元器件位置和隔离去耦措施。

2.设计方法

为实现制导炸弹的电磁兼容性,所采用的方法有滤波、接地、屏蔽、搭接等。

(1)滤波。滤波能非常有效地减少和抑制电磁干扰,能使不需要的电磁信号受到衰减,而让所有需要的信号通过。对于产生和容易受到电磁干扰的电路和设备,应使用滤波装置,使电磁干扰降到允许范围内。滤波器根据传输和衰减的频段,可分为低通、高通、带通、带阻4种基本形式。

滤波器选择设计时主要考虑下述几方面:

1)滤波器的插入损耗应尽量大,同时还要考虑阻抗匹配、额定电压、频率、温度、质量和尺寸等参数。

2)电源滤波器耐压应大于2倍的电源峰值电压,因为电源可能出现瞬态电压远远大于线路的额定电压的情况。

3)滤波器的全部导线必须要贴近地板布线,电容器引线应尽量短,最好用穿心电容器,滤波器本身要屏蔽,滤波器盒与地之间的射频阻抗一定要做得尽可能小。

4)滤波器可靠性必须与设备可靠性要求相适应,并且应高于其他元器件的可靠性,其原因是查找滤波器的故障比查找其他元器件的故障更困难。

5)滤波器输入线与输出线之间要求隔离。

（2）接地。接地是为了在电气电子电路与弹体之间建立导电通路。接地设计时，必须防止不希望有的地电流在电路间流动和相互作用。将接地系统中电位减至最小，使接地电流最小。不良的接地系统，可能产生寄生电压或寄生电流并耦合到电路和部件中，同时，还会降低屏蔽和滤波效果，并引起难以隔离和解决的电磁干扰问题。

接地设计的一般准则如下：

1）电气电子设备接地方式与工作信号频率和电路或部件的尺寸大小有关，分为单点接地、多点接地、混合接地和浮动接地。

在单点接地中，每根接地线直接接到公共地的一点上。电路或部件尺寸同波长 λ 比很小（典型值小于 0.15λ 时），使用单点接地。单点接地在低频电路中应用。

在多点接地中，电子设备具有一个低阻抗的公共接地平板，将每根接地回线直接接到这个接地板上，通常是选用一个能减少地线长度的接地点。当电路或部件的尺寸大于 0.15λ 时，应使用多点接地。在高频电路中，底线上杂散电容和电感使单点接地不能实现，需采用多点接地，以避免高频中驻波效应。

混合接地是电子设备中低频部分采用单点接地，高频部分采用多点接地。

在浮动接地系统中，系统各部分有它各自独立的地，在电气上将电器或部件与可能引起入地电流的公共接地面或公共导线加以隔离，常用方法是采用隔离变压器、光学隔离和带通滤波器。浮动接地方法在音频及射频低端特别有效。但是，浮动接地会导致静电积累，特别在高频情况下有一定危险性。

2）对信号回路地、信号屏蔽地、电源回路地以及外壳地，保持独立的接地系统是合理的，在一个接地基准点上将它们连接在一起。

3）接弹体的地线应具有高的导电率，为了维修，在力学环境条件下能保持良好的导电率。

4）使用差分或平衡电路可以大大减小地线干扰的影响。

5）所有接地引线都要尽可能的短而直，导线端接应可靠。

（3）屏蔽。电气设备装在金属罩的屏蔽内，其目的是抑制或减少外界的干扰和内部电磁能量外泄，同时减少设备之间的电磁能量相互作用。壳体设计时应具有最大的屏蔽效能，设计时考虑以下因素：

1）电磁屏蔽主要用来隔磁及防止低频干扰，屏蔽体应采用高导磁率系数的材料。

2）电磁屏蔽主要防止高频干扰，屏蔽体应采用低电阻的金属材料。它对电磁能量具有吸收损耗和反射损耗的两种屏蔽效果。壳体良好接地又可防止静电耦合干扰。适当增大屏蔽体厚度和采用多层屏蔽方法，能提高屏蔽效果，并能扩大屏蔽的频率范围。

3)屏蔽壳体在低频时的屏蔽效能取决于壳体材料,在高频时的屏蔽效能主要取决于壳体上的孔洞和缝隙。当电磁波入射到一个孔洞时,孔洞的作用相当于一个偶极天线。当电磁波入射到缝隙,且缝隙的长度达到 $\lambda/2$ 时(与宽度无关),其辐射效率最高。因此,壳体上的各类孔洞和缝隙的数目和尺寸应减至最小,并在设计时注意孔洞和缝隙要远离电流载体,在后期利用金属网、软钎焊或导电橡胶等手段将其密封。

制导炸弹的屏蔽措施一般有壳体屏蔽和隔舱。

(4)搭接。搭接是制导炸弹各金属构件之间以及弹上设备壳体与弹体之间的一种专门的低电阻电气连接。以弹体作为基准零电位,将设备壳体搭接在上面。搭接能有效地对射频干扰进行抑制,保证电气系统性能的稳定,还能实现防止雷击、静电放电等对制导炸弹的危害。

凡面积超过 0.2 m^2 或长度超过 0.5 m 的金属零部件、导管和设备等,都应进行搭接。为了使独立的金属构件和设备、弹体之间不产生电位差,提高弹上设备抗电磁干扰的能力,对面积小于 0.2 m^2 或长度小于 0.5 m 的独立金属构件也往往进行搭接处理。

搭接条应尽可能短而宽,提供较大的接触面积,以达到低阻抗。搭接电阻的大小主要按实际的需要和实现的可能性来确定,合适的搭接电阻一般在 $100 \sim 2\ 500\ \mu\Omega$ 之间。

第 5 章

制导炸弹制导控制系统设计

　　制导炸弹制导控制系统的作用就是根据制导炸弹与目标的相对运动参数,以一定的准确度,自动地按预定的制导规律控制制导炸弹飞向目标,实现要求的命中精度。本章先简要介绍制导炸弹制导控制系统的基本概念、设计依据和设计流程,然后介绍制导控制系统导引律设计、稳定控制系统设计及制导控制组件,最后介绍数学仿真和半实物仿真两种验证方法。

|5.1 概 述|

制导控制系统是制导炸弹各系统中极为重要的一个分系统,其性能在很大程度上决定了制导炸弹武器系统的战术技术指标和性能。制导控制系统是制导炸弹在打击目标过程中,导引和控制制导炸弹按选定的规律调整飞行路线,导向目标所需要全部软硬件设备的总称,有些文献中也称其为飞行控制系统。制导控制系统组成结构示意图如图 5 - 1 所示。

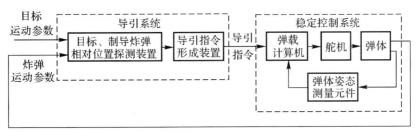

图 5 - 1 制导炸弹制导控制系统的基本组成

制导控制系统从功能上可以分为导引系统和控制系统。导引系统的作用是根据制导炸弹运动参数、目标运动参数以及导航数据和导引律或预定的轨迹形成导引指令。控制系统在接收到导引指令后,根据弹体的姿态、角速度和加速度

等信息,快速、稳定地操纵制导炸弹飞向目标,直至完成打击任务。

从上面的分析可以看出,制导炸弹制导控制系统的任务主要包括以下几个方面。

(1)测量控制。在制导炸弹导引飞行过程中,需要不断地测量炸弹的实际弹道和理想弹道之间的偏差或弹体相对于目标的偏差,或者计算导航参数,并根据偏差的性质、大小和方向,以及设定的制导与控制规律,形成控制指令,驱动执行机构工作,稳定弹体姿态,操纵弹体飞行,直至达到预定的目标位置。

(2)调度管理。负责对弹上各分系统进行系统调度管理,产生弹上的时间基准与时序信号,控制弹上多个设备同步运行,保证弹上各机构按预定的时序安全准确地完成预定动作。

(3)通信。在载机投放制导炸弹前,负责与载机火控系统和弹上组合导航系统进行信息交换,必要时完成组合导航系统初始对准的参数传递。对于采用远程遥控制导体制的制导炸弹,在飞行时,能够通过远程数据链,传送目标信息或接收指令等。

(4)仿真与检测。与仿真测试系统完成加速度信号和卫星接收信号在线仿真,能够接入半实物仿真系统完成半实物闭环仿真测试,与地面检测系统、弹载遥测系统协同完成制导控制系统各相关部件及全系统的自检、测试和飞行过程的参数监控等。

制导控制系统的结构会根据制导体制的不同而有所变化,其主要由以下几个部分组成:

(1)制导炸弹弹体。弹体是制导控制系统的控制对象,主要作用是摧毁敌方机场、机库或指挥部等目标。

(2)目标和制导炸弹运动状态探测设备。这里的运动状态一般包括位置、速度和加速度。制导过程中所需要的制导炸弹位置、速度和加速度信息是依靠惯导或组合导航系统来获得的,而目标的运动状态由导引头确定,如果是针对固定目标,还可以直接向任务系统直接输入目标位置。

(3)指令形成装置。对制导信息中的噪声进行滤波,并根据选定的导引规律形成控制指令,同时,使制导控制回路在合适的时间常数和有效导航比条件下,具有足够的稳定性和良好的动态品质。

(4)稳定控制系统。为了使制导炸弹在各种干扰条件下能够平稳地按给定指令的弹道飞行,需要有稳定控制系统。

(5)指令传输部分。远程遥控制导的指令在载机或者地面制导站形成,所以指令形成以后需要通过远程数据链发送到弹上,再由弹上接收设备转换成控制信号。对于寻的制导体制的制导炸弹而言,这部分是非必需的。

|5.2 制导炸弹制导控制系统设计依据|

制导控制系统设计指标是根据制导炸弹武器系统的战术技术指标,结合拟采用的制导体制、姿控方案、弹载组件、弹体气动和结构特性等而确定的,在进行制导控制系统详细设计前必须确定,其是制导控制系统设计的根本依据。制导控制系统设计的主要依据是典型目标特性、制导精度、飞行包线、作战反应时间、抗干扰性、环境条件等。

5.2.1 典型目标特性

在制导炸弹武器系统设计的初始阶段,即方案论证阶段已经明确了制导炸弹所要打击的典型目标。制导控制系统设计就要充分了解和考虑典型目标特性。

典型目标特性有以下几种:

(1)速度特性:目标最大运动速度、纵向过载能力。

(2)机动能力:目标侧向机动时的过载能力。

(3)目标的光学和雷达散射辐射特性:目标的光学辐射特性包括工作的频段和光谱特性,雷达散射辐射特性包括等效散射面积和散射的噪声频谱。

(4)目标运动的最大和最小高度。

(5)目标的干扰特性。

目标特性对系统设计影响涉及以下几方面:

(1)目标探测方案的设计。

(2)导引律选择。

(3)目标测量数据的处理以及滤波的形式。

(4)控制指令的形式及数值。

5.2.2 制导精度

制导精度是衡量制导控制系统设计优劣的重要指标,通常用脱靶量、圆概率误差或命中概论表征。如果制导控制系统的制导精度很低,便不能把制导炸弹的有效载荷(通常是战斗部)导引至目标毁伤范围内,就无法完成摧毁目标的任务。不同类型的制导炸弹对于制导精度的要求也不相同,制导精度指标论证及

设计需要综合考虑制导炸弹采用的制导体制、战斗部类型及有效毁伤半径、导引律、姿控品质、目标特性等。

5.2.3 飞行包线

飞行包线指的是根据作战使用要求制定的制导炸弹能正常完成整个攻击过程的飞行范围，其中包括升限、最大/最小射程、航时等指标要求。

飞行包线是制导控制系统设计的主要依据，原因如下：

（1）飞行范围的大小将决定制导炸弹气动参数的变化范围。如具有某种弹道包线的制导炸弹，由于飞行过程中高度和速度的变化，制导炸弹的传递系数和时间常数将可以变化几倍或者十几倍，在这么大的参数变化范围内控制系统要使制导炸弹稳定飞行，就要求控制系统具备很大的适应能力。

（2）不同的飞行弹道上，制导炸弹的可用过载差别很大，制导控制系统设计中，控制指令和补偿规律设计要使全区域内的需用过载与可用过载相适应，以提高制导精度。

（3）在飞行包线的不同点，带折叠翼的制导炸弹由于翼展的工作与否而处于收翼飞行状态和展翼飞行状态，这时制导炸弹的受力情况将会发生较大的变化，特别是在翼的伸展阶段，在展翼的过程中将对制导控制系统带来较强的干扰；对于带助推发动机的制导炸弹，情况也与此类似，在发动机点火工作阶段，制导炸弹的纵向过载将有较大变化。因此，控制系统在稳定性和补偿规律设计时应充分考虑这些问题。

（4）对于带导引头的制导炸弹，若导引头能够远距离捕获目标，有用的制导信号远小于噪声，因导引信号测量误差引起的起伏噪声将增至最大，在系统的精度设计时应作为典型点予以考虑。

（5）对于最小射程攻击，由于制导炸弹的受控时间短，在投放偏差的影响下，制导控制系统的设计要考虑如何能够将制导炸弹快速引入导引规律所要求的弹道。

（6）对于远程攻击，只采用单一制导方式可能满足不了制导精度的要求，要考虑加入末段制导。当采用复合制导形式时又会带来许多其他问题，在方案设计时要权衡两者的利弊。

（7）飞行包线较大时，同一种导引规律和控制参数可能难以满足命中精度和制导炸弹末端落角的要求，为保证期望的作战效能，制导控制系统应对弹道上不同点的控制进行适当的调整。

5.2.4 作战反应时间

制导炸弹作战反应时间指从发现目标开始至制导炸弹离开载机所需要的时间总和,包括弹上制导控制设备加电时间、初始参数装订时间、惯性器件启动时间、弹上电池激活时间、机弹电源并网时间、惯性导航系统初始对准时间等。在作战使用角度,为了提高载机作战能力和生存能力,作战反应时间越短越好。因此,对惯性器件启动时间、弹上制导控制设备加电及其准备时间都有一定的要求,自动化、快速性在当前制导控制系统设计中已提到重要的地位。

5.2.5 抗干扰性

制导炸弹的抗干扰性是一个重要的,关系制导炸弹武器系统有效性的问题。如制导炸弹采用激光半主动制导,受到干扰时某些参数测量不到或测量不准确,可以转换到纯惯性制导状态,有助于提升制导炸弹武器系统的抗干扰能力。抗干扰问题涉及背景干扰、红外干扰和电磁干扰等方面,在制导控制系统设计时需要予以考虑。

5.2.6 环境条件

环境条件包括气候环境(温度、湿度、风速、气象、盐雾、霉菌、砂尘等)和机械环境(振动、冲击、过载、噪声等)。弹上振动、冲击、过载等对制导控制组件元器件的工作影响尤为突出,特别是惯性器件的测量精度和可靠性等受振动条件影响很大,在设计时应予以考虑。

5.3 制导控制系统设计流程

制导炸弹制导控制系统的设计流程和制导炸弹武器系统研制流程基本保持一致,贯穿制导炸弹武器系统研制的全过程。制导控制系统研制在工程上按照时间进度可分为可行性论证、方案设计、工程研制和设计定型 4 个阶段。

需要注意的是,制导炸弹制导控制系统的设计是一项复杂的系统工程,涉及制导炸弹武器系统与制导控制系统,制导控制系统与其他分系统,各分系统相互之间关系很密切,因此,从制导炸弹武器系统的战术技术要求出发,进行方案论

证,提出各分系统的设计要求。从开始产品研制直至完成产品和系统的定型,在研制全生命周期内,始终要做好反馈设计工作,对各技术要求和参数反复协调、不断调整,最后使制导炸弹武器系统总体性能指标达到最佳。

5.3.1 可行性论证

依据初步的总体设计方案及总体部门提出的用途、功能及战术技术要求,开展综合分析论证,分析战术技术指标和作战要求的合理性、可行性和经济性,提出制导控制系统的总体方案设想、技术实现途径和关键技术项目,完成制导控制系统的可行性论证。其主要工作内容如下:

(1)依据初步的总体方案,提出制导控制系统总体方案,初步确定制导控制系统硬件和软件方案,初步确定弹道方案和导引律。

(2)依据初步的总体方案和弹道方案,论证选择稳定控制系统方案,包括稳定控制回路结构形式、敏感元件类型等,并充分考虑技术继承性和可用的预研成果。

(3)依据气动参数、全弹质量特性、初步弹道方案(对于带发动机助推的制导炸弹,还应考虑发动机动力特性)编写简化的弹道仿真程序,进行初步的弹道仿真,根据弹道仿真结果,对气动布局、动力特性和弹道方案进行调整。

(4)依据战术技术指标和初步弹道仿真结果,提出制导控制设备组件的技术指标要求。

(5)依据初步弹道仿真和初步制导控制设备组件技术指标,对战术技术指标的合理性、可行性、经济性进行论证,并提出方案中所涉及的关键技术、核心技术和拟解决方案及风险分析。

(6)如果所提的论证方案不满足可行性指标,或战术指标不合理,或经济性较差等,则需要对气动布局、结构方案、制导控制系统方案等进行调整。

总之,这一阶段论证的结果是要和武器系统总体方案论证相配合,明确所设计的制导控制系统能否满足武器系统的战术技术要求。

5.3.2 方案设计

完成制导控制系统方案设计,确定制导控制系统和分系统单机的功能和技术指标。进行样机研制和制导控制系统的原理性仿真试验并最后确定方案。基本解决方案性的关键技术和重大研究课题,提出制导控制系统相关分系统(如导引头系统、导航系统、舵系统、设备舱等)的研制任务书。设计工作就是使方案具体化,这一阶段的工作是在实现方案的过程中进一步完善方案,许多工作需要同时、交叉、反复进行。

(1)依据总体、气动、全弹质量特性、电气设备等参数,进行控制时序设计、制导回路方案设计和稳定控制回路方案设计。

(2)基于气动、结构(有些还有动力)等参数进行弹体动态特性分析,完成弹体可控性分析。

(3)完成稳定控制回路的参数设计,依据制导炸弹稳定控制系统方案,结合特征弹道确定每一回路结构图中的较详细的数学方程式,设计校正装置,分析回路稳定性。

(4)完成制导控制回路的设计,包括对测量噪声的滤波效果、系统的快速性和稳定性、传递系数的分配、内回路信号比例及固有频率的匹配协调,以及参数优化等。

(5)搭建控制弹道数学仿真模型。经过控制回路的设计,各环节的运动方程及参数均已大体确定。在这个阶段,弹体已经过气动吹风试验,气动参数有了初步结果,这时可以搭建详细的六自由度数学仿真模型,它能较全面地反映制导炸弹飞行过程中的真实状态,可用来研究攻击目标时的各种问题。数学仿真模型中的方程组应分块,便于将来在半实物仿真中接入实际的硬件,并且各块的输入输出量应和实物一致。

(6)精度估算和精度分配。六自由度数学仿真模型搭建后,就可以利用适当的干扰模型把各种误差源加到相应的输入口以进行蒙特卡洛仿真,初步估算精度。在不满足要求时,还要提出其他的精度分配措施以提高精度。

(7)提出制导控制设备的研制任务书及有关接口参数的协调要求。制导控制系统的任务书主要包括导引头研制任务书、弹载计算机研制任务书、稳定控制系统研制任务书、惯性测量单元研制任务书、接收机研制任务书及舵机研制任务书等。根据制导体制的不同,任务书所涉及的内容还须与制导炸弹的其他部分相互协调、作适应性调整。任务书包含的内容主要是用途、技术指标、工作原理、计算公式、使用环境条件等。

5.3.3 工程研制

工程研制分两个阶段(初样设计阶段和试样研制阶段)对制导控制系统设计方案作试验验证,协调技术参数,完善设计方案,解决全部技术问题。初样研制包括初样设计、初样试制以及各类协调性试验和可靠性试验。试样研制包括试样设计、试样试制和各类验收性试验,确定制导控制系统设计定型(含试验)的技

术状态。

1. 初样设计阶段

制导控制和稳定控制回路设计过程中,由于制导炸弹气动系数逐步接近真实值,回路设计也需要反复进行修改和完善。最早一轮设计所用的气动系数是根据制导炸弹外形,由空气动力学理论推导和仿真软件计算得到的,而第二轮设计可以用制导炸弹缩比模型的气动吹风试验数据进行。新设计的制导炸弹,为了验证制导炸弹的气动外形,有时需要投放模型弹。控制系统的第三轮设计就是在新的气动数据基础上进行新一轮设计,并提出有关分系统的研制任务书。分系统研制出模型机后,要做半实物仿真以检验整个系统和分系统的性能指标,以及分系统之间的协调性。

2. 试样设计阶段

独立回路弹试验成功表示制导炸弹稳定控制系统性能已满足指标要求,但稳定回路与制导控制回路工作的协调性尚需进一步检验,因此要把独立回路弹试验中所用的稳定回路参数加入制导控制回路进行仿真、分析。如果系统性能不理想或某些指标不符合要求,则系统将要作相应的修改。在此基础上,将真实的制导控制设备接入控制回路做半实物仿真试验,以检验产品和整个系统的功能,满足设计要求才能进行闭合回路弹试验。

闭合回路弹飞行试验是整个制导控制系统参加的试验。其目的是检验制导控制系统的性能及其技术指标,通过试验结果来进行分析与评价。若不满足要求,则对系统作相应的改进。

闭合回路的试验次数视制导控制回路设计的成熟性而定。如果所设计的系统不能一次满足总体技术需求,则往往要进行若干次试验,直到得到满意的精度为止。当然,最终的技术状态还要经过全武器系统的定型试验来检验。这就是说,制导控制系统要在整个过程中不断地设计计算、分析、仿真、试验验证、修改完善直至完成定型试验,设计工作才算结束。

5.3.4 设计定型

全面考核制导控制系统的战术技术性能,完善设计,固化技术状态,研制出满足型号研制任务书要求的制导控制系统,完成制导控制系统设计。设计定型的任务是对制导控制系统研制全过程进行审查、鉴定和验收,以满足批生产装备部队的要求。

|5.4 导引律设计|

5.4.1 导引律设计要求

制导炸弹的导引律是描述制导炸弹在向目标接近的整个过程中所应遵循的运动规律,它规定了制导炸弹运动参数和目标参数之间的关系,并决定了制导炸弹的弹道特性及其相应的参数。制导炸弹按照不同的导引律制导,飞行的弹道特性和运动参数是不同的。制导炸弹弹道参数是制导炸弹气动外形、制导系统、稳定控制系统和引战系统设计以及确定制导炸弹载荷设计情况等的重要依据。因此,在制导炸弹总体设计中导引律设计占有重要地位。

在选择导引律时,需要从制导炸弹的飞行性能、作战包线、技术实施、制导精度、制导设备、战斗使用等方面进行综合考虑。

(1)理论弹道包线应该覆盖目标区域,并满足制导精度要求。

(2)弹道横向需用过载变化应平滑,各时刻的值应该满足设计的要求,特别是在命中点附近,横向需用过载应趋于零值,以获得较高的制导精度。如果所设计的导引律达不到这一指标,至少应考虑制导炸弹的可用过载和需用过载之差具有足够的余量,且应满足以下条件:

$$n_P = n_R + \Delta n_1 + \Delta n_2 + \Delta n_3 \tag{5-1}$$

式中:n_P 为制导炸弹的可用法向过载;n_R 为制导炸弹的需用法向过载;Δn_1 为制导炸弹为消除随机干扰所需要的法向过载余量;Δn_2 为制导炸弹为消除系统误差及非随机干扰等因素所需要的法向过载余量;Δn_3 为制导炸弹为补偿弹体纵向加速度所需的过载余量。

(3)应保证目标机动对制导炸弹弹道(特别是末段弹道)的影响最小,以提高制导精度。

(4)抗干扰能力强,以适应目标施放干扰的情况下具有对目标顺利实施攻击的可能性。

(5)导引律所需要的参数能够用测量方法得到,需要测量的参数应尽可能少,以便保证技术上容易实现,系统结构应做到简单、可靠。

5.4.2　制导炸弹常用的导引律

导引律设计是制导炸弹总体设计的重要内容,深入研究导引律对新型制导炸弹的设计具有重要意义。经典导引律需要的信息量少,结构简单,容易实现,现役的制导炸弹大多数还是使用经典导引律或其改进形式。因此,本书主要介绍经典导引律或其改进形式在工程上的应用。

制导炸弹的一般运动由其质心的运动和绕其质心的转动所组成。由于制导系统研究的主要是弹体质心的运动规律,因此为了简捷地得到制导炸弹飞行弹道,可将制导炸弹当作一个可操纵质点,这种假设不影响对于制导规律的研究结果。相对运动方程是指描述制导炸弹、目标及制导站之间相对运动关系的方程。建立相对运动方程是导引弹道运动学分析法的基础。对导引弹道的研究是以经典力学定律为基础的,常采用极坐标(r,q)系统来表示炸弹和目标的相对位置。在制导系统初步设计阶段,为了简化研究,通常采用运动学分析法,并作以下假设:

(1)制导炸弹、目标和制导站的运动视为质点运动,即制导炸弹绕弹体轴的转动是无惯性的。

(2)制导控制系统的工作是理想的。

(3)制导炸弹速度是时间的已知函数。

(4)目标和制导站的运动规律是已知的。

(5)略去炸弹制导飞行过程中的随机干扰作用对法向力的影响。

为了简化研究,假设制导炸弹、目标和制导站始终处于同一平面内运动,该平面通常被称为攻击平面。攻击平面可能是铅垂面,也可能是水平面或倾斜平面。

制导炸弹导引律根据有无制导站参与可分为遥控制导和自动寻的制导。

(1)遥控制导。遥控制导炸弹受到制导站的照射与控制,因此遥控制导炸弹的运动特性不仅与目标的运动状态有关,同时也与制导站的运动状态有关。其中制导站可能是固定的,也可能是活动的,因此在建立遥控制导的相对运动方程时还要考虑制导站的运动状态。通常为简化问题,可将制导站看作质点运动且运动的轨迹完全已知;同时认为制导炸弹、制导站和目标的运动始终在同一平面内或者可以分解到同一平面内。

假设某一时刻,目标位于T点,制导炸弹位于M点,制导站处于C点,三者的相对运动关系如图5-2所示。

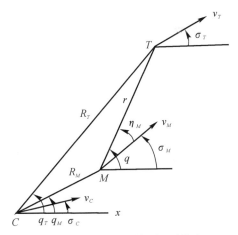

图 5-2 遥控制导的相对运动关系

图 5-2 中，R_T、R_M 分别为目标、制导炸弹距制导站的相对距离，q_T、q_M 分别为制导站-目标和制导站-制导炸弹连线与基准线之间的夹角，σ_C 为制导炸弹速度与基准线之间的夹角。其相对运动方程为

$$
\left.
\begin{aligned}
\frac{\mathrm{d}R_M}{\mathrm{d}t} &= v_M \cos(q_M - \sigma_M) - v_C \cos(q_M - \sigma_C) \\
R_M \frac{\mathrm{d}q_M}{\mathrm{d}t} &= -v_M \sin(q_T - \sigma_T) + v_C \sin(q_T - \sigma_C) \\
\frac{\mathrm{d}R_T}{\mathrm{d}t} &= v_T \cos(q_T - \sigma_T) - v_C \cos(q_T - \sigma_C) \\
R_T \frac{\mathrm{d}q_T}{\mathrm{d}t} &= -v_T \sin(q_T - \sigma_T) + v_C \sin(q_T - \sigma_C) \\
\varepsilon_1 &= 0
\end{aligned}
\right\}
\tag{5-2}
$$

式中：v_M 为制导炸弹的速度；v_C 为制导站的速度；v_T 为目标的速度；ε_1 为描述导引律的制导关系方程。

在遥控制导中常见的导引方法：

a. 三点法：$q_M = q_T$，即 $\varepsilon_1 = q_M - q_T = 0$。

b. 前置量法：$q_M - q_T = C_q(R_T - R_M)$，即 $\varepsilon_1 = q_M - q_T - C_q(R_T - R_M) = 0$。

（2）自动寻的制导。自动寻的炸弹具有可以自行完成探测目标和形成制导指令的功能，因此自动寻的制导的相对运动方程实际上就是描述制导炸弹与目标之间相对运动关系的方程。如图 5-3 所示，假设某一时刻，目标位于 T 点，制导炸弹位于 M 点［连线 MT 称为目标瞄准线（简称"弹目视线"）］，选取参考基准线 MX 作为角度参考零位，通常可以选取水平线、惯性基准线或发射坐标系的一

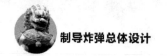

个轴等作为参考基准线。

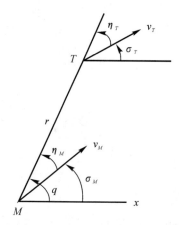

图 5-3   自动寻的制导的相对运动关系

图 5-3 中,r 为制导炸弹与目标的相对距离,q 为目标方位角,σ_M、σ_T 分别为制导炸弹弹道角和目标航向角,η_M、η_T 分别为制导炸弹、目标速度矢量前置角,v_M、v_T 分别为制导炸弹、目标的速度。通常为了研究方便,将制导炸弹和目标的运动分解到弹目视线和其法线两个方向,因此其相对运动方程可以写为

$$\left.\begin{array}{l} \dfrac{\mathrm{d}r}{\mathrm{d}t} = v_T\cos\eta_T - v_M\cos\eta_M \\[2mm] r\dfrac{\mathrm{d}q}{\mathrm{d}t} = v_M\sin\eta_M - v_T\sin\eta_T \\[2mm] q = \sigma_M + \eta_M \\[2mm] q = \sigma_T + \eta_T \\[2mm] \varepsilon_1 = 0 \end{array}\right\} \tag{5-3}$$

式中:$\varepsilon_1 = 0$ 为描述导引律的制导关系方程。

根据制导关系方程的形式不同,自动寻的制导中常见的方法有:

a. 追踪法:$\eta_M = 0$,即 $\varepsilon_1 = \eta_M = 0$。

b. 平行接近法:$q = q_0 =$ 常数,即 $\varepsilon_1 = \mathrm{d}q/\mathrm{d}t = 0$。

c. 比例导引法:$\dot{\sigma}_M = K\dot{q}$,即 $\varepsilon_1 = \dot{\sigma}_M - K\dot{q} = 0$,其中 K 为比例系数。

1. 三点法

三点法导引是指炸弹在攻击目标的制导过程中,始终位于目标和制导站的连线上,常用于远程遥控制导。如果观察者从制导站上观察目标,则目标和炸弹的影像相互重合,故三点法又称为目标覆盖法或重合法。制导站(在 O 点)、炸弹(在 M 点)和目标(在 T 点)三者的位置关系如图 5-4 所示。

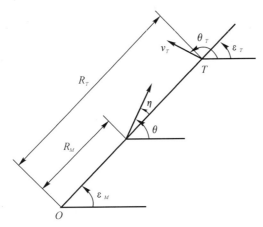

图5-4 三点法制导的相对运动关系

由于制导站与炸弹的连线 OM 和制导站与目标的连线 OT 重合在一起,所以三点法的导引关系方程为

$$\varepsilon_M = \varepsilon_T \qquad\qquad (5-4)$$

三点法导引法在技术上实施简单,特别是在采用有线指令制导的条件下抗干扰性能强,因此常常被用于攻击低速运动目标、高空俯冲目标和具有强烈干扰不能获得距离信息的目标。常见使用三点法制导的有反坦克导弹和防空导弹等。但三点法也存在着明显的缺点:首先是弹道弯曲,越接近目标弯曲程度越大,因此受到可用过载的限制;其次是制导系统的动态误差难以弥补,特别是当目标机动性很高时,由于跟踪系统的延迟会引起过大的制导误差;最后是三点法导引律在攻击近距离目标和在超低空掠地飞行时,容易出现可用过载不足和撞地的危险。

2. 前置量法

三点法导引律的主要缺点是理论弹道的曲率大,目标角速度 $\dot{\varepsilon}_M$ 较大时,要求制导炸弹有较大的法向过载,否则制导炸弹就不能沿理论弹道飞行,最后很难命中目标。为了克服这一缺点,要求理论弹道比较平直一些,因而引入前置角来改进这种导引方法,以减少制导炸弹飞行过程中的过载。

如图5-5所示,假设在制导炸弹投放瞬间目标在 T 点,如果目标从 T 点运动到 M_Z 点的时间与制导炸弹飞行到 M_Z 点的时间相同,则在制导炸弹投放时,让制导炸弹向着 M_Z 点的方向飞行,当目标飞到 M_Z 点时,制导炸弹也正好飞到 M_Z 点,这是很理想的导引方案。可以看出,制导炸弹速度向量不是指向目标,而是提前一个角度 η,指向 M_Z 点。这样一来,制导站、制导炸弹和目标三者不在一条直线上。在发射瞬间,制导站与制导炸弹的连线应比制导站与目标的连线提前

一个角度 η，这个角就称为前置角。如果能预先准确地知道相遇点 M_Z 的位置，制导炸弹就可以按直线弹道飞向 M_Z 点。实际上不可能准确地预测相遇点 M_Z 的位置，因此制导炸弹飞行路线不可能是一条直线，只能接近于一条直线，但这样可以使末端弹道尽量平直，这就是前置量导引律的优点。

使用前置量法导引的关键在于如何确定前置角 η 的大小。如图 5-6 所示，从制导站位置点来看，目标线以角速度旋转，制导站与制导炸弹连线保持不动。因此，前置角是一变量，随着目标的运动而不断变化。假定在 t 时刻，目标在 T 位置，制导炸弹在 M 位置。R_M 为制导站至制导炸弹的距离，R_T 为制导站至目标的距离。从制导站来看，制导炸弹至相遇点的距离可以近似写成

$$MM_Z \approx R_M - R_T \approx \Delta R \qquad (5-5)$$

式中：ΔR 为弹目相对距离。

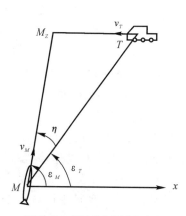

图 5-5　前置量法导引示意图

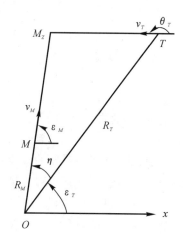

图 5-6　前置量法导引相对运动关系

R_M、R_T 可以通过制导站测量得到，因此 ΔR 是可以知道的。对 ΔR 进行微分可得制导炸弹与目标的接近速度 $\Delta \dot{R}$。利用 ΔR 和 $\Delta \dot{R}$，可以估算出制导炸弹从 M 到相遇点 M_Z 所需的飞行时间：

$$\Delta t \approx \frac{\Delta R}{\Delta \dot{R}} \qquad (5-6)$$

前置角 $\eta(t)$ 是在 Δt 时间内，目标线从 OT 位置转到 OM_Z 位置所转过的角度。目标线的旋转角速度 $\dot{\varepsilon}_T$ 可由制导站给出。在 Δt 时间内假定 $\dot{\varepsilon}_T$ 的变化很小，因此目标线转过的角度 $\eta(t)$ 可近似地用下式来表示：

$$\eta(t) = \dot{\varepsilon}_T \Delta t = \dot{\varepsilon}_T \frac{\Delta R}{\Delta \dot{R}} \qquad (5-7)$$

$\eta(t)$ 即为前置角的粗略计算值。从式(5-7)可以看出，在制导炸弹投放瞬间，有 $\Delta R = R_T - R_M = R_T - 0 = R_T$，此时前置角最大；当制导炸弹接近目标时，$\Delta R = 0$，故 $\eta(t)$ 为零。因此，制导炸弹在投放时前置角最大，飞行过程中逐渐减小；当制导炸弹击中目标时前置角为零。由于在制导炸弹投放时前置角比较大，因此要求制导站雷达的扫描范围较大。为减少雷达扫描范围，一般不采用前置角法，而采用半前置角法。

半前置角法，就是把前置角 η^* 取前置角 η 的一半，即

$$\eta^* = \frac{1}{2}\eta = \frac{\Delta R}{2\Delta \dot{R}}\dot{\varepsilon}_T \tag{5-8}$$

在半前置角法中，不包含影响炸弹命中点法向过载的目标机动参数 $\dot{\theta}_T$、$\dot{v}_T$，这就减小了动态误差，提高了导引准确度。所以从理论上来说，半前置角法是一种比较好的导引律。但是要实现这种导引律，就必须不断地测量炸弹和目标的位置矢径 R、R_T，高低角 ε、ε_T，及其导数 $\dot{R}$、$\dot{R}_T$、$\dot{\varepsilon}_T$ 等参数，以便不断形成制导指令信号。这就使得制导系统的结构比较复杂，技术实施比较困难。在目标发出积极干扰、造成假象的情况下，炸弹的抗干扰性能差，甚至可能造成很大的起伏误差。

3. 追踪法

所谓追踪法，是指炸弹在攻击目标的导引过程中，炸弹的速度矢量始终指向目标的一种导引律。这种方法要求炸弹速度矢量的前置角 η 始终等于零，如图5-7所示。因此，追踪法导引关系方程为

$$\varepsilon = \eta = 0 \tag{5-9}$$

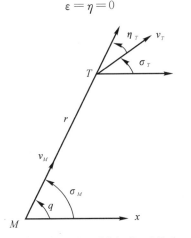

图 5-7　追踪法导引的相对运动关系

为了简化研究，通常假定：目标作坐等速直线运动，炸弹作等速运动。并取

基准线 $\overline{Mx}$ 平行于目标的运动轨迹，这时，$\sigma_T = 0$，$q = \eta_T$，则运动关系方程可写为

$$\left.\begin{array}{l} \dfrac{\mathrm{d}r}{\mathrm{d}t} = v_T \cos q - v_M \\[2mm] r\dfrac{\mathrm{d}q}{\mathrm{d}t} = -v_T \sin q \end{array}\right\} \qquad (5-10)$$

令速度比为 $p = v_M/v_T$，(r_0, q_0) 为开始导引瞬时炸弹相对目标的位置，则制导炸弹的法向过载为

$$n = \frac{4 v_M v_T}{g r_0} \left| \frac{\tan^p \dfrac{q_0}{2}}{\sin q_0} \cos^{(p+2)} \frac{q}{2} \sin^{(2-p)} \frac{q}{2} \right| \qquad (5-11)$$

由式(5-10)中的第 2 式可以看出：q 和 $\dot{q}$ 的符号总是相反的，这表明在整个导引过程中 $|q|$ 是不断减小的，即制导炸弹总是绕到目标的正后方去攻击目标。因此制导炸弹命中目标时，$q \to 0$。由式(5-11)可以看出：

(1) 当 $p > 2$ 时，$\lim\limits_{q \to 0} n = \infty$；

(2) 当 $p = 2$ 时，$\lim\limits_{q \to 0} n = \dfrac{4 v_M v_T}{g R_0} \left| \dfrac{\tan^p \dfrac{q_0}{2}}{\sin q_0} \right|$；

(3) 当 $p < 2$ 时，$\lim\limits_{q \to 0} n = 0$。

由此可见：对于追踪法导引，考虑到命中点的法向过载，只有当速度比满足 $1 < p \leqslant 2$ 时，制导炸弹才有可能直接命中目标。

追踪法是最早提出的一种导引律，技术上实现追踪法导引是比较简单的，因此在早期的导弹和一些低成本制导炸弹上得到了广泛的应用。如图 5-8 所示，美国"宝石路"半主动激光制导炸弹就是一个很典型的利用追踪法实现导引的例子，其弹体头部安装了一个风标，导引头与风标处于联动状态，即导引头光轴与风标轴线始终重合。在制导炸弹飞行过程中由于风标轴线始终指向气流来流方向（即空速方向），在风速不大的情况下，可以近似认为导引头的光轴始终指向制导炸弹的速度方向。那么只要目标的影像偏离了导引头光轴，也就认为制导炸弹速度方向没有对准目标，此时制导系统就会形成控制指令将制导炸弹速度方向重新指向目标。

图 5-9 是"宝石路"半主动激光制导炸弹的原理框图。在设计过程中，首先要建立风标气动环节，实现导引头轴线跟踪弹体空速方向变化，只要设计合理和加工精度足够高是能够满足制导要求的，但是会存在误差。在攻击地面目标时，如果风速过大，就会产生原理误差。风标气动环节的输入角是弹道倾角 θ_c 以及风速等影响引入的附加角，风标输出为其轴向角 θ'_c，半主动激光导引头测量的就是轴向角与目标视线角的偏差量。

图 5 – 8 "宝石路"半主动激光制导炸弹头部的风标

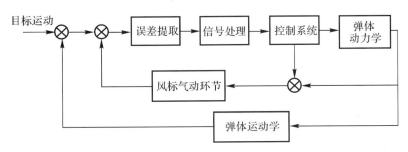

图 5 – 9 "宝石路"半主动激光制导炸弹原理框图

追踪法导引在技术实施方面比较简单,部分空地炸弹、激光制导炸弹采用了这种导引律,但这种导引律的弹道特性存在着严重的缺点。因为炸弹的绝对速度始终指向目标,相对速度总是落后于目标线,所以不管从哪个方向发射,炸弹总是要绕到目标的后面去命中目标,这样导致炸弹的弹道较弯曲(特别在命中点附近),需用法向过载较大,要求炸弹要有很高的机动性。因此,很难将这种制导方式用于攻击运动速度快的目标,一般用于攻击固定目标或慢速运动目标。由于可用法向过载的限制,炸弹不能实现全向攻击。同时,考虑到追踪法导引命中点的法向过载,速度比受到严格的限制($1 < p \leqslant 2$)。由于上述缺点,追踪法目前应用很少。

4. 平行接近法

平行接近法是指在整个导引过程中,目标瞄准线在空间保持平行移动的一种导引方法,其导引方程为

$$\varepsilon_1 = \frac{\mathrm{d}q}{\mathrm{d}t} = 0 \qquad\qquad (5-12)$$

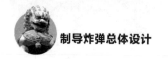

或

$$\varepsilon_1 = q - q_0 = 0 \tag{5-13}$$

式中：q_0 为开始平行接近法导引瞬间的目标视线角。

实现平行接近法的运动关系式为

$$r \frac{\mathrm{d}q}{\mathrm{d}t} = v\sin\eta - v_T\sin\eta_T = 0 \tag{5-14}$$

即

$$\sin\eta = \frac{v_T}{v}\sin\eta_T = \frac{1}{p}\sin\eta_T \tag{5-15}$$

由式（5-14）可以看出：不管目标作何种机动飞行，炸弹速度向量 v 和目标速度向量 v_T 在垂直于目标线方向上的分量相等。因此，炸弹的相对速度 v_r 正好在目标线上，它的方向始终指向目标，如图 5-10 所示。

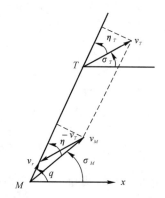

图 5-10　平行接近法相对运动关系

可以证明，无论目标作何种机动飞行，采用平行接近法导引时，炸弹的需用法向过载总是小于目标的法向过载，即炸弹弹道的弯曲程度比目标航迹的弯曲程度小。因此，炸弹的机动性就可以小于目标的机动性。

但是，到目前为止，平行接近法并未得到广泛应用。其主要原因是，这种导引律对制导系统提出了严格的要求，使制导系统复杂化。它要求制导系统在每一瞬时都要精确地测量目标及炸弹的速度和前置角，并严格保持平行弹道接近法的导引关系。而实际上，由于发射偏差或干扰的存在，不可能绝对保证炸弹的相对速度 v_r 始终指向目标。因此，平行接近法对制导系统提出了很苛刻的要求，工程上很难实现。

5. 比例导引法

比例导引法是指炸弹飞行过程中速度向量 v 的转动角速度与目标线的转动角速度成比例的一种导引律，如图 5-11 所示。其导引关系式为

$$\varepsilon_1 = \frac{\mathrm{d}\sigma}{\mathrm{d}t} - K\frac{\mathrm{d}q}{\mathrm{d}t} = 0 \qquad (5-16)$$

式中：K 为比例系数，又称为导航比。

实际上，追踪法和平行接近法是比例导引的两种特殊情况：当 $K=0$ 且 $\eta_M=0$ 时，就是追踪法导引；当 $K \rightarrow \infty$ 时，则 $\frac{\mathrm{d}q}{\mathrm{d}t} \rightarrow 0$，成为平行接近法导引。因此比例导引是介于追踪法导引和平行接近法导引两种方法之间的另一种导引方法，其弹道特性也介于两者之间。因此，比例系数 K 的大小直接影响弹道特性，影响制导炸弹能否直接命中目标。选择合适的 K 值除考虑这两个因素外，还需考虑结构强度所允许的承受过载的能力，以及制导系统能否稳定地工作等因素。

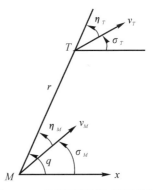

图 5-11　比例导引法相对运动关系

为了简化研究，通常假设目标作匀速直线机动，制导炸弹在飞行过程中速度保持不变。可以推导出比例导引的法向过载为

$$n \propto \frac{\dot{v}_M\sin\eta_M - \dot{v}_T\sin\eta_T + v_T\dot{\sigma}_T\cos\eta_T}{Kv_M\cos\eta_M + 2\dot{r}} \qquad (5-17)$$

为了使制导炸弹在接近目标的过程中视线角速度收敛，K 的选择有下限约束，即

$$K > \frac{2|\dot{r}|}{v_M\cos\eta_M} \qquad (5-18)$$

由于比例系数 K 的上限与制导炸弹的法向过载成正比，因此 K 的上限值受到制导炸弹可用过载的限制。

比例导引律的优点：在满足 K 的下限约束条件下，$|\dot{q}|$ 逐渐减小，弹道前段较弯曲，能充分利用制导的机动能力；弹道后段较为平直，使制导炸弹具有较充裕的机动能力；只要 K、q_0、η_0、p_0 等参数组合适当，就可以使全弹道上的需用过载均小于可用过载，从而实现全向攻击。因此比例导引律得到了广泛的应用。

比例导引规律的缺点：命中目标时的需用法向过载与命中点的制导炸弹速度和制导炸弹的攻击方向有直接关系。

（1）广义比例导引律。为了消除前述比例导引规律的缺点，以改善比例导引特性，可采用需用法向过载与目标线旋转角速度成比例的导引律，即广义比例导引律：

$$n = K_1\frac{\mathrm{d}q}{\mathrm{d}t} \qquad (5-19)$$

式中：K_1 为比例系数。

如果考虑相对运动速度的影响，则

$$n = K_2 \left| \frac{\mathrm{d}r}{\mathrm{d}t} \right| \frac{\mathrm{d}q}{\mathrm{d}t} = K_2 |\dot{r}| \dot{q} \qquad (5-20)$$

式中：K_2 为比例系数。

（2）修正比例导引律。由于比例导引律的弹道需用过载受到制导炸弹切向加速度、目标切向加速度、目标机动以及重力等的影响，因此现在许多自寻的制导炸弹都采用修正比例导引律。修正比例导引律的设计思想是：对引起目标线转动的几个因素进行补偿，使得由它们产生的弹道需用法向过载在命中点附近尽量小。例如在铅垂平面内，考虑对炸弹切向加速度和重力作用进行补偿的情况，由此建立的导引关系方程如下：

$$n = K_2 |\dot{r}| \dot{q} + \frac{N\dot{v}_M}{2g} \tan(\sigma_M - q) + \frac{N}{2} \cos\sigma_M \qquad (5-21)$$

式中：N 为有效导航比，通常取为 $3 \sim 5$ 之间；σ_M 和 q 分别为制导炸弹的弹道倾角和弹目视线角；等号右边第二项为制导炸弹切向加速度补偿项；等号右边第三项为重力补偿项。

5.4.3　比例导引律的工程实现方法

在工程应用中，由于 $\dot{\sigma}_M$ 很难直接测量，因此通常使用过载形式来表达其比例导引规律。另外，为了消除弹目相对速度变化对有效导航比的影响，通常在比例导引规律中引入弹目相对速度，工程应用中的比例导引律可表示为

$$n = K_2 |\dot{r}| \dot{q} \qquad (5-22)$$

上述比例导引律为制导炸弹和目标相对运动关系在空间中的极坐标表达形式或者某一个制导平面的表达形式，其实际实现与制导炸弹的气动布局与制导控制方式有关。对于制导炸弹常用的正常式气动布局、STT（测滑转弯）三通道控制方案而言，通常将其在空间中的制导律分解到水平面和纵向平面两个执行坐标平面进行研究，其比例导引律表达式为

$$\left. \begin{array}{l} n_y = K_{ny} |\dot{r}_y| \dot{q}_y \\ n_z = K_{nz} |\dot{r}_z| \dot{q}_z \end{array} \right\} \qquad (5-23)$$

式中：n_y、n_z 为需用过载在执行坐标系平面对应控制通道的分量；K_{ny}、K_{nz} 为比例导引系数；$|\dot{r}_y|$、$|\dot{r}_z|$ 为弹目相对速度在执行坐标系平面对应控制通道的分量；$\dot{q}_y$、$\dot{q}_z$ 为视线转动角速度在执行坐标系平面对应控制通道的分量。

从式（5-22）可以看出，实现比例导引必需的基本信息是视线角速度 $\dot{q}$ 信

息,为了消除弹目相对速度的变化对有效导航比的影响,通常在比例导引律中引入弹目相对速度 $|\dot{r}|$。下面分别介绍视线角速度信息和弹目相对角速度信息的工程实现方法。

1. 视线角速度信号的工程实现方法

提取视线角速度 $\dot{q}$ 信息,通常是依靠自寻的导引头来实现;对于没有带导引头的低成本卫星制导炸弹,通常只能攻击固定目标,其只能依靠制导炸弹导航信息与目标位置信息,根据两者的相对位置关系计算出视线角速度,有些文献中称这种提取视线角速度信息的方式为"虚拟导引头"。为了测量视线角速度,根据制导体制和系统需求,框架式导引头采用了不同形式的角跟踪回路方案,使导引头既能自动跟踪目标,输出与视线角速度成比例的信号,又不敏感制导炸弹的弹体扰动。而对于装配捷联式导引头的制导炸弹而言,由于其输出为弹目视线的视线角,常常需要结合惯导信息,采用数学方法提取出视线角速度信息,在此基础上再应用比例导引律。

采用比例导引律的制导炸弹的制导控制回路如图 5-12 所示。它基本上由导引头回路、控制指令形成装置、自动驾驶仪回路三部分组成,加上制导炸弹及目标运动环节使回路得到闭合。导引头连续跟踪目标,光轴对准目标,产生与目标线旋转角速度 $\dot{q}$ 成正比的控制信号。图 5-13 为导引头框图,目标位标器是用来测量目标视线角 q 与目标位标器光轴视线角 q_1 之间的差值 Δq,力矩电动机是为进动陀螺提供进动力矩 M 的装置。以制导炸弹在纵向平面内的导引为例,假定目标位标器、放大器、力矩电动机、进动陀螺等环节是理想环节,忽略其惯性。各个环节的输入量和输出量之间的关系为

$$
\left.
\begin{aligned}
&u = k_{\varepsilon}(q - q_1) - k_{\varepsilon}\Delta q \\
&M = k_M u \\
&\frac{\mathrm{d}q_1}{\mathrm{d}t} = k_H M
\end{aligned}
\right\}
\tag{5-24}
$$

式中:k_{ε} 为放大器的放大系数;k_M 为力矩电动机的比例系数;k_H 为进动陀螺的比例系数。

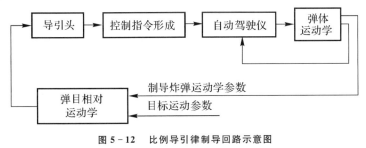

图 5-12 比例导引律制导回路示意图

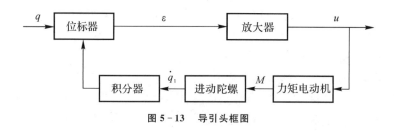

图 5 - 13　导引头框图

根据式(5-24),可得

$$\frac{\mathrm{d}u}{\mathrm{d}t}=k_\varepsilon\frac{\mathrm{d}\Delta q}{\mathrm{d}t}=k_\varepsilon\left(\frac{\mathrm{d}q}{\mathrm{d}t}-\frac{\mathrm{d}q_1}{\mathrm{d}t}\right)=k_\varepsilon\left(\frac{\mathrm{d}q}{\mathrm{d}t}-k_H k_M u\right) \tag{5-25}$$

当 u 达到稳态值 $\dfrac{\mathrm{d}u}{\mathrm{d}t}=0$ 时, $u=\dfrac{1}{k_H k_M}\cdot\dfrac{\mathrm{d}q}{\mathrm{d}t}$ 。由此可知,导引头的输出信号 u 与弹目视线的旋转角速度 $\dot q$ 成正比。

　　2.弹目相对速度的工程实现方法

　　制导炸弹采用的光学导引头一般没有直接测距/测速功能,一般是利用组合导航系统计算出制导炸弹的飞行速度,再根据投放时刻机载火控系统提供的目标位置或速度信息,列出相对运动方程估算出弹目相对速度。对于雷达寻的型导引头,其可利用多普勒效应,直接根据导引头输出的多普勒频率信息计算出弹目相对运动速度。如果武器系统能够实时将目标运动信息传送给制导炸弹,则根据相对运动方程可精确计算出弹目相对运动速度。

|5.5　稳定控制系统设计|

5.5.1　稳定控制系统设计要求

　　由自动驾驶仪和作为控制对象的制导炸弹弹体动力学环节所组成的闭合回路,称为稳定控制回路或者稳定控制系统,它是制导控制回路中的一个重要组成环节。其中,自动驾驶仪是指制导炸弹上稳定和控制姿态角运动并实现制导指令的装置,但有些资料中也把上述的稳定控制系统称为自动驾驶仪,在此不作严格区分。

　　稳定控制系统的主要功能是稳定制导炸弹角运动,并根据制导控制指令准确、快速地控制制导炸弹按预定的导引弹道飞向目标。其主要功能如下:

（1）改善弹体等效阻尼。

（2）保持制导控制稳定性。

（3）加快弹体响应频率。

（4）提高抗干扰能力。

（5）精确、鲁棒地跟踪输入指令。

为了满足上述功能，一般对稳定控制系统提出如下要求：

（1）系统应在飞行包线内具有一定的稳定裕度。通常要求幅值裕度不小于 6 dB，相位裕度不小于 30°。保证在制导炸弹参数变化 50% 的范围内，系统仍是稳定的。

（2）系统具有良好的动态特性。一般要求相对阻尼系数在 0.4～0.8 之间，通常在线性工作范围内，要求半振荡次数不多于 4 次；系统上升时间应小于设计要求值，稳定回路通频带约比制导回路高 1 个数量级。

（3）系统传递系数应满足高低空变化尽可能小的要求。一般要求在所有飞行条件下，稳定回路闭环传递系数及动态特征变化不应超过 ±20%。

（4）在最大控制指令和最大外干扰同时作用时，应保证炸弹姿态角速度小于要求值，过载超调量小。

（5）应有过载限制装置，以确保弹体的结构安全。

（6）应对弹体弹性振动进行有效抑制。

5.5.2　稳定控制回路设计

1.气动布局与控制方式选择

炸弹气动布局及外形直接决定了弹体的气动特性和弹体特性，从而决定了控制方式的选择。同时，制导炸弹气动布局与机动性、稳定性和操纵性直接相关，显著地影响着制导炸弹控制系统的分析与设计。根据作战任务与实际需要，制导炸弹气动布局分为轴对称和面对称两大类。

（1）轴对称气动布局。轴对称气动布局制导炸弹的弹翼是沿纵向对称平面和横向对称面对称布置的，因此在纵向和侧向气动特性上呈现完全对称的特性，一般采用侧滑转弯（STT）控制方式，可简化控制系统的设计，如图 5-14 所示。根据弹翼与升力面的关系，分为"+"字形布局和"×"字形布局两种。考虑到制导炸弹在挂架上的安装和舵效等因素，"×"字形布局的制导炸弹应用更为广泛一些，其气动布局的主要特点为：各个方向均能产生最大的机动过载；升力的大小和作用点与制导炸弹绕纵轴的旋转无关；在任何方向产生升力都具有快速响应的特性，大大简化了制导控制系统的设计；在大攻角情况下，将引起大的滚动

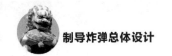
干扰,要求滚转通道控制系统快速性好。

图 5-14　轴对称气动布局的制导炸弹

(2)面对称气动布局。面对称气动布局制导炸弹的弹翼是沿纵向对称平面对称布置的,所以在纵向、侧向气动特性上存在较大差异,其中纵向面的升力为主升力,这种制导炸弹机动时需要采用倾斜转弯(BTT)控制方式。这种气动外形的主要特点为:迎面阻力小、纵向升力大,因此升阻比较大;制导炸弹纵向稳定性较好;侧向与滚转通道耦合严重,一般需要控制侧向机动,尽量减少侧滑角;由于机动时需要协调滚转对准机动平面,因此响应较慢。这种气动布局一般在射程较远的制导炸弹上应用较为广泛,如防区外投放的机载布撒器、"小直径"制导炸弹等。图 5-15 所示即为面对称气动布局的制导炸弹。

图 5-15　面对称气动布局的制导炸弹

2.弹体小扰动线性化数学模型

采用制导炸弹动力学全参量方程来设计控制回路参数是不方便的,通常只是在最后确定自动驾驶仪参数和评定制导控制系统性能时才使用它。为使设计工作简单可靠,采用简化方程一般基于以下原则:

(1)固化系数原则,即弹道上某一时刻 t 的飞行速度、飞行高度、质量、转动惯量均不变。

(2)制导炸弹采用轴对称布局形式。

(3)炸弹在受到控制或干扰作用时,参数变化不大,且使用攻角较小。

(4)控制系统保证实现滚转角稳定,并具有足够的快速性。

采用上述简化条件后,就可以得到无耦合的、常系数的制导炸弹刚体动力学简化数学模型。

制导炸弹空间运动通常由一组非线性微分方程组来描述,非线性问题往往是用一个近似的线性系统来代替的,在分析制导炸弹的动态特性时,经常采用的是基于泰勒级数的线性化方法。据此对制导炸弹刚体运动进行线性化处理,可获得制导炸弹线性化小扰动数学模型。在稳定控制系统设计时,一般采用短周期运动方程组进行特性分析及设计。下面分俯仰、偏航和滚转 3 个通道进行说明。

(1)俯仰通道小扰动方程。俯仰运动小扰动线性化模型为

$$\left.\begin{aligned}
&\ddot{\vartheta} + a_{22}\dot{\vartheta} + a_{24}\alpha + a'_{24}\dot{\alpha} - a_{25}\delta_z = 0 \\
&\dot{\theta} - a_{34}\alpha - a_{35}\delta_z = 0 \\
&\vartheta = \theta + \alpha
\end{aligned}\right\} \tag{5-26}$$

式中:ϑ 为俯仰角;$\dot{\vartheta}$ 为俯仰角速度;$\ddot{\vartheta}$ 为俯仰角加速度;θ 为弹道倾角;α 为攻角;δ_z 为俯仰通道舵偏角;a_{22} 为俯仰方向阻尼动力系数;a_{24} 为俯仰方向恢复动力系数;a'_{24} 为下洗延迟动力系数;a_{34} 为法向动力系数;a_{35} 为舵面动力系数。

由式(5 - 26)推导可得

$$\frac{\dot{\vartheta}(s)}{\delta(s)} = \frac{-(a_{25} - a'_{24}a_{35})s + (a_{24}a_{35} - a_{25}a_{34})}{s^2 + (a_{22} + a'_{24} + a_{34})s + (a_{22}a_{34} + a_{24})} \tag{5-27}$$

忽略 a'_{24} 及 a_{35} 的影响。由上式可推导得俯仰角速度 $\dot{\vartheta}$ 关于输入俯仰通道舵偏 δ_z 的传递函数为

$$W^{\dot{\vartheta}}_{\delta_z}(s) = \frac{K_d(T_{1d}s + 1)}{T_d^2 s^2 + 2\xi_d T_d s + 1} \tag{5-28}$$

传递函数系数计算公式为

$$\left.\begin{aligned}
&T_d = \frac{1}{\sqrt{a_{24} + a_{22}a_{34}}} \\
&K_d = -\frac{a_{25}a_{34}}{a_{24} + a_{22}a_{34}} \\
&T_{1d} = \frac{1}{a_{34}} \\
&\xi_d = \frac{a_{22} + a_{34}}{2\sqrt{a_{24} + a_{22}a_{34}}}
\end{aligned}\right\} \tag{5-29}$$

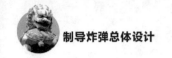

（2）偏航通道小扰动方程。经典偏航方向短周期小扰动模型为

$$
\left.
\begin{aligned}
\ddot{\psi} + b_{22}\dot{\psi} + b_{24}\beta + b'_{24}\dot{\beta} + b_{27}\delta_y &= 0 \\
\dot{\psi}_V - b_{34}\beta - b_{37}\delta_y &= 0 \\
\psi &= \psi_V + \beta
\end{aligned}
\right\}
\tag{5-30}
$$

式中：ψ 为偏航角；$\dot{\psi}$ 为偏航角速度；$\ddot{\psi}$ 为偏航角加速度；ψ_V 为弹道偏角；β 为侧滑角；δ_y 为偏航通道舵偏角；b_{22} 为偏航方向阻尼动力系数；b_{24} 为偏航方向恢复动力系数；b'_{24} 为下洗延迟动力系数；b_{34} 为法向动力系数；b_{37} 为舵面动力系数。

由式（5-30）可知，对于轴对称制导炸弹，俯仰通道和偏航通道方向短周期小扰动模型形式完全一致，因此轴对称制导炸弹侧向刚体运动传递函数与纵向刚体运动传递函数完全相同。

（3）倾斜通道小扰动方程。经典倾斜通道短周期小扰动模型为

$$
\ddot{\gamma} + c_{11}\dot{\gamma} + c_{18}\delta_x = 0
\tag{5-31}
$$

式中：$\ddot{\gamma}$ 为滚转角加速度；$\dot{\gamma}$ 为滚转角速度；δ_x 为滚转通道舵偏角；c_{11} 为滚转方向的阻尼系数；c_{18} 为滚转舵效率。

倾斜运动传递函数为

$$
W^{\gamma}_{\delta_x}(s) = \frac{K_{M_x}}{s(T_{M_x}s + 1)}
\tag{5-32}
$$

传递函数系数计算公式为

$$
\left.
\begin{aligned}
K_{M_x} &= -\frac{c_{18}}{c_{11}} \\
T_{M_x} &= \frac{1}{c_{11}}
\end{aligned}
\right\}
\tag{5-33}
$$

需要指出的是，上述的小扰动线性化模型是针对轴对称气动布局的制导炸弹建立的，对于面对称气动布局制导炸弹的小扰动线性化模型的建立过程，读者可以参考其他相关著作。

3.特征气动点选择

特征气动点处于各种可能弹道的边界，可以反映飞行中各种参数和条件的极限状况，因此能较好地反映制导炸弹的飞行性能，可用来考察系统设计的合理性和进行全弹道的仿真试验。针对有代表性的特征气动点，采用固化系数法对控制系统进行设计。根据制导炸弹的弹道特性，在设计过程中，一般选择下列各点作为特征气动点。

（1）制导炸弹机弹分离点。

（2）助推火箭发动机点火点。

（3）控制段开始点。

(4)可用过载最小点。

(5)可用过载最大点。

(6)需用过载最大点。

(7)弹性振动最大点。

(8)时间常数最大点。

(9)弹性振动频率最高点。

(10)稳定自振存在的点。

此外,在以上特征点之间,如果间隔太大可以适当补充特征点,以便了解飞行全过程,也可根据其他的设计要求补充一些特征点。

5.5.3 控制回路方案设计及分析

从制导炸弹六自由度动力学模型可知,制导炸弹是一个高阶的、多变量的、复杂的被控对象,直接根据制导炸弹的六自由度动力学模型设计制导炸弹的稳定控制系统是非常复杂的。在工程中通常根据制导炸弹在空间运动中的特征特性,将制导炸弹运动进行小扰动线性化处理,在此基础上把制导炸弹的运动分解为纵向运动和侧向运动,制导炸弹控制也简化成纵向运动和侧向运动控制。对于轴对称气动布局制导炸弹来说,其纵向运动和侧向运动控制是通过俯仰通道、偏航通道和倾斜通道来实现的;对于面对称制导炸弹来说,其纵向运动和侧向运动控制是通过俯仰通道、横侧向通道来实现的。

轴对称气动布局制导炸弹一般采用 STT 控制方式,通过小扰动线性化处理将 3 个控制通道解耦,简化了控制系统的设计,在稳定控制系统设计中具有代表性。因此本书主要以轴对称制导炸弹的稳定控制系统设计为例,介绍制导炸弹稳定控制系统各通道设计的思路和方法。

1. 倾斜通道的稳定与控制

对于轴对称制导炸弹,需借助体轴 Oz_1 和 Oy_1 转动的方法,即改变攻角和侧滑角的方法,来建立在数值和方向上所需的法向力,这是直角坐标控制方法。尽管此时相对纵轴的转动不参与法向力的建立,但是为了实现制导,需要保证弹体坐标系与制导信号形成的坐标系相一致,否则会导致俯仰和偏航指令混乱。因此倾斜回路是倾斜角稳定系统。通常为减少 3 个控制回路之间的气动交叉耦合,通常要求滚转回路通频带大于俯仰或偏航回路通频带的 3~5 倍。

为满足上述要求,倾斜回路需要满足以下功能:

(1)抑制外界干扰,稳定弹体的滚动角位置和减缓制导炸弹的滚动角速度。制导炸弹飞行过程中,弹体受到外界干扰力矩作用将发生滚转,滚转回路应能快

速消除这种滚转,稳定执行坐标基准。另外,为提高制导炸弹的制导精度、提高弹体的动态品质以及改善导引头的工作条件,应尽量减小干扰作用下弹体的滚转角误差。

(2)响应滚转角指令。为提高制导精度,对滚转通道的快速性要求较高,在飞行中,弹体受到外界干扰力矩的作用将发生滚转,炸弹应能快速消除这种滚转,克服干扰力矩,快速回到基准位置。

如图 5 - 16 所示,由倾斜角和倾斜角速度反馈形成的倾斜角稳定控制系统主要包括以下两个回路。

(1)角速度反馈回路。角速度反馈回路是内回路,主要由速率陀螺、结构滤波器、阻尼回路反馈系数及舵系统组成,主要用于增加滚转阻尼,抑制滚转力矩干扰。

(2)滚转角稳定回路。滚转角稳定回路是由角度反馈组成的指令控制回路,采用比例+积分校正控制,其主要作用是保证滚转角响应的快速性和稳定性。

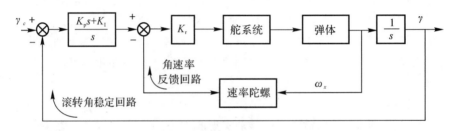

图 5 - 16   倾斜通道稳定控制回路原理图

2.俯仰/偏航通道的稳定与控制

一般的制导炸弹被设计为静稳定的,制导炸弹俯仰和偏航通道的主要功能是改善弹体阻尼,抑制弹性振动,并根据制导控制指令精确控制制导炸弹的俯仰、偏航方向的姿态角和过载。

图 5 - 17 为制导炸弹俯仰/偏航稳定控制回路的原理图,从中可以看出,俯仰控制回路是一个多回路系统,其结构主要由 3 个回路组成,分别是阻尼回路、复合回路和加速度反馈回路。由速率陀螺测得的俯仰角速度信号以及加速度计测得的俯仰过载信号进入弹上计算机进行控制规律的解算。其中,俯仰角速度信号经过在线调参的比例放大环节后,形成阻尼回路控制信号;在阻尼回路的基础上,俯仰角速度信号经过积分和在线调参的比例放大后,形成弹体的"伪姿态角",即复合回路的控制信号;同时,俯仰过载信号经过积分和在线调参的比例放大后,形成加速度反馈回路控制信号。

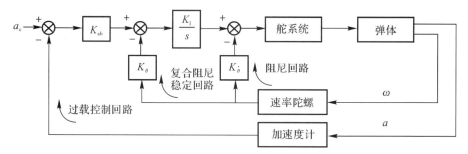

图 5 - 17　俯仰/偏航通道稳定控制回路原理图

阻尼、复合、加速度反馈 3 个回路的控制信号综合形成俯仰/偏航舵偏指令，驱动舵面偏转，控制弹体运动。3 个回路的具体功能如下：

（1）阻尼回路。阻尼回路在俯仰控制回路中属于内回路，主要由速率陀螺、结构滤波器、阻尼回路反馈系数及舵系统组成，其主要用于改善弹体的阻尼特性和稳定性控制。通过选择合适的增益 $K_{\dot{\theta}}$，不仅能使制导炸弹的阻尼特性得到改善，还能使不稳定飞行的制导炸弹得到稳定。

（2）复合阻尼稳定回路。复合阻尼稳定回路是阻尼回路的补充，在俯仰控制回路中属于第二个回路，其主要作用是引入伪姿态角反馈，近似实现攻角反馈，在保证静不稳定弹体稳定条件下，减小阻尼回路反馈增益。

（3）过载控制回路。过载控制回路是由加速度反馈组成的指令控制回路，其主要作用是实施指令到过载的线性传输，并通过对制导炸弹侧向过载控制实现对制导炸弹过载的指令控制。该回路的优点在于传输增益对气动条件不敏感，因此，即使在对气动数据不清楚的情况下，也可以在一个较大的高度范围内保持传输系数变化很小，有利于稳定制导回路的有效导航比。

3.考虑弹体弹性的俯仰/偏航稳定控制回路设计

随着制导炸弹飞行速度的提高，其在飞行过程中要承受很大的冲击与过载，在这些外力的作用下，弹体会出现弹性振动现象。弹性振动现象的存在将给制导炸弹带来两个方面的不利影响：一是当弹性振动频率接近弹体固有频率时，将引起共振，严重时可造成弹体解体；二是对制导控制系统的影响，当弹体长细比较大、结构刚度较小（制导炸弹的壁厚比较薄）时，弹体低阶振动模态容易受到外界干扰的激励，产生较大的振动。弹性振动严重时通过测量元件进入控制装置的弹性振动信号较大，使得伺服机构进入饱和状态，从而阻塞刚性弹体的姿态控制信号，最终使弹体失控。因此，在设计制导控制系统时，必须考虑制导炸弹弹体弹性振动所带来的影响。

目前，考虑弹体弹性的控制系统设计方法主要有以下几种：

（1）在弹体振型频率附近加入陷波滤波器，抑制该频率处的弹性振动信号，从而保证制导炸弹的稳定。

（2）不对弹性振动信号进行抑制，而是采用经典控制理论中的根轨迹或频率设计方法设计弹性弹体模型的姿态控制器，使制导炸弹在受到弹性振动信号干扰的条件下仍然能保持稳定。

（3）使用鲁棒控制理论，把弹体的振动看成是刚体运动模型的不确定性，采用 H∞ 或 μ 综合法等方法设计鲁棒控制器，满足一定的跟踪及稳定性能。

（4）引入减振装置，对弹体进行主动减振控制。

在上述方法中，前两种方法的应用较为广泛，后两种方法正处于探索阶段，设计方法相对复杂，有兴趣的读者可以参考相关的文献。第一种方法的原理是设计陷波器对制导炸弹姿态传感器所测的弹体弹性振动信号所处的频率段进行衰减，从而使控制系统接收到的弹体姿态反馈信号中不包括弹性振动信号。第二种方法并不对弹体姿态传感器所测的信号进行陷波处理，而是通过时域或频域的分析设计，使稳定控制系统在受到弹性振动信号干扰的条件下仍能保证弹体的稳定。第二种方法与刚性弹体稳定控制系统的设计方法相似，区别在于第二种方法弹体运动模型是刚性弹体运动模型和弹性弹体运动模型的叠加，其设计过程可以参考刚性弹体控制系统设计的相关内容。

在工程中，通常只需考虑 $1\sim 2$ 阶自振振型对稳定控制系统带来的影响。根据弹体弹性运动特性，考虑幅值校正手段合理设计弹性振动校正网络有效控制弹性振动，结构滤波器的时间常数根据制导炸弹模态计算和地面模态试验数据选取，考虑计算和试验方法误差和分系统产品相位特性，稳定控制系统在校正网络的基础上引入一定相位校正，相位校正参数的设计与分系统产品特性相关。

陷波滤波器设计的基本原理是用陷波器的零点与系统高频极点对消，根据系统对滤波器的要求确定频率中心，对本设计而言，弹性弹体传递函数确定之后，也可以据此确定陷波器零点的位置，即确定了陷波器的频率中心。一般情况下，设定限波滤波器的结构为带阻滤波器的形式：

$$G_F(s) = \frac{s^2 + 2\xi_1 \omega_i s + \omega_i^2}{s^2 + 2\xi_2 \omega_i s + \omega_i^2} \tag{5-34}$$

ξ_i 和 ω_i 确定后，陷波器作用带宽将为极点与零点之间的距离。为了使系统得到足够的衰减，进行陷波器设计时为了不显著地影响系统根轨迹，陷波器的零点和极点不可离得太远，否则系统频率特性将会受到很大的影响。

经过以上的设计，如图 5-18 所示，在反馈通道加入陷波滤波器对弹体弹性振动信号进行陷波滤波的方法是可行的，有助于增强弹体在弹性振动下的稳定性。但是，应当指出，由于陷波滤波器的参数是固定不变的，因此，当弹体的弹性振动特性发生变化时,滤波效果就有可能变差。此时则应根据弹体振动参数的变化,设计出与之对应的、其有白适应能力的陷波滤波器来解决弹体弹性振动特性的变化问题。

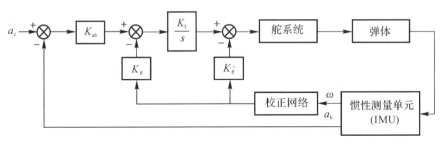

图 5 - 18　考虑弹体弹性的侧向回路控制原理图

|5.6　制导控制组件|

5.6.1　导引头

1. 导引头的基本功能

导引头是寻的制导炸弹制导控制系统的核心部件,其主要功能是搜索、发现、识别和跟踪目标,测量目标相对于制导炸弹的视线角、视线角速率、距离和速度等信息。

在实际使用过程中导引头将经历以下 4 种工作状态:

(1)角度预定(装订)状态:将导引头光轴或电轴设定在目标最有可能出现的方向上,通常这种状态应用于制导炸弹投放前或者投放后尚未开机的阶段。

(2)角度搜索状态:使导引头光轴或电轴按照某种规则进行扫描,以发现和捕获目标。这种状态通常在导引头开机后未捕获或者跟踪阶段丢失目标后采用。

(3)角度稳定状态:使导引头测量基准(光轴或电轴)相对于惯性空间角度稳定,隔离弹体姿态运动对测量的影响。

(4)角度跟踪状态:导引头跟踪目标,输出弹目相对运动信息。通常该状态在导引头捕获目标后进行,是制导过程中最主要的工作状态。

根据导引头的工作状态,导引头的功能主要包含下述几点:

(1)隔离弹体的姿态角运动,稳定光轴或天线电轴,为弹目视线信息的提取提供稳定测量参考。

(2)在视线稳定的基础上实现对目标的搜索、识别和跟踪。

(3)输出实现导引规律所需要的弹目相对运动信息。如对寻的制导控制回路普遍采用的比例导引规律或修正比例导引规律,就要求导引头输出视线角速度和弹目接近速度,以及导引头天线相对于弹体的转角等信息。

(4)实现导引头角度预定(装订)、搜索、稳定和跟踪四种工作状态,并能够在各种状态之间相互切换。

以制导炸弹普遍采用的比例导引律的光学导引头为例,介绍导引头中光学探测系统、稳定平台与弹体姿态运动以及飞行轨迹控制之间的相关关系。这些关系在激光、红外、雷达等类型的导引头中也同样适用。为了研究问题方便,假设制导炸弹总体结构由制导系统(框1)、控制系统(框2)、执行机构(框3)和舵面(框4)构成。

如图 5-19 所示,为了简化空间角度关系,在铅垂面内研究导引头获取目标实现角速率过程中的各种角度关系。制导炸弹弹体纵轴 ox_b 与水平基准参考线 ox_i 的夹角为弹体姿态角 ϑ;导引头的光学系统光轴 $o\xi$ 与弹体纵轴 ox_b 的夹角为 φ。由于光学系统光轴通常与弹体通过一个伺服稳定平台连接,因此夹角 φ 可以由伺服稳定平台的测角机构测量,故夹角 φ 也称为平台转角。导引头在跟踪状态时,光轴 $o\xi$ 应尽量对准目标,但不会始终对着目标,因此将光轴 $o\xi$ 与弹目视线 oT 之间的夹角称为失调角 Δq。弹目视线 oT 与水平惯性基准参考线 ox_i 的夹角称为弹目视线角 q,其可由弹体姿态角 ϑ、平台转角 φ 和失调角 Δq 计算得到;而比例导引法要获取的弹目视线角速率 $\dot{q}$ 理论上可以由弹目视线角 q 微分得到。

由此可看出,当导引头处于预定(装订)和搜索状态时,是通过控制平台转角实现光轴在空间上的任意指向的;当导引头处于稳定状态时,是根据姿态角的变化控制平台转角实现光轴在惯性空间的稳定的;当导引头处于跟踪状态时,将根据弹目失调角控制平台转角实现光轴在空间上对准目标。

2.导引头的组成

导引头系统组成框图如图 5-20 所示。

(1)探测系统:完成对目标的实时探测。探测器可采用激光探测器、可见光电荷耦合器件(CCD)、红外面阵探测器、毫米波探测器等。激光与毫米波探测器的工作方式可采用主动、被动及主/被动复合。

(2)信息处理系统:完成对探测系统所获取的目标、场景信号的分类,目标特征的提取与识别,目标质心相对于光轴(或天线轴)中心的误差解算与实时输出。

(3)稳定系统:稳定探测系统光轴(或天线轴),隔离炸弹弹体姿态角扰动。可以采用陀螺稳定方案、稳定平台方案。

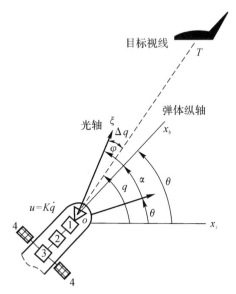

图 5 - 19　导引头测量相关矢量关系

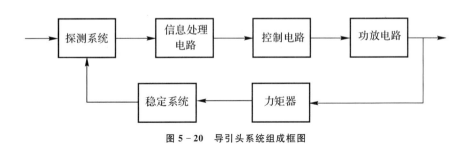

图 5 - 20　导引头系统组成框图

(4)控制电路:包括电压放大电路、滤波电路、功率放大电路、控制调节器电路等,用来对信息处理系统输出的误差指令进行品质提高与功率放大,形成对目标进行跟踪的控制电流;同时设计控制调节器对导引头控制回路进行校正,以满足导引头系统总体要求。

(5)力矩器:接收与目标位置误差成比例的控制电流,形成驱动光轴(或天线轴)进动的控制力矩,实现对目标的自动跟踪。

具体的组成部件和测量信息依不同实现方案和不同应用对象会有所不同。由于比例导引律性能优良,在末制导中大多采用比例导引律,因此最普遍使用的测量信息是视线角速率。通常采用各种角跟踪回路方案及其稳定系统实现视线

角速率的测量。

导引头接收目标辐射或反射的能量,确定炸弹与目标的相对位置及运动特性,形成引导指令。按导引头所接收能量的能源位置不同,导引头可分为以下3类。

(1)主动式导引头,接收目标反射的能量,照射能源在导引头内部;

(2)半主动式导引头,接收目标反射的能量,照射能源不在导引头内;

(3)被动式导引头,接收目标辐射的能量。

按接收能量的物理性质不同,导引头可分为雷达导引头(包括微波和毫米波两类)和光电导引头。光电导引头又分为电视导引头、红外导引头(包括点、多元和成像等类型)和激光导引头。

按测量坐标系相对弹体坐标系是静止还是运动的关系,导引头可分为固定式导引头和活动式导引头。活动式导引头又分为活动非跟踪式导引头和活动跟踪式导引头。

3.导引头的指标要求

导引头是自寻的制导系统的关键设备,导引头对目标高精度的现测和跟踪是提高炸弹制导精度的前提条件。因此,导引头的基本参数应满足一定的要求。

(1)发现和跟踪目标的距离 R。导引头发现和跟踪目标的距离 R 与制导炸弹的末制导段距离有关,对于全程自寻的制导炸弹应由其最远射程决定。其应满足

$$R \geqslant \sqrt{(d_{\max} + v_m t_0)^2 + H_m^2} \qquad (5-34)$$

式中:R 为发现和跟踪目标的距离;$d_{\max}$ 为制导炸弹最大飞行距离(末制导距离);H_m 为最大相对投放高度(中末制导交班点与目标的相对高度);v_m 为目标机动速度;t_0 为制导炸弹飞行时间。

(2)视场角。导引头的视场角是一个立体角,导引头在这个范围内探测目标。对于光学导引头,视场角的大小由导引头光学系统的参数来决定;对于雷达导引头而言,视场角由其天线的特性(如扫描、多波束等)与工作波长来决定。

要使导引头的分辨率高,视场角应大于或等于这样一个值:当视场角等于这个角度时,在系统延迟时间内,目标不会超出导引头视场,即要求

$$\Omega \geqslant \dot{\varphi}\tau \qquad (5-35)$$

式中:$\dot{\varphi}$ 为目标视线角速率;τ 为系统延迟时间。

对于活动式跟踪导引头,视场角可大大减小,因为当目标视线改变方向时,导引头的坐标轴也随之改变自己的方向。如果要求导引头精确地跟踪目标,则视场角应尽量减小。但是目标运动参数的变化、导引头采集信号的波动、仪器参数偏离给定值等原因,会引起跟踪误差,这些误差源的存在,使得导引头视场角

的允许值很小。

（3）中断自导引的最小距离。在自动寻的系统中，随着制导炸弹向目标逐渐接近，目标视线角速度随之增大，这时导引头接收的信号越来越强，当制导炸弹与目标之间的距离缩小到某个值时，大功率信号将引起导引头接收回路过载，从而不可能分离出关于目标运动参数的信号。这个最小距离，一般称为"死区"。在进入导引头最小距离前，应当中断导引头自动跟踪回路的工作。

（4）导引头框架转动范围。导引头一般安装在一组框架上，它相对弹体的转动自由度受到空间和机械结构的限制，一般限制在 $\pm 40°$ 以内。

（5）截获能力和截获概率。导引头对目标信号应该具有快速截获能力和高截获概率。

（6）对测量角速度范围的要求。导引头测量角速度的范围应视具体型号而定。一般而言，导引头作用距离远、飞行速度快的炸弹对测量最小角速度有更高的要求。通常测量的最小角速度范围为 $0.02\sim0.2°/s$，测量的最大角速度范围为 $10\sim30°/s$。

（7）去耦能力要求。导引头应有强的去耦能力，通常用去耦系数来描述去耦能力的强弱，导引头的去耦系数等于对视线角速度的传递系数与对耦合角速度的传递系数之比。去耦系数越小表示去耦能力越强。由于两个传递系数都是随频率变化而变化的，因此，对不同频率的信号具有不同的去耦能力。

（8）跟踪快速性和稳定性。活动跟踪式导引头应具有良好的跟踪快速性和稳定性，并符合制导控制系统对导引头传递特性的要求。

（9）制导参数测量精度。导引头应具有较高的制导参数测量精度，把制导炸弹飞行过程中各种扰动所引入的测量误差减小到最低程度。

（10）产品保证要求。包括可靠性、维修性、测试性、保障性、环境适应性、电磁兼容性等方面的要求。

4..制导炸弹常用的导引头系统

当前，在制导武器上应用的寻的导引头根据接收的光学或电磁信号特性不同，可分为红外导引头、激光导引头、毫米波导引头、电视导引头、反辐射导引头、雷达导引头和复合导引头等。虽然导引头的种类繁多，但结构和功能大致相同，下面主要以目前在制导炸弹领域应用较多的几种导引头为例，介绍其结构和作用原理。

（1）激光半主动导引头。激光半主动导引头的工作原理：由机载或地面照射器瞄准并发射激光束，经目标表面漫反射，部分反射回波再经大气介质传输后进入导引头的光学系统，回波激光经光学镜组汇聚在四象限光电探测器靶面上进行光电转换，当目标视线偏离光轴时，探测器接收到的激光光斑偏离探测器靶面

中心,使 4 个象限输出的电压或电流信号幅度不同,经过信号处理输出俯仰和方位相对应的两个角位置误差指令,经控制电路驱动位标器使其光轴与目标视线轴一致,实现导引头系统对目标自动跟踪。

激光半主动导引头通常以球形整流罩封装于制导炸弹前端,接收目标反射的激光,测量目标和炸弹之间的视线角偏差或者角速度。其主要包括激光接收光学系统、光电探测器和处理电路等。为便于探测目标和减小干扰,激光半主动导引头通常装有大、小两种视场。大视场(一般为几十度)用于搜索目标,小视场(一般为几度或更小)用于对目标跟踪。处理电路包括解码电路、误差信号处理和控制电路等,其中解码电路保证与激光目标指示器的激光编码相匹配。

激光制导炸弹的优点为:命中精度高,附带损伤低;抗电磁干扰及背景噪声能力强;结构简单、成本较低。其缺点为:受天气和战场条件影响大,尤其是战场上的烟雾、尘埃等严重影响激光的传输,从而影响制导精度;制导过程中,需要机载或地面照射器照射目标,容易使载机或射手暴露,降低了战场生存能力;激光照射设备体积大、效能比低。

AGM-114A"海尔法"(也称"地狱火")导弹是激光半主动制导导弹的典型代表,"海尔法"导弹采用直升机挂载,其主要用于攻击坦克、各种战车、雷达站等地面军事目标。

图 5-21 是"海尔法"导弹激光半主动导引头的结构示意图。其采用陀螺稳定方式,陀螺动量稳定转子由安装在万向支架 9 上的永久磁铁 3、机械锁定器 10 和主反射镜 4 等构成,这些部件一起旋转,增大了转子的转动惯量。滤光片 8、激光探测器 7 和前置放大电路 6 共同安装在内环上,内环可随万向支架在俯仰和偏航方向一定范围内转动,但不随陀螺转子滚转。

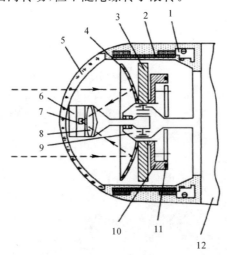

图 5-21 "海尔法"导弹激光半主动导引头结构示意图

目标反射的激光脉冲经头罩 5 后由主反射镜 4 反射聚集在不随陀螺转子转动的激光探测器 7 上。光路中的主要光学元件均采用了全塑材料(聚碳酸酯),同时在头罩上有保护膜防止划伤。主反射镜 4 表面镀金以增加对红外激光的反射能力。

机械锁定器 10 用于在陀螺静止时保证旋转轴线与导引头的纵轴重合。这样,运输时转子可保持不动,旋转时可保证陀螺转子与弹轴的重合性。陀螺框架有 ±30° 的框架角,设有一个软式止动器和一个碰和开关 1 用以限制万向支架,软式止动器装于陀螺的非旋转件上,陀螺倾角超过某一角度后,碰和开关闭合,给出信号,使导弹轴转向光轴,减小陀螺倾角,避免碰撞损坏。

导引头外壳内侧装有 4 个调制圈、4 个旋转线圈、4 个基准线圈、2 个进动线圈、4 个锁定线圈和 2 个锁定补偿线圈,其用途和配置与 AIM - 9B"响尾蛇"空空导弹的导引头非常相似。

(2)红外成像导引头。红外成像导引头主要通过红外探测器探测目标和背景之间的热辐射效率,经过光电转换,获取目标红外图像进行目标捕获与跟踪,并将制导炸弹引导至目标。

红外成像导引头根据是否制冷可分为制冷和非制冷方式两种类型:制冷型的探测灵敏度很高,多用于远红外波段的常温目标探测;非制冷型的探测器灵敏度较低,多用于中远程红外波段的较高温度目标探测。此外,成像导引头为了保证成像质量的清晰,多数都采用具有稳定伺服控制机构的稳定平台或半捷联平台。无论这些成像导引头结构如何,其组成功能基本相似,都是由整流罩、光学系统、探测器、图像处理系统和控制计算机组成,如图 5 - 22 所示。

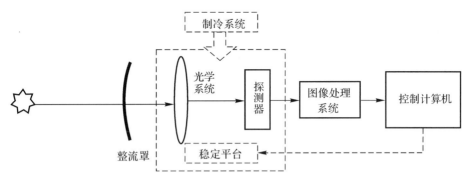

图 5 - 22　红外成像导引头系统的一般组成

红外成像系统的光学系统和探测器针对成像功能设计,光学系统多为不改变目标形状特性的透镜系统,探测器多为阵列式探测器或者通过扫描方式成像的探测器。图像处理单元是成像制导系统特有的处理单元,其主要功能是将原始采集的图像进行适当的处理,提高信噪比,并区分出目标与背景,从而获得目标的位置信息。

一般来说,红外成像导引头主要工作在长波的 8～12 μm、中波的 4～5 μm 两个波段。长波红外波段通常可以提供所有常见背景的图像,尤其适用于北方地区或对地攻击,但对南方湿热地区或远距离(大于 10 km)海上目标、空中目标,目标热辐射将逐渐转向中波红外波段。针对远距离海上目标或热带区域目标,使用中波红外波段探测较为有利。中波、长波红外工作波段按表 5-1 选择。

表 5-1　中波、长波红外波段选择比较

气象条件	工作波段	
	近距离(＜4 km)地面目标	远距离(＞10 km)海上目标或空中目标
一般气象	8～12 μm	4～5 μm 或 8～12 μm
高温、高湿	4～5 μm 或 8～12 μm	4～5 μm

由于红外成像制导具备获取目标红外辐射图像的能力,因此其可获得更加丰富的目标信息,为目标的精确识别和抗干扰奠定了基础。总地来说,红外成像制导具有如下特点:

1)抗干扰能力和识别能力强。红外成像制导系统通过探测目标和背景之间的微小温度或辐射差异,形成红外辐射图像,因此可以在复杂的背景环境中区分和识别目标,并具有较强的抗干扰能力。红外成像制导广泛应用于攻击地面复杂背景中的各种目标。

2)空间分辨率和制导精度高。红外成像制导系统的角分辨率可以达到 0.05°,这使得其具备很高的分辨能力和制导精度。

3)探测距离远,具有准全天候作战能力。红外成像制导系统多工作在 8～12 μm 远红外波段,对雾、雨、烟尘的穿透能力较强,具有更远的作用距离。另外,红外成像制导不受自然光照条件的限制,具有全天时和准全天候(除浓雾和浓烟等极端恶劣天气)作战能力。

4)环境和任务适应能力强。由于红外成像制导系统具有复杂背景和环境下的目标识别能力,因此可攻击空中、海面和地面上的各种目标。此外,打击不同目标时只需要更换识别软件或图像模板即可。

随着探测器件技术和图像处理算法的发展,能实现对复杂环境下目标的自动识别、瞄准点的选择及自动决策等功能是未来红外成像导引头的发展趋势。

(3)复合导引头。相对越来越复杂的战场环境,单一寻的制导方式越来越不能满足日益增长的战场环境的需求,因此,复合导引头技术成为各国主要的发展方向。各种不同的制导体制有各自的优点和缺点,如:毫米波制导方式穿透烟雾、沙尘的能力强,但易受干扰;红外制导方式对毫米波干扰不敏感,但烟雾对红外线有较强的吸收和衰减,使红外线作用距离有所缩短;激光制导是目前制导武器中精度最高的,但需要人在回路,且抗干扰及云雾烟尘能力不强。复合制导技术可以将各种探测器的优点有机地结合起来,使武器系统适应复杂战场环境和气象气候条件,增强武器系统的战场适应能力,使武器系统的作战性能大大提升,因此该技术被认为是当前最有发展前途的制导技术。

5.6.2 导航系统

1. 导航系统的功能

导航系统是制导炸弹制导控制系统的重要组成部分,其主要功能为通过弹上捷联惯导或惯性/卫星组合导航系统计算、测量获得弹体姿态、角速度、速度和位置等运动参数信息,输出给稳定控制系统及制导系统,参与完成制导炸弹的飞行控制及制导过程。在制导炸弹工程项目上还应考虑使用和维护问题,因此产品需要设计自检功能、性能测试功能、仿真功能等。制导炸弹应用较广的惯性/卫星组合导航系统主要功能如下:

(1)利用载机主惯导的信息完成动基座传递对准。

(2)接收载机火控系统下传主惯导对准数据和对准装订信息。

(3)传递对准过程中惯性器件误差估计和补偿估计。

(4)判定卫星定位信息有效性,组合导航与纯惯性导航自适应切换。

(5)输出弹体的位置、姿态、速度、角速率、加速度和自身工作状态信息和对准数据。

(6)具备完善的自检测能力,使故障定位到模块,并将故障信息上报。

(7)可参与制导控制闭环仿真,在仿真状态能够接收地面激励器发送的加速度数据完成导航解算。

(8)与测试设备共同完成性能测试。

(9)全生命免标定。

2. 导航系统的组成

制导炸弹导航系统一般由硬件和软件组成。典型的制导炸弹惯性/卫星组合导航系统硬件主要由 3 个陀螺、3 个加速度计、数据采集板、导航计算板、电源板、卫星接收机、卫星接收天线、接口电路和机械结构等组成,如图 5 - 23 所示。导航系统软件部分包括系统管理模块、传递对准模块、导航解算模块、组合导航模块和接口模块。对外接口包括电源接口、弹载计算机接口、地面激励器接口和检测设备接口。

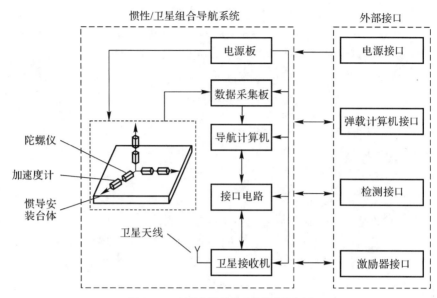

图 5-23　制导炸弹导航系统组成示意图

3.惯性导航系统

惯性导航有两种形式:一种是把惯性器件安装在一个与运载体转动运动隔离的稳定平台上,称为平台式惯导,其价格昂贵、准备时间长,主要用于长时间高精度导航的场合,如潜艇、洲际战略导弹;另一种是把惯性敏感器固连在运载体上,把惯性敏感器测量的运载体的运动参数转换到惯性系进行导航计算,称为捷联式惯导,主要用于小型、低成本、中等精度导航的场合,目前战术导弹、精确制导炸弹基本都采用捷联式惯导。

捷联惯导系统就是把 3 个陀螺仪和 3 个加速度计固连在弹体上,传感器的敏感轴与弹体系的 3 个轴方向一致。如果弹体系和惯性系的初始姿态角是已知的,利用速率陀螺测量的弹体角速度进行积分就可以得到弹体坐标系和惯性空间的角度关系及弹体系到惯性系的坐标转换矩阵,从而计算出弹体姿态角。弹体上的加速度计测量的是弹体系的加速度和重力加速度之差,称为"比力"。扣除重力加速度之后就得到弹体加速度在弹体系坐标轴上的投影,利用弹体系到惯性系的坐标转换矩阵将它转换到惯性系,经过一次积分得到弹体质心的速度,经二次积分就可得到位置。捷联惯导系统原理如图 5-24 所示。

(1)陀螺仪。陀螺仪能感应弹体相对于惯性空间的转动角速度和角度,输出相应的电信号。陀螺仪种类繁多,根据测量不同可以分为两大类:一类以经典力学为基础,如框架陀螺仪;另一类以近代物理学为基础,如光纤陀螺仪、激光陀螺仪等。

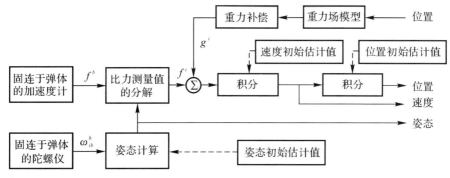

图 5－24 捷联惯导系统原理图

在制导控制数学仿真中角速率陀螺的传递函数一般用二阶传递函数表示为

$$\frac{\dot{\vartheta}_{s}(s)}{\dot{\vartheta}(s)} = \frac{\omega_{n}^{2}}{s^{2} + 2\xi\omega_{n}s + \omega_{n}^{2}} \qquad (5-36)$$

式中：ϑ 为弹体实际角速率；$\dot{\vartheta}_{s}$ 为角速率陀螺测量值；ξ 为角速率陀螺阻尼；ω_{n} 为角速率陀螺无阻尼振荡频率。

当前采用的角速率陀螺的频带一般都很宽，可达 80 Hz，故对稳定控制回路设计带来的影响不大。

（2）加速度计。加速度计是制导武器控制系统中一个重要的惯性敏感元件，用来测量制导武器相对惯性空间且沿规定轴向的线加速度，通常称为过载传感器，其主要原理是牛顿第二定律。

与角速率陀螺类似，加速度计的传递函数一般也以二阶传递函数表示为

$$\frac{a_{s}(s)}{a(s)} = \frac{\omega_{n}^{2}}{s^{2} + 2\xi\omega_{n}s + \omega_{n}^{2}} \qquad (5-37)$$

式中：a 为弹体实际法向加速度；a_{s} 为加速度计测量值；ξ 为加速度计阻尼；ω_{n} 为加速度计无阻尼自振频率。

同样，当前采用的加速度计的频带一般都很宽，可达 80 Hz，故对稳定控制回路设计带来的影响不大。

（3）惯性测量单元。在实际的工程中，通常将 3 个陀螺仪和 3 个加速度计集成在一起，组成惯性测量单元（Inertial Measure Unit，IMU），其组成结构如图 5-25 所示。惯性测量单元中的各个陀螺仪、加速度计均是以较高的精度两两正交安装，然后再对器件进行标定和误差补偿，尽可能地消除器件误差和安装误差，以提高惯性测量精度。图 5-26 为制导航空炸弹弹载惯性测量单元实物图。

制导控制系统对惯性测量单元的性能指标要求如下：

（1）启动时间、对准时间以及最大工作时间要求（单位：s）。

（2）测量范围：角速率测量范围（单位：°/s），视加速度测量范围（单位：g）。

（3）测量精度（由捷联式惯导系统精度分析得到）：姿态、航向角精度要求，位置、速度精度要求。

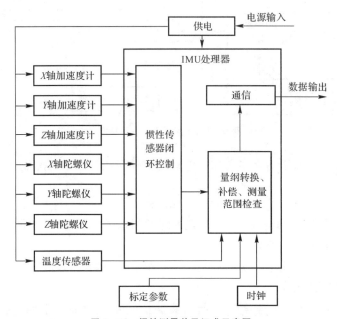

图 5-25　惯性测量单元组成示意图

图 5-26　弹载惯性测量单元实物图

（4）功率（单位：W）。

（5）动态频率特性：频带宽度［角运动（单位：Hz），线运动（单位：Hz）］、阻尼系数(无量纲)。

(6)质量和外形尺寸要求:依据结构设计要求确定。

(7)接口要求:采样周期(单位:s);通信标准接口(如:RS-422标准);通信方式(如:主动式)。

(8)工作环境温度范围要求。

(9)抗环境振动与冲击过载能力。

(10)维护性、测试性和电磁兼容性要求。

(11)可靠性与成本。

4. 卫星导航系统

卫星导航系统是以人造卫星作为导航台的星基无线电导航系统,能为全球陆、海、空、天的各类军民载体,全天候、24 h连续提供高精度的三维位置、速度和精密时间信息。

卫星定位系统的定位过程可描述为:已知卫星[广播描述卫星运动的星历参数(EPH)和历书参数(ALM)实现]的位置,测量得到卫星和用户之间的相对位置(伪距 PR 或伪距变化率 PRR),用导航算法(最小二乘法或卡尔曼滤波法)解算出用户的最可信赖位置。

卫星定位系统在制导炸弹中主要起两个作用:一是当天气不好导引头无效时,通过组合导航可进行坐标攻击;二是卫星信息可修正载机传递的位置误差和速度误差,确保中制导顺利进入末制导。

卫星接收机有模拟卫星接收机和数字卫星接收机两种,主要包括天线阵列、射频板、抗干扰板、导航板和电源板,其中天线阵列包括 4 阵元天线阵以及低噪放,射频板包含 4 路射频通道。图 5-27 是卫星接收机的组成框图。

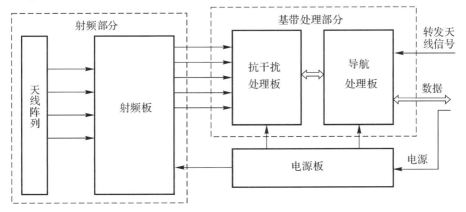

图 5-27 卫星接收机组成框图

(1)卫星接收机的主要指标。卫星接收机的主要指标如下：

1)启动时间(单位:s)。

2)位精度(单位:m)；测速精度(单位:m/s)。

3)动态范围和过载：速度(单位:m/s)；加速度(单位:m/s²)；加加速度(单位:m/s³)；海拔高度(单位:km)。

4)工作频率(单位:MHz)。

5)重捕时间(单位:s)。

6)质量(单位:kg)。

7)电压(单位:V)；功耗(单位:W)。

8)可靠性要求、环境条件要求等。

上述指标中,启动时间、质量、电压、功耗、可靠性要求、环境条件要求等依据制导炸弹武器系统设计要求确定；定位精度、测速精度、动态范围和过载、工作频率、重捕时间等根据炸弹制导控制系统设计要求确定。

用于制导炸弹的卫星接收机需具备高动态实时定位的能力,其定位结果更新频度一般高于5Hz,同时在大过载的情况下,接收机环路不至失锁。但即便如此,在某些大过载条件下,定位测速精度依然存在下降的可能。因此在结果输出过程中需加入相应误差判别算法,避免输出误差过大的导航结果,影响制导炸弹的导航系统。

(2)卫星导航系统抗干扰技术。卫星导航系统信号十分脆弱,极易受到干扰,尤其是在复杂电磁战场环境中。因此,需要对卫星导航系统采取更为有效的抗干扰措施,以满足制导炸弹使用要求。卫星导航系统的抗干扰手段有：提升导航卫星信号强度、抑制干扰信号强度,或者两者兼用。目前,卫星导航抗干扰技术主要分为三类：自适应滤波、基于天线的抗干扰和接收机信号处理。国内抗干扰技术发展较为成熟的有自适应调零天线技术和自适应波束形成技术。自适应调零天线技术采用自适应调零算法调整各天线阵元的加权系数,使天线阵在数字域的合成方向图仅在干扰来向引入零陷,从而抑制干扰。自适应波束形成技术就是在调零天线的基础上,同时提升对接收机信号的天线增益,达到进一步提高干信比的目的。

5.组合导航技术

如上所述,单一体制的导航技术总是存在某种缺陷,为了使弹载导航系统精度更高、性能更好、成本更低,工程上总是让两种或几种互补性强的导航系统进行组合。在制导炸弹弹载组合导航系统中应用最广泛的就是惯性导航系统和卫星导航系统组合结构,组合导航系统有如下优点：

(1)能有效地利用来自各种传感器的导航信息。

（2）利用平滑的惯性导航信息，滤掉卫星导航设备位置信号中的噪声，从而使位置信息更精确；同样也可以利用卫星导航信息来抑制惯性导航系统随时间增长的误差，使得组合系统的定位精度大大提高。

（3）使组合导航系统具有足够的冗余度，以提高系统的可靠性。

（4）可实现对各传感器及其元件的校准，从而放宽对各传感器技术指标的要求，以低成本技术构成高精度的组合导航系统。

惯性导航系统与卫星导航系统的组合结构可以分为非组合系统、松组合系统和紧组合系统 3 类。

（1）非组合系统。非组合系统是在保持卫星导航系统和惯性导航系统独立工作的基础上，利用卫星导航的位置估值和速度估值对惯性导航系统的位置和速度进行重新设置，以限制惯性导航系统的位置和速度的估值误差随时间的增长。这种方法对两个系统造成的影响最小，性能也能提高，但它对避免卫星导航系统的干扰问题无能为力。在该系统中，卫星导航的位置估值只简单地用于每隔一定时间对惯性导航指示的位置进行重新设置。

（2）松组合系统。松组合系统中卫星导航自主工作，同时对惯性导航提供测量更新。这两个系统实际上是串联工作。卫星导航计算提供的位置和速度估值形成惯性/卫星组合卡尔曼滤波器的测量输入。松组合结构如图 5 - 28 所示。该系统中，惯性导航和卫星导航的位置估值和速度估值进行比较，得到的差值形成了卡尔曼滤波器的测量输入值。

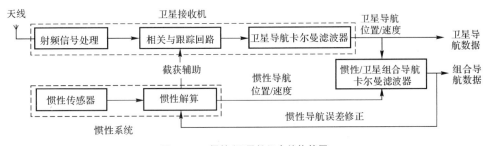

图 5 - 28 惯性/卫星松组合结构简图

松组合的主要优点是实现简单和有冗余度。任何惯性导航和卫星导航组件都可以采用松组合，对器件要求低。除组合方案外，还提供了一个可以独立应用的卫星导航方案，即冗余度。冗余导航方案可用于监控组合方案的完整性，并在需要时协助滤波器故障的恢复。

松组合方案中，组合导航卡尔曼滤波器提供的惯性导航误差的估值可在每次测量更新后对惯性导航系统进行修正。在这种组合方案中，卫星导航信息仅

用于惯性导航辅助卫星信号的截获,既使用卫星导航的位置更新也使用速度更新。

松组合方式的缺点是:使用串联的卡尔曼滤波器,卫星导航滤波器的输出作为组合导航滤波器的测量输入,不满足测量噪声是"白噪声"的要求,会使滤波效果变差;当少于4颗卫星时就不能用于卫星导航辅助惯性导航;组合导航滤波器需要知道卫星导航滤波器输出的协方差,但它随卫星排列和可用性发生变化,对于大多数卫星接收机而言,协方差数据不可靠或是根本得不到。

(3)紧组合系统。在紧组合中,把卫星导航卡尔曼滤波器变成组合滤波器的一部分。卫星信号跟踪回路提供的伪距和伪距率的测量值输入到惯性/卫星组合滤波器中产生惯性导航的误差估值,修正惯性导航数据后形成组合导航数据。紧组合结构如图5-29所示。紧组合中,伪距和伪距率的测量值同时使用,伪距来自卫星信号编码跟踪回路,而伪距率来自精度较高,但可靠性较差的载波跟踪回路,这两个测量值是互补的。紧组合作为一个器件输出组合导航数据。在该系统中,伪距和伪距率的测量值与惯性导航系统生成的这些量进行比较,除修正惯性导航形成的组合导航数据外,还用于辅助卫星导航跟踪回路。

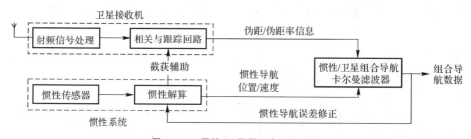

图5-29 惯性/卫星紧组合结构简图

紧组合的特点是:不用考虑两个卡尔曼滤波器串联产生的测量噪声相关的统计问题;隐含完成卫星导航位置和速度协方差的交接;系统不需要完整的卫星导航数据辅助惯性导航,即使只跟踪到单个卫星信号,卫星导航数据也会输入滤波器,只是精度下降很快;紧组合在干扰环境中工作时比松组合能更好地保持对卫星的锁定。

6.传递对准技术

惯性导航系统的对准是指确定惯性导航系统各坐标轴相对于参考坐标系指向的过程。制导炸弹在离开载机前需要对弹上惯导系统进行对准。由于载机配备的惯导(通常称为主惯导)精度比制导炸弹的惯导(通常称为子惯导)精度高,因此可以利用载机的惯导系统提供基准,通过把载机导航系统的数据传递给制导炸弹惯导系统来实现,这种方法叫传递对准。

传递对准分粗对准和精对准两个阶段来完成。粗对准是主惯导将自身的姿态、速度、位置等信息直接传递给子惯导系统，没有动态匹配过程，目的是在短时间内粗略地计算出子惯导初始姿态矩阵。但由于安装误差、飞行中机翼变形等因素，必然存在一定的失准角，需要进一步进行精对准，精对准的本质是将主惯导和子惯导系统之间的失准角作为状态变量，建立误差模型，通过一定的滤波方法将其估计出来，运用估计结果对子惯导系统的姿态进行修正，从而减小或消除主子惯导系统的误差角。

传递对准数学模型的建立首先要确立状态方程，传递对准状态方程类似于惯导系统自对准采用的惯导基本误差方程，但根据观测方程的选择和对对准快速性及精度的具体要求，其状态方程也会有一定的变化。

传递对准误差方程和姿态误差一般定义在导航坐标系内。在对准的初始时刻，主惯导将自己的速度、姿态、位置等信息一次性地传递给子惯导，完成粗对准。之后的精对准采用滤波的方法，涉及的坐标系主要有主子惯导计算导航坐标系 $ox^{n}y^{n}z^{n}$ 和 $o'x^{n'}y^{n'}z^{n'}$、主惯导载体系 $ox^{m}y^{m}z^{m}$、真实子惯导弹体系 $ox^{s}y^{s}z^{s}$。状态方程一般取传统的惯导速度误差方程和姿态误差方程。

传递对准数学模型中另一个需要解决的关键问题是观测方程的建立，即匹配方案的选择。速度匹配是最常用的方案之一，它以主子惯导解算的速度差作为观测量。但单纯的速度匹配有一些缺点：一是航向对准时间较长，不适应快速传递对准的要求；二是要求载机作航向机动来完成航向对准，而飞机一旦锁定目标，再作航向机动很容易丢失目标。因此，目前战术武器的快速传递对准一般不采用单独的速度匹配。

姿态匹配也是常用的一种匹配方案。其优点是在飞机仅作爬升或横滚等机动飞行的条件下就可以估计出航向误差，且时间快、精度高，但其受载体弹性变形的影响较大。姿态匹配的观测量为主子惯导解算的姿态误差，定义 ϕ_{a} 为载体系和弹体系的安装误差角，其状态向量一般取 2 个速度误差、3 个平台误差角和 3 个安装误差角共 8 维。

单一的速度匹配和姿态匹配都有各自的缺陷，所以速度加姿态匹配也是一种较好的匹配方案。

5.6.3 弹载计算机

1. 弹载计算机的功能

弹载计算机是将炸弹系统测试、发射控制、飞行控制、弹上各分系统的智能控制与接口管理相结合的综合控制设备。弹载计算机集成了以往弹上分散部件

的功能,协调了弹上电气系统、控制系统、高度表、舵机以及遥测分系统之间的信号与指令的接口关系。目前炸弹控制系统往往是以计算机为信号处理中心,进行数据采集、运算并输出控制信号。弹载计算机是现代武器的制导与控制系统的核心装置,其性能好坏直接关系到精确制导的精度和杀伤目标的概率。

弹载计算机是弹上的核心部件之一,它使捷联惯导系统、末制导系统、遥测系统、高度表、舵系统、电气系统等弹上设备以及机载火控系统和地面检测系统等机载、地面设备协同工作,完成全弹测试、射前检查和发射控制、飞行控制等任务。

弹载计算机与其他设备之间的交联关系如图 5-30 所示,其主要功能如下:

(1)依据火控系统的指令和数据完成目标坐标、导引头码型、引信起爆参数等作战任务参数的装订,并与弹上系统的状态协调指挥导引头、引信、舵系统、热电池等其他弹上设备一起,对炸弹实施作战使用时序控制。

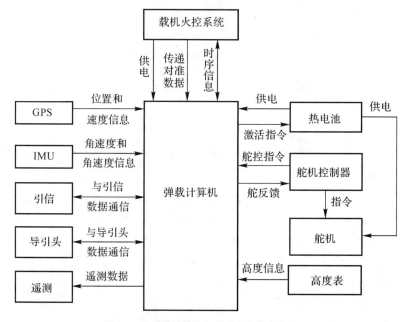

图 5-30 弹载计算机与其他设备的交联关系

(2)导航功能:能够接收惯性测量装置以及卫星接收机数据,实时解算炸弹的位置、速度、姿态信息,具备动基座传递对准功能、纯惯性导航及惯性/卫星组合导航功能。

(3)制导控制解算功能:在炸弹飞行过程中,根据实时测量的飞行数据、导引头信息和装订的目标参数,进行预定导引规律的解算,形成导引控制指令。

（4）伺服控制功能：根据控制指令，驱动并控制舵机完成对炸弹的飞行稳定控制。

（5）炸弹电气系统的控制及状态监控。

（6）向记录仪/遥测等记录设备输出炸弹工作状态参数。

（7）仿真及测试功能：具备实现半实物闭环仿真测试、系统检测、通过外部接口注入卫星信号及惯性传感器数字信号的功能。

2.弹载计算机的组成

弹载计算机实际上是一个计算机系统，它包括硬件和软件（例如 TI 公司的TMS320C6713 及其 BIOS 操作系统）两大部分。硬件为软件的运行控制以及接口信息的传送控制提供物理平台和基础，软件实现整个弹载计算机的发射控制、系统测试、飞行控制的功能。弹载计算机的原理框图如图 5-31 所示。

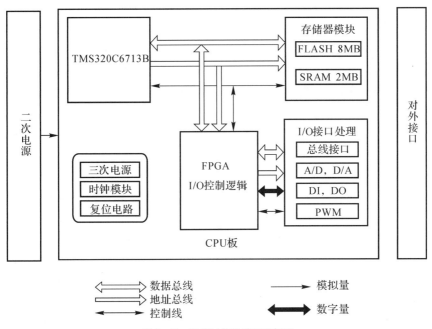

图 5-31　弹载计算机的原理框图

弹载计算机软件是计算机各项功能的实现程序，具有与硬件密切相关、对外数据接口协议多且复杂、功能强大且实时性要求高等特点。弹上设备的控制全部通过数据串口由计算机实施完成。弹载计算机作为整个控制系统的中枢，实时接收高度表及惯导中陀螺和加速度计的输出信号，按控制策略进行计算输出舵控信息，并按飞行时序要求由软件发出各种时序指令。

弹载计算机应该称为嵌入式弹载计算机，因为它包含嵌入式的计算机硬件、

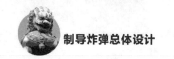

监控软件和应用软件,具有明显的实时性、可靠性、嵌入性、准确性。嵌入式弹载计算机是控制系统的核心组成部分,其发展应适应制导武器控制系统的需求,同时在充分吸收和应用先进微电子和现代计算机技术的基础上不断促进系统的发展,如现代集成了小型化、微型化及智能化的弹载计算机。

3. 弹载计算机的指标要求

(1)必须具有丰富的接口。弹载计算机的接口数量和类型必须满足信号传递的需求,包含 GJB289A 总线、CAN 总线、串口、PWM 接口、调试口、模拟量输入输出、开关量输入输出、脉冲输入等接口。

(2)计算工作量及计算速度。在采样周期确定条件下,计算机完成的工作量决定了存储器的容量和计算机的速度要求。

(3)必须有足够快的启动时间。

(4)对弹载计算机的物理参数(如外观、尺寸、质量、质心、接口等)提出要求。

(5)对供电(电流、电压)提出要求。

(6)对软件开发提出要求。软件开发过程按 GJB 2786A—2009《军用软件开发通用要求》执行,软件开发文档应满足 GJB 438B—2009《军用软件开发文档通用要求》,软件配置管理按 GJB 5235—2004《军用软件配置管理》执行。

5.6.4　舵机

1. 舵机的功能

舵机是稳定控制系统的重要组成部分,其功能是按照控制指令和来自敏感元件的反馈信号的大小和极性操控舵面偏转,产生操纵力以保证制导炸弹稳定受控飞行。

2. 舵机的组成

(1)电动舵机系统的组成。电动舵机系统主要由综合信号放大器、伺服电动机、减速器及位置检测装置组成。其工作原理为综合信号放大器通过采集及综合比较指令和反馈,形成误差信号达到控制伺服电动机电枢电压从而实现伺服电动机输出不同的转矩和转速,经过减速器减速后具备较大的带载能力驱动负载运动。

(2)气动舵机系统的组成。气动舵机系统主要由综合信号放大器、力矩电动机、活塞作动筒、反馈电位计组成。其工作原理为综合信号放大器比较放大指令及反馈,形成误差信号控制力矩电动机连接的导体在通电线圈中偏转,从而影响进入活塞作动筒两腔气体流量、压力,实现与活塞固连推杆运动并带动负载运动。

（3）液压舵机系统的组成。液压舵系统主要由力矩电动机、电液伺服阀、液压执行机构及反馈装置组成。其工作原理为通过控制力矩电动机偏转方向及大小实现对电液伺服阀流入液压作动筒两腔液体流量及压力控制，从而推动液压执行机构输出端负载运动。

限于安装体积、能源等方面的问题，制导炸弹多采用电动舵系统。

3. 舵机的技术指标要求

舵机作为制导炸弹制导控制系统的执行机构，典型特点是动态性能高、功率强和非线性因素比较明显，其性能参数对制导控制系统的性能影响较大。根据制导控制系统设计原则，对舵机的相关技术指标要求如下：

（1）带宽必须足够宽。舵机的带宽足够宽，才能使俯仰、偏航通道稳定控制系统达到足够的带宽，保证弹体的稳定控制，同时能够快速抑制高频诱导滚转力矩。典型制导炸弹舵机的带宽应达到 10 Hz，相位滞后不超过 20°，幅频特性不应有凸起。

（2）空载角速度应足够高，实现舵偏角快速达到要求的位置和不致造成高频噪声影响对制导信号的响应。一般要求制导炸弹舵机空载角速度不低于 300°/s。

（3）必须有足够的输出力矩，要在最大负载条件下有不低于 70°/s 的舵面角速度。

（4）要有小的稳态误差，一般要求在弹性负载条件下，稳态误差不大于 0.2°。

（5）要有小的零位误差，一般要求在 ±0.5° 之内。

（6）要控制舵机间隙，一般要求在 ±0.1° 之内。

（7）对最大舵偏角要进行限制，一般要求在 ±25° 之内。

（8）对舵机的自检深度和时间要提出要求。

（9）对舵机的物理参数（如尺寸、质量、质心、接口等）提出要求。

|5.7 数学仿真|

制导炸弹制导控制系统数学仿真是以控制系统的数学模型和仿真计算机为基础，在仿真计算机上搭建制导炸弹的制导时序、制导模型、姿控模型、导航模型、弹体动力学与运动学模型、导引头模型、舵系统模型，模拟制导炸弹在空中六自由度的运动情况，验证基于理论设计的制导控制系统性能，检验制导炸弹控制系统在在全投放包络和各种干扰条件下的性能，结合控制系统任务书，从时域和

频域指标验证控制系统指标,包括制导控制系统的稳定性、快速性、抗干扰性、机动能力和容差等。

数学仿真贯穿于制导炸弹制导控制系统设计的全过程,包括制导控制系统指标的提出、制导控制系统方案论证、制导回路和姿控回路设计及优化、重要组件性能或误差对制导控制系统的影响、气动和结构特性及拉偏对制导控制系统的影响、制导控制时序对姿态控制和战术技术指标的影响等。甚至在投弹后,利用数学仿真复现:制导炸弹在空中的运动过程,对某些靶试试验过程中出现的问题进行验证;对某些重要的气动参数进行离线辨识,以提高气动参数的正确性,进而对制导控制系统进行优化设计。通过数学仿真可以发现理论设计忽略的问题或理论不能解决的问题,还可以对制导炸弹的总体性能指标进行综合评估。因此,数学仿真已经成为制导炸弹总体设计和制导控制系统设计中不可或缺的手段。

5.7.1　制导控制系统数学模型

建立制导炸弹制导控制系统各组成部分的数学模型,用这个数学模型来描述原制导控制系统。根据此模型和炸弹的有关原始数据和气动导数等进行计算机仿真,模拟炸弹的全弹道运动过程。具体的数学仿真模型形式需要根据仿真任务确定。对仿真模型的功能而言,不同的制导方式和导引律模型的组成虽然有所不同,但是基本模型框架都如图 5－32 所示。

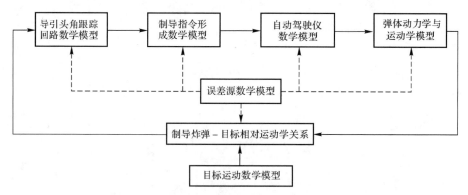

图 5－32　制导炸弹制导控制系统数学仿真模型框架

1. 弹体动力学和运动学模型

弹体动力学和运动学模型是仿真模型的核心,代表着制导炸弹在空间中线运动和角运动的特性。这是以炸弹的控制面为输入、炸弹的质心运动参数和绕质心运动为输出的模块。

2. 自动驾驶仪模型

自动驾驶仪模型描述了制导控制指令、伺服传动和弹体运动之间的运动关系,是通过控制规律实现导引律和弹体姿态稳定的关键环节。这是以制导指令和炸弹运动参数为输入、炸弹控制面偏转为输出的模块。

3. 导引头数学模型

在制导系统中,导引头测量目标相对炸弹的角位置偏差信号,由导引头角跟踪回路来控制消除角偏差并给出弹目相对运动视线角速率和相对运动速度等信号。由于不同导引头的制导体制和工作原理等方面差异性较大,因此导引头数学模型也相差较大,需根据具体的导引头的制导体制和设计指标建立导引头数学模型。

4. 控制指令形成数学模型

该模型反映制导炸弹制导规律及由此形成的控制指令,依据导航信息和导引头输出信息,并根据预先设定的导引规律形成控制指令。

5. 目标-炸弹相对运动数学模型

该模型描述了制导炸弹接近目标时的运动规律。根据不同的制导方式和导引律,包括弹目距离 R 和接近速度 $\dot{R}$、高低角偏差 ε_s 和方位角偏差 λ_s、弹目视线角 q 和视线角速率 $\dot{q}$ 等数学模型。

6. 目标运动数学模型

目标运动数学模型对制导控制的影响很大,一定程度上决定了制导炸弹制导方式和导引律的选择。若采用制导炸弹打击固定目标,则目标运动数学模型可简化为空间中的一个不随时间变化的点。

7. 误差数学模型

制导炸弹的气动偏差、结构偏差、动力偏差、大气模型与风场模型偏差、惯组偏差、舵机偏差、导引头偏差以及目标定位偏差和初始投放偏差等都会影响制导控制系统的性能和品质,故在制导控制系统设计过程中还需要考虑上述误差的影响。

需要说明的是,上述所有模型都必须进行验证,所有模型在使用前的整个开发阶段必须完成一系列严格的校核、验证和确认。

5.7.2 数学仿真过程及主要内容

1. 仿真过程

仿真过程系指数学仿真的工作流程,它包括如下基本内容:系统定义(或描

述)、数学建模、仿真建模、计算机装载、模型运行及结果分析等,其中数学建模是它的核心内容。所谓数学建模就是通过数学方法来确定系统的模型形式、结构和参数,以得到正确描述系统特征和性状的最简数学表达式。仿真建模就是实际系统的二次模型化,它将根据数学模型形式、仿真计算机类型及仿真任务,通过一定的算法或仿真语言将数学模型转变成仿真模型,并建立起仿真试验框架,以便在计算机上顺利、正确地运行仿真模型。

2.仿真内容

对于制导控制系统,数学仿真是初步设计阶段必不可少的设计手段,亦是某些专题研究的重要工具。为此,数学仿真应包括以下四方面的主要内容:制导控制系统性能仿真,制导控制精度仿真,系统故障分析仿真,专题研究仿真。

5.7.3 仿真结果分析与评估

系统数学仿真的目的是依据仿真输出结果来分析和研究系统的功能和性能。因此,仿真结果分析非常重要。仿真分析方法一般包括统计分析法、系统辨识法、贝叶斯分析法、相关分析法及频谱分析法等。由于制导炸弹制导控制系统是在随机变化环境和随机干扰作用下工作的,且存在较多非线性,需要采用合适的统计方法,如在工程上应用较多的蒙特卡洛数字模拟法就是典型的统计方法。蒙特卡洛法是根据给定的统计特性,选择不同的随机初始条件和随机输入函数,对仿真系统做大量的统计计算,并得到系统变量的统计特性。

对数学仿真结果的分析还包括对仿真结果的置信度的分析,其一是数学模型相对于真实系统的准确度,这需要在建模和校验中解决;其二是所采用统计分析方法的置信度,包括脱靶量计算、随机变量和随机输入函数的处理等。

依据仿真试验的任务内容和要求,对仿真试验结果进行分析。明确仿真试验分析的内容、步骤和方法,有利于提高仿真试验结果分析的质量和效率。

仿真试验结果的分析是仿真应用中最重要的内容,对于制导控制系统设计人员而言,通过对仿真结果的分析,能处理和解决制导控制系统设计和靶试试验中的问题,因此系统仿真在设计和试验中起到很重要的作用。在工程项目中,仿真试验结果分析需要做到:判断仿真试验的结果是否满足仿真试验任务书的要求;全面分析仿真设备、仿真方法和仿真系统所处的环境对仿真试验结果的影响。

|5.8 半实物仿真|

5.8.1 试验目的

半实物仿真试验的目的就是采用实物代替模型,在实验室内构造逼真的物理环境,用数学模型将系统接连起来进行仿真试验,尽可能全面地考核系统的性能。对武器系统制导控制系统半实物仿真试验来说,就是要在实验室条件下,针对制导控制系统建模困难或不精确的情况,通过模拟实际的飞行试验环境,考核那些对制导系统动态特性和制导精度有直接影响的实际制导部件和子系统的性能,为武器系统的性能评定提供部分依据。

半实物仿真试验的目的主要有以下几点:

(1)辅助新型武器的制导控制系统设计,验证新的制导控制系统方案、性能。

(2)对系统进行参数优化,为研制中的制导控制系统性能验证、评定和修改设计提供依据。

(3)检验制导与控制系统部件的技术性能。对元部件参数进行优选及故障研究,研究某些部件和环节特性对制导控制系统的影响,提出改进措施。

(4)研究系统的抗干扰能力,评估制导与控制系统在各种干扰作用下的性能。

(5)检验制导与控制系统在接近实战环境下的工作性能及制导精度。

(6)评估制导与控制系统的仪器误差。

(7)补充制导控制系统建模数据和检验已有的数学模型,并为研究复杂部件及其交联影响的数学模型提供充分的试验数据。

(8)检验各子系统和设备工作的协调性,检验系统性能,控制产品质量。

(9)辅助飞行鉴定试验:试验条件的确定、试验故障复现、边界条件打靶、模拟数字打靶。

5.8.2 试验设计

半实物仿真试验设计的问题就是设计什么样的试验内容、按照什么条件试验、测试哪些数据,才能全面而充分地考核原系统,从而通过半实物仿真试验对原系统的性能给出客观的评价。当然,制约半实物仿真试验设计的主要的因素是试验的目的和产品的技术状态。

按照研制阶段来划分,半实物仿真试验项目包括:

（1）原理样机半实物仿真试验。

（2）初样机半实物仿真试验。

（3）正样机半实物仿真试验。

（4）定型样机半实物仿真试验。

按照试验对象的系统构成来划分，半实物仿真试验项目包括：

（1）部件和分系统半实物仿真试验：如舵机在回路仿真、稳定回路仿真、组合导航系统仿真。

（2）全系统仿真：全部制导控制部件参与的系统仿真。

按照试验特征来划分，半实物仿真试验项目包括：

（1）开环仿真：采用标准测试信号或仿真结果的动态信号对部件或分系统进行开环跟踪动态测试。

（2）闭环仿真：实时采集实物数据进行闭环仿真。

按照试验性质来划分，半实物仿真试验项目包括：

（1）系统或算法设计试验。

（2）参试优化试验。

（3）产品性能考核试验。

（4）产品性能验证试验。

（5）产品鉴定试验。

（6）故障复现和分析试验。

5.8.3　试验流程

半实物仿真的试验流程是试验方法和步骤的具体体现。以制导航空炸弹制导控制系统半实物仿真试验为例，其半实物仿真试验的内容主要包括开环测试和闭环半实物仿真。

开环测试包括仿真计算机与转台的联试、仿真计算机与弹载计算机的联试、仿真计算机与舵机负载模拟器联试、模拟记录仪计算机与弹载计算机的联试、惯导安装在转台上的随动测试、仿真计算机与惯导之间的通信测试等。

半实物仿真试验遵循先开环测试，再闭环仿真的原则。进行闭环仿真时，将制导系统产品和仿真试验设备逐步加入仿真闭环中，闭环规模由小到大，直到形成完整的制导控制系统半实物仿真闭环回路。闭环仿真系统由小到大可分为 6 种仿真模式。

1. 开环测试

（1）仿真计算机与转台的联试。仿真计算机通过光纤反射内存与转台连接，仿真计算机向转台发送幅值大小为 angle＝t 的角度。转台控制计算机同时将转台转动的反馈角度通过光纤反射内存发给仿真计算机以便比较。

仿真计算机向转台发送定幅值和频率的正弦信号,保存转台数据分析响应情况。

(2)仿真计算机与弹载计算机的联试。仿真计算机通过串口向弹载计算机发送解算后的导航数据,通过检测口来检测仿真计算机发送的数据和导航计算机接收的数据是否一致。

仿真计算机接收弹载计算机发送的舵偏角电压信号,比较仿真计算机接收的与发送的是否一致。

(3)仿真计算机与舵机负载模拟器联试。仿真计算机发送铰链力矩给舵机负载模拟器,比较仿真计算机发送的铰链力矩大小和极性与舵机负载模拟器实际加载的力矩大小和极性是否一致。

(4)模拟记录仪计算机与弹载计算机的联试。将模拟记录仪计算机、惯导、弹载计算机、火控模拟器、地面电源、舵机通过弹上电缆和测试电缆连接,按正常流程进行试验,直到离机指令给出后,断电,检查模拟记录仪计算机记录的数据是否正确。

(5)惯导安装在转台上的随动测试。仿真计算机通过光纤反射内存发送角速率指令驱动转台,将安装在转台的惯导信息通过串口发送给仿真计算机。比较仿真计算机发送和接收的数据极性和数值是否一致。

2.仿真模式 1 试验

仿真模式 1 闭环系统主要由仿真计算机、弹载计算机、综合控制器和火控模拟器构成。其目的是检验弹载计算机飞控解算功能和接口通信的正确性,便于及时发现问题,对不满足要求之处进行修改,以完善飞控解算模块的软、硬件设计。仿真系统的连接如图 5 - 33 所示。

3.仿真模式 2 试验

仿真模式 2 闭环系统主要由仿真计算机、弹载计算机、综合控制器和火控模拟器构成。其目的是检验导航解算的正确性,便于及时发现问题,对不满足要求之处进行修改,以完善导航解算模块的软、硬件设计。仿真系统的连接如图 5 - 34所示。

4.仿真模式 3 试验

仿真模式 3 闭环系统主要由仿真计算机、弹载计算机、舵系统、综合控制器、火控模拟器构成。其目的是检验闭环中接入舵系统后制导系统的动态、稳态特性能否满足设计要求,尤其是舵机死区、频带等特性对整个闭环回路的影响,便于及时发现问题,对不满足要求之处进行修改,以完善制导系统的设计。仿真系统连接如图 5 - 35 所示。

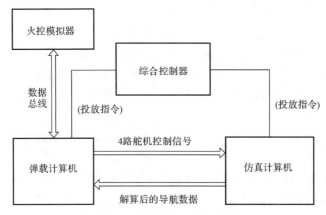

图 5-33　仿真模式 1 系统原理图

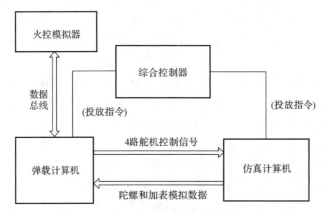

图 5-34　仿真模式 2 系统原理图

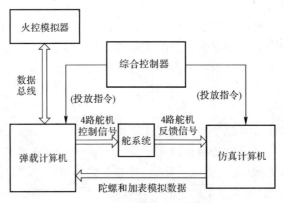

图 5-35　仿真模式 3 系统原理图

5. 仿真模式 4 试验

仿真模式 4 闭环仿真系统主要由仿真计算机、火控模拟器、弹载计算机、舵系统、综合控制器组成。闭环系统的连接如图 5-36 所示。其目的是检验闭环中接入数字模拟卫星数据后制导控制系统的制导精度能否满足设计要求,对不满足要求之处进行修改,以完善制导系统的设计。

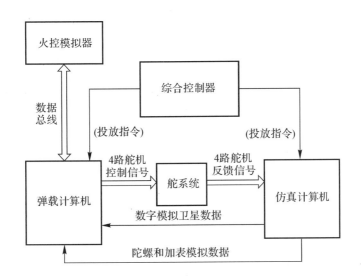

图 5-36 仿真模式 4 系统原理图

6. 仿真模式 5 试验

仿真模式 5 闭环仿真系统主要由仿真计算机、惯导、弹载计算机、舵系统、综合控制器、模拟记录仪、转台和火控模拟器组成。闭环系统的连接如图 5-37 所示。惯导安装在转台上,这种仿真模式主要考核制导系统设计的正确性、动态特性、系统的稳定性、制导律参数的鲁棒性以及加卫星组合导航下的落点精度情况。

7. 仿真模式 6 试验

仿真模式 6 闭环仿真系统主要由仿真计算机、惯导、弹载计算机、舵系统、导引头、综合控制器、模拟记录仪、五轴转台和火控模拟器组成。闭环系统的连接如图 5-38 所示。惯导和导引头安装在五轴转台的内三轴上,目标模拟器安装在外两轴上,这种仿真方式较为全面地考核制导系统设计的正确性、动态特性、系统的稳定性、制导律参数的鲁棒性及制导炸弹落点精度。

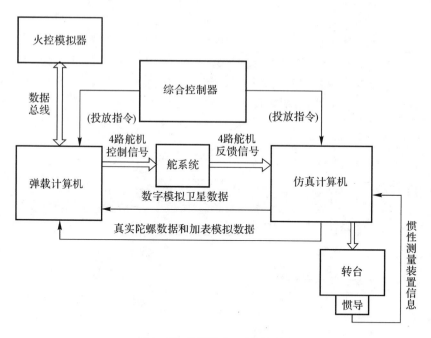

图 5-37 仿真模式 5 系统原理图

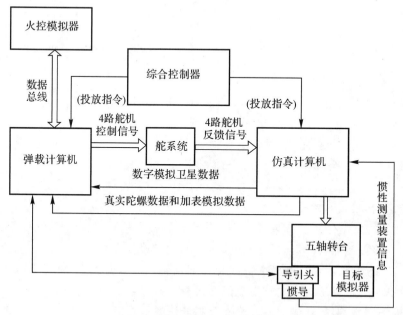

图 5-38 仿真模式 6 系统原理图

5.8.4 试验结果分析

1.仿真结果分析

系统仿真的目的是依据仿真输出的结果来评定和研究系统的功能和性能。系统仿真的结果与原系统试验结果是否相匹配,这是仿真技术中需要解决的一个关键问题。

仿真结果与原系统试验结果一致性的评定,一般方法是将仿真系统的输出与原系统试验的结果相比较,统计分析方法是一类常用的方法。仿真系统的输出数据可以分为静态数据和动态数据,例如炸弹的落点偏差或脱靶量是静态的,而炸弹在飞行过程中的特性参数,如姿态角、姿态角速度、舵偏角等是动态的。

根据各个武器系统总体指标要求的不同,仿真结果主要关注脱靶量、飞行过程中及末端姿态变化、角度参数信息、速度信息、位置变化信息及舵机偏转角等。

2.校核、验证与确认

目前,国内外的仿真界已经达成了共识:没有经过验证的仿真模型没有任何价值,没有经过可信性评估的仿真系统也没有任何价值。工程实践也表明:想要让仿真系统真正具有生命力,必须对系统的建模与仿真进行可信性研究,而且应该将它贯穿于系统建模与仿真全生命周期中。仿真的可信性研究又常称为"校核、验证与确认"即 VV&A。

半实物仿真系统的 VV&A 一般步骤如下:

(1)制订 VV&A 初步评估计划。概念化仿真系统 VV&A 计划,建立 VV&A 方案的基本框架,包括 VV&A 的主要步骤和可能需要进行的评估工作列表。

(2)系统方案校核和验证。由于大型半实物仿真系统涉及的软硬件多,系统复杂,因而合理的方案是保障仿真正确性和可信度的第一步,对仿真系统方案的校核和验证以仿真需求为参考依据。

(3)系统实时性测试。半实物仿真是时间约束非常强的过程,半实物仿真系统是高精度的硬实时系统,其计算、数据通信和关键信号的处理如果出现超出范围的延迟将可能直接导致整个仿真试验失败,甚至可能损坏产品和设备。因此实时性测试是 VV&A 评估中的重要内容。

(4)分系统校核和验证。这是 VV&A 的详细工作。需要制定划分系统层次和对各分系统进行校核和验证的各项工作及所需方法。

(5)系统实验结果验证。对全系统的仿真结果进行验证是为了测定系统描述"真实世界"的表现、性能、精度和一致性满足预期应用的要求的程度。在这一

阶段应遵循 VV&A 的相对原则。

(6)进行系统确认。通过权威机构确认,将全面回顾和评价在系统仿真过程中进行的校核和验证工作,并将最终做出对该仿真应用是否可用的正式确认。

(7)制定 VV&A 报告。记录各阶段的 VV&A 工作并给出正式、规范的 VV&A 报告,该报告将汇集到该仿真系统的资源仓库,并为以后的仿真应用提供依据。

第 6 章

引战系统设计

引战系统设计的目的是保证炸弹能有效毁伤目标。根据打击目标的不同，引战有不同的匹配模式，比如侵彻弹战斗部往往采用延时引信，聚能破甲战斗部往往采用瞬发引信，杀爆战斗部往往采用近炸引信，引战匹配是总体设计中重要的一个环节。本章主要侧重于介绍常规战斗部和引信的功能、组成、分类和选型依据及设计要点等内容。

|6.1 概 述|

引战系统是整个武器系统的毁伤及起爆控制单元,也是武器系统作战效能的最终体现,主要包括引信、战斗部两个部分,战斗部又包含战斗部壳体、炸药、传爆药柱等,如图6-1所示。目前国内外装备和在研的制导炸弹基本以常规战斗部为主,引战系统的设计确定了对目标的毁伤方式和打击效果。本章主要侧重于介绍常规战斗部和引信的设计目标、分类、选型依据和功能特点等内容。

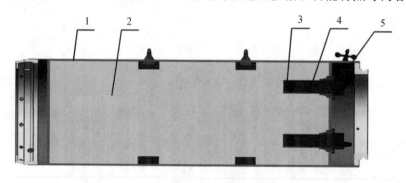

1—壳体; 2—炸药; 3—传爆药柱; 4—引信本体; 5—引信电源

图6-1 引战系统组成

|6.2 设 计 目 标|

引战系统设计的类型、质量由目标摧毁概率来确定，被攻击的目标特性决定了设计的主要依据，如攻击的主要目标为区域内分散的面目标时，战斗部的设计主要以子母战斗部为主，攻击的主要目标为加固的混凝土工事目标时，一般采用侵彻型战斗部设计，采用以具有延时起爆功能的引信为主，图6-2所示为温压侵彻炸弹战斗部在坑道内爆炸的效果。

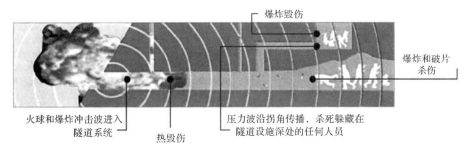

图6-2 温压侵彻炸弹战斗部在坑道内的爆炸效果

引战系统的战术要求主要包含功能、用途、威力、时间控制和使用特点等，技术要求主要包含引信和战斗部的尺寸、质量、强度、可靠性、维修性、安全性、保障性、测试性，使用环境条件及与弹药总体的安装协调尺寸、信息交联方式及成本等。最终的设计目标是设计出满足以上战术和技术要求的产品。

|6.3 研制流程及主要内容|

制导炸弹引信与战斗部设计是一项复杂的技术过程，一般分为可行性论证阶段、方案阶段、初样阶段、正样阶段和状态鉴定阶段，其中初样阶段、正样阶段又统称工程研制阶段。

6.3.1 可行性论证阶段

制导炸弹引信与战斗部项目开始研制之前必须进行可行性论证，也就是通

常所说的指标论证。研制单位应根据使用方和总体的要求，进行全面的综合论证分析，并根据前期的预研成果、技术方案的可行性分析报告、关键技术解决情况的报告和研制技术进度，提出可供选择的制导炸弹引信与战斗部研制技术方案。

可行性论证阶段是对使用方提出的技术指标进行论证，主要内容如下：

（1）配合使用单位对目前易损性和期望的作战效能进行分析，对指标的合理性及指标之间的匹配性提出分析意见。

（2）进行技术可行性分析。设想总体方案和可能采取的主要技术途径并计算总体参数，通过分析和计算向装药和引信系统提出指标论证要求，综合总体计算结果和分系统论证结果，提出可能达到的指标、主要技术途径和关键技术，必要时，可针对可行性方案中的技术难点提出关键技术研究项目，并组织实施研究。此外，还要对研制经费进行分析。

（3）拟采用的新技术、新材料、新工艺和解决措施。

6.3.2　方案阶段

方案阶段是型号研制重要的阶段，主要开展制导炸弹引信与战斗部详细方案的论证、设计、试验、仿真分析和验证，确定整体技术方案，是型号研制的决策阶段。在设计时要求统筹考虑技术继承性、经济性、可靠性和采用新材料、新工艺、新技术的技术成熟度。主要内容包括：

（1）选择和确定主要方案。为进行总体参数选择和计算，首先要选择和确定的方案有：引信炸点的控制要求、工作时序及控制电路设计，战斗部的主要气动外形、结构布局、质量质心特性，经过与总体的多轮协调，最后确定主要方案。

（2）爆炸威力参数。利用理论分析或数值模拟等手段，获得各种方案的爆炸威力、破片杀伤能力、引战匹配设计等参数。

（3）侵彻动力学参数计算。结合理论分析和数值模拟等方法，获得各种弹头形状所具有的侵彻能力、结构强度、装药安定性等评估数据。

（4）进行战斗部缩比试验、原理样弹研制和部分原理性试验。

（5）完成方案阶段评审。

6.3.3　工程研制阶段

工程阶段（包括初样和正样阶段）的任务是用初样/正样对设计、工艺方案进行测试及试验验证，进一步协调技术参数，完善引信与战斗部的设计方案。主要内容包括：

(1)工程阶段样机试制。研制样机,根据任务书与图纸对样机的主要尺寸和质量特性进行测量,获得实测数据验证设计的有效性等。

(2)提出对引信炸点控制设计、装药等分系统工程研制阶段设计要求。它建立在工程研制阶段试验的基础上,经过反复协调、试验和精确计算最后形成对分系统设计技术要求。

(3)样弹地面试验。工程研制阶段地面试验主要包括环境试验、功能性能试验和安全性试验,对战斗部样弹的环境适应性、主要性能与安全性进行验证与评价。

(4)完成工程研制阶段评审。

6.3.4 设计定型阶段

设计定型阶段是使用方对型号的设计实施定型和验收,全面检验制导炸弹引信与战斗部战术技术指标的阶段。其主要工作内容有:

(1)进行引信、战斗部分系统的定型设计,编写有关技术文件。

(2)确定设计定型技术状态,完成定型靶场外试验和靶场产品的研制工作。

(3)按定型大纲要求完成规定的设计定型试验。

(4)完成设计定型文件编制工作。

(5)完成设计定型审查。

|6.4 引 信 设 计|

6.4.1 引信的功能及组成

引信应按预定功能正常作用,在确保我方人员安全的前提下,使战斗部能够在相对目标最有利位置或时机起作用,最大限度地发挥其威力。将"安全"与"可靠引爆战斗部"二者结合起来,就构成了现代引信的基本功能。

一般来说,要求现代引信具有以下4个功能:

(1)在引信生产装配、运输、贮存、装填、发射以及发射后的弹道起始段,不能提前作用,以确保我方人员的安全。

(2)感受发射、飞行等使用环境信息,控制引信由保险状态转变为可作用的

待发状态。

（3）感受目标的信息并加以处理、识别，选择战斗部相对目标最佳作用点、作用方式等，并进行相应的发火控制。

（4）向战斗部输出起爆信息并具有足够的能量，完全可靠地引爆战斗部主装药。

前两个功能主要由引信的安全系统完成，具体在引信中涉及隔爆机构、保险机构、电源控制系统、发火控制系统等；第三个功能由引信的目标探测与发火控制系统来完成，还涉及装定机构、自毁机构等；第四个功能由引信的爆炸序列来完成。引信组成示意图如图6-3所示。

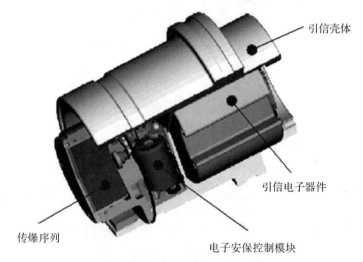

引信壳体

引信电子器件

传爆序列

电子安保控制模块

图6-3　引信组成示意图

6.4.2　引信的分类和选型

引信有各种分类方法。它可以按作用方式来分，如触发引信、非触发引信等；按作用原理来分，如机械引信、电引信等；按配用弹种来分，如炮弹引信、航弹引信等；按弹药用途来分，如穿甲弹引信、破甲弹引信等；按装配位置来分，如弹头引信、弹底引信等。

引信是随目标、战斗部以及作战方式和科学技术的发展而不断发展进步的。引信的功能在不断完善，人们对它的认识在不断深化，有关引信的概念也在不断深化发展。而所有这些发展，其主要目的仍然是使战斗部在相对目标最有利的位置和时机起作用，如图6-4所示。因此引信选用的原则就是将战斗部毁伤效果最大化,满足炸弹总体设计要求的作战目标。

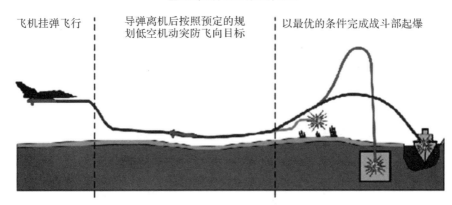

图6-4 不同引信的毁伤效果

6.4.3 引信系统设计

围绕制导炸弹引信"系统安全性"和"可靠起爆战斗部"的两个核心功能。在引信系统设计时主要按照发火控制系统、爆炸序列、安全系统和能源装备分别开展设计。

1.发火控制系统

发火控制系统主要用来探测和接收目标的信息,使炸弹在接近目标时,战斗部以最佳的位置、姿态起爆。其主要功能如下:

(1)敏感炸弹与目标的相对速度等环境信息。

(2)对目标信息进行处理,给出激发引信的数字信号。

(3)输出能量信号,使引信的爆炸序列的第一级火工品可靠发火,如在机械触发引信中,通过与目标的直接撞击使动能转化成电能从而引爆电雷管。

2.爆炸序列

爆炸序列由感度递减、威力递增的火工品组成,将发火控制系统输出的能量不断放大,输出的力、电、光由第一级火工品转换为爆轰冲击波,经导爆药、传爆药有控制地放大,按照预定方式完全起爆战斗部。

3.安全系统

引信的安全系统是全弹安全的保障,要求具有以下功能:

(1)具备环境信息的检测和识别能力,能可靠地对给定的弹道环境信息进行

检测和识别,并且能可靠地区分其他干扰的信号,必须能感受制导炸弹发射-飞行环境。

制导炸弹感受到的环境在时序上有严格的要求,要求对感受的环境变量状态变化的先后顺序和独立性进行单独设计。

(2)能可靠地完成对保险执行元件的控制,实现系统从保险状态到解除保险状态的转变。

制导炸弹的安全保险至少应包含两级不同环境条件激励信息,安全系统的设计应具有严格的安全逻辑,即第二道保险先于第一道保险解除,安全系统应具有自锁功能。在保险的设计上,每一个执行元件都能够防止意外解除保险。

4. 能源装备

能源装置的作用是为发火控制系统、安全系统和爆炸序列第一级火工品提供能源,一般由弹上热电池和引信内部电容组成。当引信为侵彻类引信时,弹上热电池为引信发火控制系统和安全系统供电,引信内部电容为起爆爆炸序列供电。引信系统也可自带发电装置,如美国的 JDAM 系列制导炸弹的引信均有专用的能源装备。

6.4.4 国外研制的几种航空炸弹引信

1. 美国 M904E2 型常规航空炸弹引信

现代战争与武器的发展,要求设计出解除保险时间不随投弹条件而变、在一个引信上对解除保险时间及延期时间均可调、可用于高速飞机和低阻炸弹上的隔离雷管型炸弹引信。美国 M904E2 引信就是按这样的要求设计的。其基本设计思想是:同时利用计量旋翼的转速及转数来设计旋翼减速机构;让击发体随旋翼减速机构的输出轮一起旋转,通过改变击发体解除保险过程中的转角,来实现对解除保险时间可调的要求;用更换标准延期组件的办法实现延期时间可改变的要求,并且可自引信体上直接更换,不与其他零件发生关系,缩小旋翼的翼展,加长旋翼高度,增加旋翼水平倾角,以适应高速投弹的要求。

M904E2 引信为弹头引信,由旋翼机构、等速调速器及减速轮系、可转动的活机体及装定装置、延期装置、水平回转式隔离雷管机构和传爆管等组成,主要配用于 MK80 系列低阻通用炸弹,也可以配用在杀伤炸弹、重型毒气弹和老式(高阻)通用炸弹上。引信的解除保险时间是从头部装定的。等速调速器的上部有头部锥帽,在其锥形部上冲有许多凸起,以便用手旋转锥帽。

在头部固定器上有装定解除保险时间的刻度值。头部固定圈用螺钉拧在引信体上。进行时间装定时,需同时按下装定按钮,释放对头部锥相的锁定,才能转动头部锥帽,此时定位器与头部锥帽一起转动,就可以装定定位器与击针上座缺口之间错开的角度。M904E2 引信最小装定时间是 2 s,最大装定时间是 18 s,每隔 2 s 有一挡,共 9 挡。这 9 个装定位置由一个分度盘上的 8 个凹槽来控制,如图 6 - 5 所示。

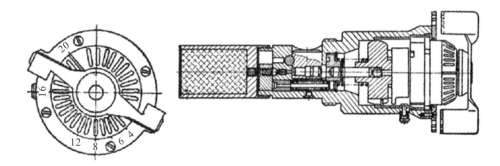

图 6 - 5　美国 M904E2 引信

在击针下座的下面是延期合件,其中装有延期组件。它有瞬发作用和 0.01 s、0.025 s、0.05 s、0.1 s、0.25 s 的延期作用等 6 种组件以供选用。在引信装入炸弹前,选择所需的组件装于引信体中。不装延期药时,引信为瞬发作用状态。投弹时,穿在旋翼与头部固定圈上的保险叉被拔出。旋翼在迎面气流作用下旋转,通过等速调速器与减速轮系,驱动击针上座与击针下座缓慢地旋转。到达装定的解除保险时间时,击针上座的缺口与定位器对正而被释放,在弹簧的推动下上升,钢珠进入上击针座与击针顶部形成的空腔内。击针下座的缺口同时也与柱塞对正,柱塞在柱塞簧推动下上升,释放雷管座。雷管座在弹簧推动下回转,与接力药柱和导爆药对正,引信处于待发状态。碰目标时,引信头部受冲击,击针上座通过钢珠推动击针下移撞击 M9 延期装置中的火帽,引信发火。

2. FMU - 139 系列电子炸弹引信

FMU - 139 系列引信是电子冲击起爆/起爆延迟引信系统。该引信是一种具有多选择性的弹尾/弹头引信。如图 6 - 6 所示,该引信主要配装 MK80 系列、BLU - 110、BLU - 111 和 BLU - 112 通用炸弹,还包括一些制导炸弹。FMU - 139 系列引信主要包括 FMU - 139A/B 引信、FMU - 139B/B 引信、FMU - 139C/B 引信。

FMU - 139A/B 是 20 世纪 80 年代中期到 90 年代中期装备美国空军的一种机电触发的弹尾引信(见图 6 - 7)。它有 6 种延期解除保险时间和 3 挡延期作用时间可供装定。能量是通过 FZU - 48B 起动器中的空气涡轮发电机提供的,它在炸弹从载机上投下时绳索拉开后开始工作。它与头部近感传感器输出的近炸发火信号兼容,能感知空气阻力,能在飞机起飞前通过微机装定发火信号。除触发延时功能之外,引信还能接收其他独立的近感传感器的信号。

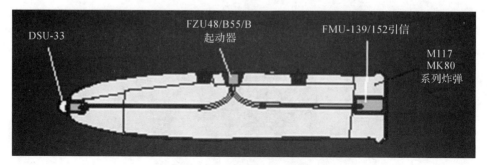

图 6-6   FMU-139 系列引信安装方式

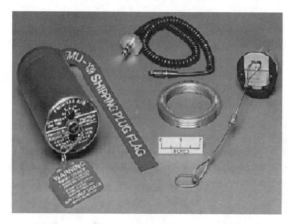

图 6-7   FMU-139A/B 弹尾机电触发引信

　　FM-139A/B引信采用计算机决定解除保险时间和作用时间。通过引信体上的各种开关预置低阻和高阻弹的解除保险时间和触发后的延期时间。解除保险过程从接通 24 V 的直流电和收到从 FZU-48/B 炸弹引信起动器上传来的涡轮释放信号开始。阻力传感器以 62.5 ms 的时间间隔采集一次数据,在炸弹投放后 1.7 s 以内,若在 28 个数据中至少有 16 个合适(表示重力加速度水平合适),则阻力传感器开关闭合,计算机据此作出判断设置解除保险时间为 2 s;或在 2.5 s 以内,若在 40 个数据中有 16 个合适,则设置 2.6 s;或在 2.75 s 内,在 60 个数据中有 16 个合适,则设置 4 s 或 5 s。在要求的解除保险时间到达之前 100 ms,释放杆从转子上移开,释放转子。当移动释放杆的活塞驱动器点燃时,如果释放杆开关原来就是断开的或断开失效,则引信将瞎火。到解除保险时间时,点燃膜盒驱动器使转子进入解除保险位置并锁定,对正爆炸序列。开关置于雷管脚线短路断开的位置。解除保险后 40 ms,被设置的线路可接收发火信号,当触发或近炸信号到来时雷管就发火。

FMU‐139B/B 是一种电子瞬发或触发延时起爆引信(见图 6‐8)。它提供多种作用方式供选择:弹尾引爆,弹头引爆,弹头和弹尾同时引爆。它与头部近感探测器传来的近炸发火信号兼容,能感知高空空气阻力,可在飞机飞行中选择解除保险时间,引信的瞬发或延期时间在投弹前装定,在飞行中仅能对瞬发和延期进行选择。能量通过 AN‐AWW 系列引信功能控制装置(FFCS)从飞机传到引信上。

图 6‐8 FMU‐139B/B 电子瞬发或触发延时起爆引信

FMU‐139B/B 引信的解除保险时间和作用时间由计算机控制。在飞行中,由引信作用控制器选定解除保险时间 5.5 s 或 10 s。触发延期时间是通过引信体上的开关预先设置的,通过 MK122 保险开关共给电能,在电源切断时引信启动,阻力传感器以 62.5 ms 的时间间隔采集一次数据。在炸弹投放 2.5 s以内,若 40 个数据中至少有 16 个合适(表示重力加速度水平合适),则阻力传感器开关闭合,计算机据此选择 2.6 s 延期解除保险时间。在要求的解除保险时间到达前 100 ms,释放杆从转子上移开,释放转子。当移动释放杆的活塞驱动器点燃时,如果释放杆开关原来就是断开的或断开失效,则引信将瞎火。到解除保险时间时,点燃膜盒驱动器使转子进入解除保险位置,并将其锁定,对正爆炸序列。开关置于雷管脚线短路断开的位置。解除保险后 40 ms,被设置的电路可接收发火信号。当触发或近炸信号到来时雷管就爆炸。FMU‐139B/B 和FMU‐139A/B 的区别在于其释放杆外露部分较长。

FMU‐139C/B 引信是一种触发/近炸/延时多模式起爆引信(见图 6‐9)。

该引信可选择解除保险时间是 2～20 s，利用 FZU-48 启动器或 FFCS 能量起爆器对其提供能源，双独立发射信号和环境感应，采用固态电路先进电子技术，可自动延迟减速识别，可靠度大于 95%。可装配 MK80 系列通用炸弹、M117 炸弹、JDAM 制导炸弹等。

图 6-9 FMU-139C/B 触发/近炸/延时多模式起爆引信

3. FMU-152/B 联合可编程引信

FMU-152/B 是一个空军、海军通用的具有近炸、瞬发、触发延期多功能的可编程引信，用于一般的杀伤爆破和侵彻型整体式战斗部。图 6-10 所示为 FMU-152/B 联合可编程弹尾触发引信。FMU-152/B 引信保证弹药平时、发射、飞行中的安全，由飞行员（或海军投弹员）根据战场和目标选择不同作用方式和起爆延迟时间。它能适用于 AGM-130、GBU-10/12/15/16/24/27/28 和所有 JDAM 系列武器装备，配用于 MK82、MK83、MK84、BLU-109、BLU-113 等战斗部，能替代现库存的 FMU-139、FMU-143 系列引信。

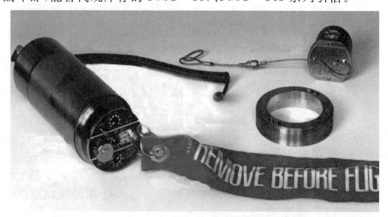

图 6-10 FMU-152/B 联合可编程弹尾触发引信

|6.5 战斗部设计|

6.5.1 战斗部的功能与组成

战斗部作为炸弹武器系统的有效载荷,是直接完成预定作战任务不可或缺的分系统,各种炸弹武器功能的总和就是把战斗部投送到预定攻击的目标处,靠引信控制适时作用。制导炸弹战斗部通常由壳体、主装药、传爆药、缓冲材料等组成,在全弹的总体布局中一般位于头部或中部。

以爆破战斗部为例,战斗部壳体是战斗部的结构主体,既要具有足够的装药空间,满足爆破性能要求,又要兼顾侵彻性能,满足侵彻强度要求,同时还要满足与炸弹其他结构件的对接和承力要求。

主装药是战斗部的爆炸能源,既要具有足够的能量密度,又要具有足够的安定性。战斗部药室内壁涂底漆和沥青清漆,以避免主装药和战斗部壳体直接接触,并在一定程度上缓解装药过载。由于战斗部在侵彻时受到较高的过载,为了增加安全性,在药室头部设计填充体。

传爆药柱的功能是接收引信输出的起爆能量并放大,可靠起爆主装药。传爆药柱一般较主装药具有更高的敏感度,与引信起爆系统直接接触。

6.5.2 战斗部的分类和选型

由于军事目标的多样性,因而制导航空炸弹战斗部种类也具有多样性。按照战斗部的组成方式,可以将战斗部分为整体式战斗部和子母式战斗部。

1. 整体战斗部

整体战斗部从功能分有爆破、半穿甲、侵彻、杀伤、燃烧等类型,如图 6-11 所示。随着战斗部技术的发展,具有爆破和杀伤、侵彻和爆破等复合毁伤功能的战斗部成为发展趋势,以下主要就常见的战斗部进行介绍。

(1)爆破战斗部主要用于攻击地面目标和水面目标,通常分为外爆式和内爆式两种类型。外爆战斗部壳体较薄,可装填较多的炸药,装填系数较大,配用近炸引信或触发引信;内爆战斗部要求炸弹直接命中目标,战斗部钻入目标内部爆炸,采用触发延期引信,战斗部壳体应具有较高强度,以保证战斗部有效地进入目标内部。

（2）半穿甲战斗部属于内爆战斗部，凭动能穿入目标内部爆炸，壳体形成杀伤破片，采用触发延期引信，以保证战斗部进入内部一定深度时起爆主装药，用于攻击非装甲舰艇十分有效。

（3）杀伤战斗部主要用于攻击雷达阵地，使雷达失去搜索跟踪和制导功能。杀伤战斗部的效能取决于破片在战斗部内的安排、破片形状、破片质量及破片飞散特性，通常采用预制破片是，配用近炸引信。

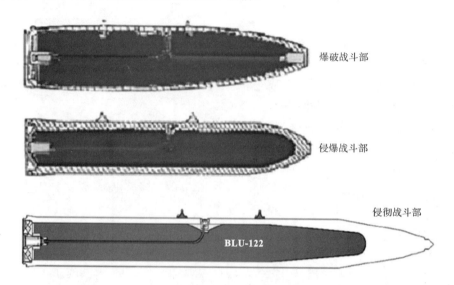

图 6-11　不同用途的战斗部设计示意图

（4）侵彻战斗部根据侵彻机理不同又分为动能侵彻战斗部和串联复合侵彻战斗部。

动能侵彻战斗部是一种利用制导炸弹飞行的动能，撞击、穿入掩体内部而摧毁目标的战斗部，如图 6-12 所示。

图 6-12　动能侵彻战斗部试验图

　　串联复合侵彻战斗部一般由一个或多个安装在弹体前部的聚能空心装药弹头与安装在后部的侵彻弹头（随进弹头）构成。与动能侵彻战斗部相比，复合侵彻战斗部的效能更高。因此，复合侵彻战斗部不但可以减轻武器的重量，同时又增大了武器的弹着角范围，一般可达 60°，是一种更先进的侵彻弹头技术，如图 6 - 13 所示。

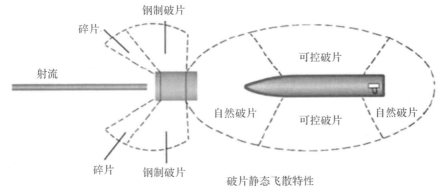

BROACH战斗部破片飞散模式

图中所示为扩爆装药与随进炸弹同时起爆的破片飞散模式

图 6 - 13　串联战斗部概念图

　　由于现代战场上需要的打击的目标种类多，为了更有效地毁伤目标，根据打击目标的类型，制导炸弹配备了多种不同类型的战斗部。在炸弹总体初始方案策划时，通常一型弹会规划多种战斗部，形成系列化的武器装备，见表 6 - 1。从打击目标的易损性的特点开展战斗部的选型是比较惯用的做法。

表 6 - 1　美国 GBU - 24 制导炸弹采用的引战系统

GBU - 24(V)9/B		
弹头：MK - 84 质量：2.315 lb 长度：173 in 制导：WGU - 43G/B		Tornado
GBU - 24(V)10/B		
弹头：BLU - 109 质量：2.315 lb 长度：170 in 制导：WGU - 43G/B		Tornado

续 表

Enhanced Paveway™Ⅲ DMLGB（UK）		
弹头：BLU－109 质量：2.375 lb 长度：170 in 制导：WGU－39（UK）		Tornado

注：1 lb＝0.454 kg，1in＝2.54 cm。

如混凝土加固的桥梁、防御工事、建筑物、舰船等中大型目标对常规战斗部破片的毁伤不太敏感，弹体侵入后的爆炸毁伤效果最好，对这类目标通常会选用具有侵彻和爆破功能的战斗部。针对坦克等具有很强装甲钢防护能力的装备，较好的毁伤手段一般为射流侵彻或杆式动能侵彻，对应要选用的战斗部为聚能破甲战斗部和杆式穿甲弹。

2.子母战斗部

子母战斗部又称集束战斗部，主要用于杀伤地面面目标，如兵器阵地、集群的装甲车辆和武装人员等。从组成结构看，子母战斗部主要由抛撒机构和子弹药组成，如图6-14所示，其可定义为有多个整体战斗部功能特点的小型弹药集成的战斗部系统。相比整体战斗部，子母战斗部系统具有面目标杀伤效费比高、威慑力大等特点，是空地弹药战斗部重要的组成部分。

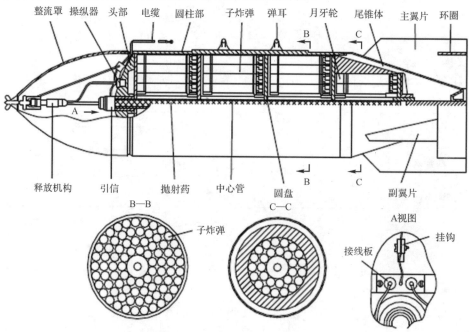

图 6-14　某型子母战斗部结构图

　　子母战斗部种类较多,有反坦克子母战斗部、反人员子母战斗部、反机场跑道子母战斗部、区域封锁子母战斗部、反电力设施子母战斗部。子母战斗部的使用特点均比较类似,大多由制导炸弹在距目标预定的高度和距离上激发子母战斗部开舱,将战斗部内的子弹药抛出,最终的毁伤功能完全由子母战斗部内的子弹药实现。

6.5.3　战斗部系统设计

　　战斗部设计实质是战斗部威力指标实现的过程,如侵彻深度、冲击波超压范围、破片数量及其密度等;同时也应考虑到重量、尺寸、装药安定性等诸多制约限制。其设计主要包括以下内容。

　　(1)分析战斗部战术技术需求。战斗部是武器系统的毁伤单元,在战斗部的方案设计阶段,需要针对制导炸弹要求攻击的典型目标、投放条件、攻击弹道和使用要求进行详细分析,以便在战斗部方案论证和详细设计过程中统筹考虑。

　　(2)确定毁伤预定目标所需的关键威力指标。结合目标的易损特性和毁伤效能,提出最低的威力指标需求,分析炸弹的速度、引信灵敏度、弹道特性对炸弹威力指标的影响,最后还要根据现阶段国内战斗部装药、壳体材料、成本等因素,与制导炸弹总体单位共同确定最终的威力指标。

　　(3)设计战斗部外形尺寸和质量。制导炸弹战斗部通常也是全弹的独立承力舱段,在战斗部设计时,需要跟总体共同协商确定战斗部的尺寸设计,同时在战斗部质量设计时,应考量全弹总体的质量分布特性。

　　1.整体战斗部系统设计

　　整体战斗部的种类较多,但大多数情况下,其设计的流程和思路均具有相似性,本书中以制导炸弹最常用的爆破战斗部为例,简要介绍战斗部的设计原理。

　　爆破战斗部主要利用炸药爆炸产生的爆轰产物和爆炸冲击波破坏目标,同时也具有一定的侵彻效应,可以用于打击地面、水面的多种目标,典型的如建筑、铁路、桥梁、港口、有生力量、技术兵器阵地等。相对于侵彻战斗部之类的厚壁战斗部,爆破战斗部为典型的薄壁弹,但弹体仍有一定厚度,以满足打击冻土等半硬目标时的侵彻结构强度要求,同时弹体在爆炸气体的驱动下形成自然破片,具有一定的破片杀伤效果。以装填比作为衡量参数,侵彻战斗部的装填比约为$10\%\sim20\%$,爆破战斗部的装填比一般大于40%,以保证较强的爆炸威力。

　　(1)冲击波的毁伤计算。爆破作用为炸药爆炸后高温、高压、高速爆轰产物膨胀功的作用。其作用体现在两个方面:一个方面是爆轰产物的直接作用,即战斗部直接接触目标爆炸,或在目标内部狭小封闭的空间内爆炸,爆轰产物的巨大

压力直接施加目标上,对目标造成毁伤;另一个方面是战斗部在介质(空气、水等)中爆炸,气体产物的能量传给介质,压缩介质产生冲击波,并由爆心向四周传播。目标在冲击波压力作用下受到不同程度的破坏,这种作用称为冲击波作用。

冲击波阵面的压力相比爆炸前的初始压力具有一定突跃,二者之差 $\Delta P_m = P_\varphi - P_a$ 称为冲击波超压峰值。

超压峰值的计算与炸药种类、质量及传播距离有关,通常在相似理论基础上通过试验获得工程计算的经验公式。

如果主装药柱的 TNT 当量为 w,爆心到目标的距离为 r,那么自由场空气冲击波的数值由下式计算:

$$\Delta P_m = 0.84 \left(\frac{\sqrt[3]{w}}{r}\right) + 2.7 \left(\frac{\sqrt[3]{w}}{r}\right)^2 + 7 \left(\frac{\sqrt[3]{w}}{r}\right)^3, \quad 1 \leqslant \frac{r}{\sqrt[3]{w}} \leqslant 15 \quad (6-1)$$

土壤地面爆炸时:

$$\Delta P_{mGr} = 1.02 \frac{\sqrt[3]{w}}{r} + 3.99 \left(\frac{\sqrt[3]{w}}{r}\right)^2 + 12.6 \left(\frac{\sqrt[3]{w}}{r}\right)^3, \quad 1 \leqslant \frac{r}{\sqrt[3]{w}} \leqslant 15$$

$$(6-2)$$

正反射、正规反射时,反射压力为

$$\Delta P_r = 2\Delta P_m + \frac{6\Delta P_m^2}{7 + \Delta P_m} \quad (6-3)$$

空中近地爆炸时,地面对爆炸空气冲击波的影响如图 6-15 所示。φ_0 为冲击波阵面与被作用物体表面的角度,φ_{0c} 是发生马赫反射的临界值。φ_{0c} 与装药质量 $w(kg)$ 和爆炸点与地面的距离 $H(m)$ 的关系由试验得到,见图 6-16。

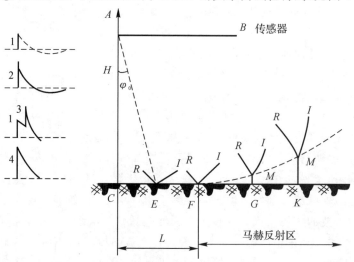

图 6-15　地面对爆炸空气冲击波的影响

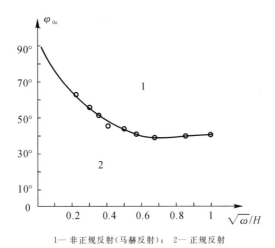

1— 非正规反射(马赫反射); 2— 正规反射

图 6 - 16 临界角 φ_{0c} 与装药质量 ω(kg) 和炸高 H(m) 的关系

发生马赫反射时 $\varphi_{0c} < \varphi_0 < 90°$,反射压力为 $\Delta P_M = \Delta P_{mG}(1 + \cos\cos\varphi_0)$。

战斗部产生的冲击波主要用于杀伤人员、一般车辆、技术装备、轻型结构、飞机等软目标或半软目标。这类目标通常在冲击波超压 $\Delta P_m = 0.1\,\text{MPa}$ 时发生较重的损伤,其战斗功能基本失效。为了描述战斗部爆炸后的威力,提出"冲击波威力半径",即冲击波超压 $\Delta P_m = 0.1\,\text{MPa}$ 所对应的距炸点的平均半径,以此衡量空中爆炸的威力指标。

(2)爆破战斗部壳体自然破片杀伤作用。战斗部作用时,战斗部弹体在爆轰产物驱动下断裂形成破片,在气体驱动下破片以一定速度 v_p 向四周飞行。破片在运动中,受空气阻力作用,速度逐渐变小,随着飞行距离的增加,其杀伤动能逐步降低。

自然破片战斗部爆炸后,部分壳体被粉碎成极小的粉末状金属颗粒,其余部分则破碎成形状、质量不同的破片。一般希望壳体在爆炸后形成质量分布均匀的破片,破片破碎性能是判断杀伤能力的标志。应用 Mott 方程求得破片数目随质量的分布规律。

1)破片总数。

$$N_0 = m_s/2\mu \qquad (6-4)$$

式中:N_0 为破片总数;m_s 为弹体质量(kg);2μ 为破片平均质量(kg),并且

$$\mu^{0.5} = Kt_0^{5/6}d_i^{1/3}(1 - t_0/d_i) \qquad (6-5)$$

式中:t_0 为壳体壁厚(m);d_i 为壳体内直径(m);K 为炸药系数($\text{kg}^{1/2}/\text{m}^{7/6}$)。

炸药的常用参数参考值见表 6 - 2。

表 6 - 2 炸药系数 K 及 A 的试验值

炸药种类	试验条件			炸药系数	
	t_0/mm	d_1/mm	m_o/m_s	$K/(\text{kg}^{1/2} \cdot \text{m}^{-7/6})$	$A/(\text{kg}^{1/2} \cdot \text{m}^{-7/6})$
B 炸药	6.451 6	50.774 6	0.377	2.71	8.91
TNT	6.426 2	50.8	0.355	3.81	12.6
H - 6	6.451 6	50.774 6	0.395	3.38	11.2

2）质量大于 m_p 的破片的数量。

$$N(m_p) = N_0 \exp[-(m_p/\mu)^{0.5}] \qquad (6-6)$$

式中：$N(m_p)$ 为质量大于 m_p 的破片数；m_p 为任意破片质量(kg)。

一般钢制整体式壳体战斗部在充分膨胀后破裂所形成的破片，大致为长方体，其长：宽：厚约为 5：2：1。经验证明，在多数情况下，破片数随质量的微分、积分分布规律接近正态分布。对于自然破片战斗部，弹丸爆炸后破片质量损失约为 15％ ～ 20％，半预制破片战斗部的破片质量损失约为 10％ ～ 15％，而预制破片战斗部的破片质量损失仅为 10％ 左右。

3）破片初速。破片初速 v_0 一般采用经典 Gurney 公式进行初步计算：

$$v_0 = \sqrt{2E} \sqrt{\frac{\beta}{1+\beta/2}} \qquad (6-7)$$

式中：$\sqrt{2E}$ 为格尼速度；β 为装药质量和壳体（破片）质量之比。

不同炸药的 $\sqrt{2E}$ 值见表 6 - 3。

表 6 - 3 不同炸药的 $\sqrt{2E}$ 值

炸药名称	密度/(g·cm⁻³)	$E/(\text{C} \cdot \text{g}^{-1})$	$\sqrt{2E}/(\text{m} \cdot \text{s}^{-1})$
RDX	1.77	1.03	2 930
TNT	1.63	0.67	2 370
TNT/Al 80/20	1.72	0.64	2 320
TNT/RDX 36/64	1.72	0.89	2 720
HMX	1.89	1.06	2 970
Tetryl	1.62	0.75	2 500
PETN	1.76	1.03	2 930

式(6-7)只能对破片初速进行初步计算，真实战斗部的爆炸与理论计算是有出入的。影响战斗部破片初速的因素很多，如装药性能、装填比、壳体材料和装药长径比和起爆位置等。为提高破片初速，应在确保安全性的前提下尽量提

高装药密度;装填比对初速提高虽然有利,但不明显,即使装填比提高 1 倍,初速的增量只有不到 20%。壳体材料塑性的增加有利于延长破片的加速时间,增大壳体破裂时的相对半径,可以获得更高的破片初速。装药长径比对初速有显著影响,端部效应使战斗部两端的破片初速低于中间段的破片初速,不同长径比时,端部效应的影响程度存在明显不同。在总质量不变的前提下,增大长径比可以减少装药能量损失,提高破片初速。起爆位置不同,会影响破片初速在轴线上的分布。一端起爆时,端部效应使战斗部两端的破片初速低于中间段的破片初速且起爆端破片初速高于非起爆端;两端起爆时,爆轰波在战斗部中间汇聚,中间部位的破片得到更大的冲量,所以中间位置破片速度很高;中心起爆时,中间处破片初速高于两端破片初速且破片速度沿战斗部轴线对称。

4) 破片存速。破片存速与破片的初速、飞散距离以及破片速度衰减系数有关。破片飞散距离 x 处破片存速计算公式为

$$v_x = v_0 e^{-\alpha x} \tag{6-8}$$

式中:v_0 为破片初速(m/s);x 为破片飞散距离(m);α 为破片速度衰减系数。

破片速度衰减系数可用下式求得:

$$\alpha = \frac{C_x \rho_0 H(Y) A_s}{2q} \tag{6-9}$$

式中:C_x 为破片飞行空气阻力系数;ρ_0 为海平面处空气密度,$\rho_0 = 1.225(kg/m^3)$;$H(Y)$ 为高度 Y 处的相对空气密度,$H(Y) = \rho_H/\rho_0$,ρ_H 为高度 Y 处破片密度;A_s 为破片迎风面积(m^2);q 为破片质量(kg)。

不同形状破片飞行时的空气阻力系数 C_x 可按表 6-4 近似选取。

表 6-4　不同形状破片阻力系数

破片形状	球形破片	圆柱形破片	矩形和菱形破片	不规则破片
阻力系数 C_x	0.97	1.17	1.24	1.5

破片迎风面积的计算公式为

$$A_s = \Phi q^{2/3} \tag{6-10}$$

式中:Φ 为破片形状系数($m^2/kg^{2/3}$)。

不同形状破片形状系数 Φ 可按表 6-5 近似选取。

表 6-5　不同形状破片形状系数

破片形状	球	立方体	圆柱体	平行四边形	长方体	菱形体
形状系数 $\Phi/(m^2 \cdot kg^{-2/3})$	3.07×10^{-3}	3.09×10^{-3}	3.347×10^{-3}	$(3.6 \sim 4.3) \times 10^{-3}$	$(3.3 \sim 3.8) \times 10^{-3}$	$(3.2 \sim 3.6) \times 10^{-3}$

从表 6-5 可知,各种破片的形状系数 Φ 的变化范围为 $(3.07 \sim 4.3) \times 10^{-3}$ $\mathrm{m}^2/\mathrm{kg}^{2/3}$。破片形状实际是不规则的,$\Phi$ 的理论值偏低,需乘以修正系数 1.12。工程计算时可近似取 $\Phi = 0.005 \ \mathrm{m}^2/\mathrm{kg}^{2/3}$。

杀爆战斗部的破片杀伤作用主要以破片对目标的击穿作用为主,而击穿主要靠破片碰撞目标时的动能,所以可用破片的动能 E 衡量破片的杀伤效应。破片的终点动能计算公式为

$$E = 1/2 m v_x^2 \tag{6-11}$$

式中:E 为破片终点动能,J;m 为产品爆炸后产生的破片质量,取 $3 \times 10^{-3} \mathrm{kg}$;$v_x$ 为破片终点速度,$\mathrm{m/s}$。

5) 杀伤标准。杀伤准则源于对目标破坏过程的物理本质的认识,用于判断破片对目标的致毁效率。破片对目标的毁伤能力采用动能准则作为杀伤标准进行评估。使用动能准则时,对目标的造成毁伤的破片要具有最小必要打击动能,大于该动能的破片被称为有效破片。因为破片实际重量不一,速度衰减系数也是不相同的,破片随飞行距离的增加动能降低,有效破片终将会在飞行某一距离 r 后变成无效破片,即随着距爆心距离的增加有效破片数量会减少。有效破片相对数随飞行距离 r 减少的规律称为破片飞失律 $n(r)$:

$$n(r) = \frac{N(r)}{N} \tag{6-12}$$

式中:N 为破片总数;$N(r)$ 为距离 r 处有效破片数。

根据存速公式式(6-8),破片飞行距离 r 可表示为

$$r = \frac{q^{1/3}}{0.5 C_x \rho_0 H(Y) \Phi} \ln\left(\frac{v_0}{v_r}\right) \tag{6-13}$$

能满足对目标毁伤标准的破片存速 v_r 为

$$v_r = \sqrt{\frac{2E_\mathrm{B}}{q}} \tag{6-14}$$

式中:E_B 为由动能准则确定的最小必要打击动能(J);q 为破片质量(kg)。

动能杀伤不同目标的能力标准见表 6-6。

表 6-6 动能杀伤标准值

目标	人员	飞机	机翼油箱、油管	发动机	4 mm 厚 Q235 钢板	7 mm 厚装甲	10 mm 厚装甲	12 mm 厚装甲	16 mm 厚装甲
杀伤标准/J	78	1 470~2 450	194~294	882~1 323	1 500	2 156	3 430	4 900	10 190

2.子母战斗部系统设计

为确保子弹药在目标区域上空以理想的散布方式布撒,就必须充分协调母

弹开舱和子弹药抛撒两项关键技术,其设计工作也主要包括开舱系统和抛撒系统两个部分。

(1)母弹的开舱方式。根据开舱方式的不同,母弹开舱可分为以下5种方式:

1)剪切螺纹或连接销开舱。这种开舱方式多用于炮射特种炮弹开舱,如照明弹、宣传弹、燃烧弹等。一般作用过程是时间点火引信将抛射药点燃,再在火药气体的压力下,推动推板和子弹将头螺或底螺的螺纹剪断,使弹体头部或底部打开。

2)雷管起爆,壳体穿晶断裂开舱。这种开舱方式主要用于火箭子母弹与子母炮弹开舱,时间引信作用后,引爆4个径向放置的雷管,在雷管冲击波的作用下,脆性金属材料制成的头螺壳体断裂,使战斗部头弧全部裂开。

3)爆炸螺栓开舱。这种开舱方式广泛应用于航子母弹开舱,以及大型导弹战斗部和履带式火箭扫雷系统战斗部的开舱。连接件螺栓中装有火工品,以螺栓中的火药力作为释放力,靠空气动力作为分离力。

4)组合切割索开舱。这种开舱方式广泛应用于航空子母弹、火箭弹和导弹战斗部开舱。一般采用聚能效应的切割导爆索,根据开裂要求将其固定在战斗部壳体内壁上。而导爆索的周围装有隔爆的衬板,以保护战斗部内的其他零部件不被损坏。切割导爆索一经起爆即可按切割导爆索在壳体内的布线图形,将战斗部壳体切开。

5)径向应力波开舱。这种开舱方式主要用于227 mm火箭子母弹及金属箔条干扰弹的战斗部开舱。中心药管爆燃后冲击波向外传播,既将子弹向四周推开,又使战斗部壳体在径向应力波的作用下开舱。为了开舱可靠,一般在战斗部壳体上设若干纵向的断裂槽。这种开舱的特点是开舱与抛射为同一机构,整体结构简单紧凑。

(2)子弹药抛撒技术。按抛撒动力源来分,航空子药弹抛撒技术可分为以下3种:惯性动能抛撒、机械力分离抛撒和抛撒药燃气抛撒,航空子母弹目前使用最多的是抛撒药燃气抛撒。抛撒药燃气推动子弹药的作用方式主要根据子弹药的性能和总体设计的要求进行选择。对于不受加载速度因素影响的子弹药,可以采用中心管爆炸(爆炸)的抛撒方式;当子弹药的强度和性能限制了最大的加载速度时,则一般采用燃烧规律可控的火药作为抛撒药,并用气囊或活塞推动的方式来达到平缓的加载过程。

1)惯性动能抛撒。惯性动能抛撒是依靠母弹运动的惯性或旋转的离心力抛出子弹药,广泛应用于炮射子母弹和早期的航空子母弹,如美国CBU－78/-79/-87/－103/－104/－105/－107航空子母弹所采用的战术弹药布撒器(Tactical

Munition Dispenser，TMD）。惯性动能抛撒的优点是结构简单，造价较低；缺点是没有附加动力源提供动力，子弹药无法获得较高的抛速，在低空或超低空抛撒时不易大范围散布。

按照惯性抛撒机理的不同，又可分为线性惯性抛撒和离心惯性抛撒两种。线性惯性抛撒系统的结构设计简单，为避免低空或超低空投放时散布较差的问题，通常需要高空投放。离心惯性抛撒系统中子弹药与母弹的基体相连，抛撒时，子弹药靠母弹绕弹体纵轴旋转，在离心力的作用下，从母弹战斗部中被甩出来（即抛撒出来）。这就要求母弹在绕其纵轴旋转时，必须要有足够的旋转速度，这样就需要母弹离开载体时高速旋转或者是加装助旋装置，从而导致武器系统重量增加。因此，离心惯性抛撒适用于炮射旋转子母弹，但早期航空子母弹也采用了这种方案。

美国 CBU-87/B 航空子母弹（见图 6-17）在从母弹上投放出去之后，快速张开尾翼使炸弹快速旋转起来，进而利用离心力将子弹药抛撒出去（见图 6-18）。CBU-87/B 航空子母弹的尾翼张开 80 ms 后，弹载热电池启动为引信系统提供电源，并且起爆爆炸螺栓使 4 片尾翼倾斜，倾角通常可达到 56°。母弹的旋转速度可以预先选定，转速范围为 0～2 500 r/min，增量为 500 r/min。例如，载机以 700 kn 的速度投放时，CBU-87/B 航空子母弹的旋转速度可在 0.5 s内达到 2 500 r/min。

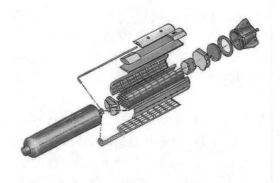

图 6-17　CBU-87/B 子母弹中子弹药排列方式

2）机械力分离抛撒。机械力分离抛撒是指在子弹药被抛出的过程中，通过子弹药本身的重量、导向杆弹簧或拨簧等机构的作用，赋予子弹药与母弹分离的分力。重力抛撒一般都是与旋转抛撒相结合，单纯依靠弹簧和重力抛撒的有美国 CBU-24/B 集束炸弹。

图 6 - 18　CBU - 87/B 子母弹中子弹药抛撒过程示意图

3)抛撒药燃气抛撒。抛撒药燃气抛撒是指依靠火药或炸药燃烧释放出的高温、高压气体推动子弹药抛离母体的抛撒方式。由于可以获得较高的子弹药抛速和可控的抛撒散布,不受母弹开仓高度的影响,抛撒药燃气抛撒在航空子母弹中得到了广泛应用,应用比较多的有中心管爆炸抛撒技术、燃气气囊抛撒技术,本书主要介绍燃气气囊抛撒的方式。

燃气气囊抛撒是利用气囊充气膨胀推动子弹药运动的一种抛撒方式。由于利用气囊来延长燃气对子弹药的有效加载时间,达到了子弹药平缓加载的目的,其抛撒过载一般可以控制在不大于 2 000g 的范围内。燃气囊抛撒是一种较为理想的子母弹抛撒结构,具有广泛的应用前景。根据燃气发生室相对于气囊的位置,囊式抛撒可分为内燃式和外燃式两种。

a.内燃式气囊抛撒系统。内燃式气囊抛撒系统主要由气囊、燃气发生室、抛弹巢等组成,如图 6 - 19 所示,每个气囊内部都有一个独立的燃气发生室,由点火系统同时点燃各燃气发生室内的抛撒药并产生高温、高压燃气,在燃气的作用下通过气囊膨胀推动子弹药运动。根据弹舱内气囊数量的不同,内燃式抛撒系统可设计成单舱单囊和单舱多囊两种。

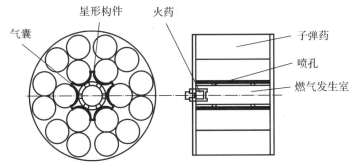

图 6 - 19　内燃式单舱单囊的抛撒系统结构示意图

单舱单囊是指每个弹舱使用一个气囊,燃烧室位于母弹弹轴处,子弹药分布于气囊的外层,在结构上与中心管爆炸抛撒结构相似,如图6-20所示,所不同的就是燃烧室不炸裂,依靠燃气压力使气囊膨胀推动子弹药运动,抛撒药在燃气发生室内燃烧,燃气通过燃气发生室的喷孔流入气囊,在燃气发生室内形成一个高压燃烧区,在气囊内形成一个低压膨胀做功区,既保证了火药在高压下能够正常燃烧,又保证了子弹药在气囊的低压作用下平缓加速,有效降低了子弹药的抛撒过载。单舱单囊系统结构设计简单,但对于尺寸较大的子母弹体,气囊结构设计和强度设计都是非常困难的,而且子弹药的运动规律也难以预测。

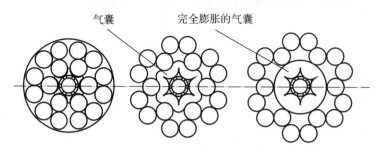

图6-20 内燃式单舱单囊的抛撒系统抛撒子弹药过程示意图

单舱多囊是指弹舱上分成几个抛弹巢,每个抛弹巢内都有一套气囊和燃气发生系统,结构设计比较复杂,结构示意如图6-21所示,特别是由于它在一个弹舱内具有多个燃气发生室,确保各燃烧室内火药时点燃、正常燃烧,以达到各抛弹巢内子弹药均匀、一致地抛出,则是一个相当难解决的关键性技术,同时由于火药直接在气囊内燃烧,对气囊材料的要求也比较高。

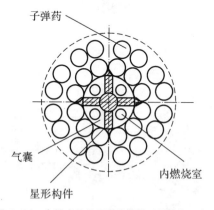

图6-21 内燃式单舱多囊的抛撒系统结构示意图

b.外燃式气囊抛撒系统。外燃式气囊抛撒系统主要由燃气发生室、燃气导管(通道)、燃气分配器、气囊、抛弹巢等子系统组成,如图6-22所示。

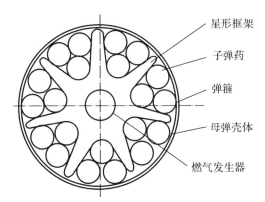

图6-22 外燃式燃气抛撒装置结构示意图

当母弹到达抛弹点时,母弹引控信号给出点火命令,电点火管击发点火点燃点火具中的点火药,点火药燃烧产生的高温燃气与灼热的固体颗粒点燃一个独立于气囊外部的共用燃气发生室内的抛撒药,产生燃气。此时,燃气聚集在燃气发生室内,燃气压力不断上升,并作用在燃气发生室管壁上的限压膜片上,当持续增加的燃气达到一定压力时,燃气冲破燃气发生室的限压膜片,高温、高压的燃气通过燃气导管和燃气分配器的喷孔流入气囊,气囊充气膨胀,压力通过弹托作用在子弹药上并传递到弹箍上,当气囊内压力增加到一定值时,弹箍在其薄弱处迅速断裂,子弹药解除约束,燃气聚能通过气囊迅速释放,使子弹药作加速运动,最终将子弹药抛射出去。

外燃式气囊抛撒系统由于燃气发生室位于气囊的外部,通过燃气分配器引入各气囊中的是火药气体,它可以通过燃气分配器的有效设计,使燃气均匀、有效地推动各仓内的子弹药运动,并产生一致的弹道效果,但由于流入气囊的燃气受分配器上喷孔的影响,限制了气体的流速,在气囊高速膨胀过程中不能加速提供火药燃气,使得气囊内的压力迅速下降,因此外燃式抛撒系统都会产生较高的子弹药过载(同等抛速下与内燃式相比较)。在外燃式子母弹的抛撒装置中,子弹药的有效性行程小,抛掷过程持续的时间较短。另外,星形框沿着径向向外膨胀,框内的容积增长率要比一般火炮大得多,从而使腔内的最大压力较一般火炮要小得多。外燃式子母弹的抛撒装置具有内弹道性能稳定、可靠,点火系统设计简单,在工程上易于实现等优点,但是也存在星形框的密封性差,火药能量损失较大的不足。英国BL755航空反装甲子母炸弹就是使用外燃式抛撒系统的一个范例。

6.5.4　国外研制的几种航空炸弹战斗部

1. SDB 战斗部

SDB（小直径炸弹）是美国空军研发的一种远射程制导炸弹。由于炸弹的侵彻深度取决于其长度和直径，所以 SDB 的结构与目前 GBU－32 侵彻武器具有同样的长度，而直径比它小得多，但侵彻能力却相当。这种只有 112 kg 重的武器只有 22.5 kg 的炸药，但具有与 BLU－109 战斗部同样的侵彻能力。SDB 的战斗载荷是非常有效的多种用途侵彻和爆炸/杀伤战斗部。经试验证实，SDB 对钢筋混凝土目标具有 1.8 m 的侵彻能力。

24 枚 SDB 可装入 F－22 喷气式战斗机原装有 6 枚 GBU－32 侵彻弹的同样空间内，几乎 100％地提高了摧毁目标设施的概率。SDB 可以使飞行器携带更多的弹药到达目标区，以较小的附带毁伤有效地打击更多的目标。这类目标包括指挥控制掩体、防空设施、油库、飞机跑道、地-地及地-空导弹阵地、火炮阵地以及高射炮兵阵地（AAA）等，图 6－23 显示了 SDB 攻击飞机掩蔽库的效果。

图 6－23　SDB 的攻击试验

美军于 2007 年 9 月成功进行了配用聚焦杀伤弹药（FLM）战斗部的 SDB Ⅰ 的第二次飞行试验。聚焦杀伤弹药战斗部取代了原先的常规钢质壳体战斗部，采用碳纤维复合材料战斗部和增强爆破炸药，以消除战斗部破片并增强爆破能力。该战斗部弹着点面积虽小，但杀伤、爆破威力大，可在精确命中目标的同时将附带损伤降至最小。目前，美国空军已成功进行了 SDB Ⅰ 聚焦毁伤弹药的试验，证明了这种装有高爆炸药和碳纤维合成的聚焦毁伤战斗部比原来的钢侵彻战斗部具有更低的附带毁伤和更高的精确度。

2. BLU－109/B 硬目标动能侵彻战斗部

BLU－109/B 战斗部为单一结构的动能侵彻型战斗部，1985 年开始服役。壳体采用高强度 4340 合金钢制成，弹壳厚度在 MK84 的基础上增加了 1/3，由原来的 14.27 mm 增加到 26.97 mm。炸药装药与 MK84 一样,采用 TNT/AL (80/20),但战斗部直径为 0.368 m,比 MK84 减小了 1/2 以上。它采用 FMU – 143/B 引信。BLU – 109/B 战斗部可装备 GBU – 24、GBU – 27 激光制导炸弹和 AGM – 130 空地导弹。到 1999 年 1 月,共生产了 31 091 枚 BLU – 109/B 炸弹,目前仍在生产。BLU – 109/B 战斗部外形如图 6 – 24 所示,与 MK84 作用效果如图 6 – 25 所示。

图 6 – 24　BLU – 109/B 硬目标动能侵彻战斗部

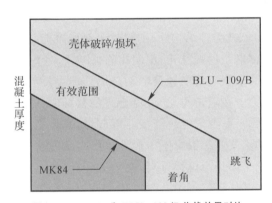

图 6 – 25　MK84 和 BLU – 109/B 作战效果对比

　　20 世纪 80 年代初,美国空军开始意识到在欧洲作战时会遇到越来越多的硬目标,这些硬目标包括指挥中心防御设施、地下存储防御设施和某些武器基地。20 世纪 50 年代开始研制的 MK84 炸弹由低碳钢制造,在撞击这些硬目标时,还未撞击到有效深度,炸弹就爆炸了。此外,如果碰撞角较大,这些炸弹会跳飞。到了 1984 年,美国空军认为情况已经相当严重,因此决定实施一项速成项目,它能与独立的制导系统结合成为精确攻击硬目标的弹药。洛克希德·马丁公司援助了该项目。

　　BLU – 109/B 战斗部壳体采用优质炮管钢一次锻造而成,没有弹头引信,通常采用安装在尾部的 FMU – 143A/B 机电引信。BLU – 109/B 也可采用英国多用途炸弹引信、美国 FMU – 152/B 联合可编程引信(JPF)和 FMU – 157/B 硬目标灵巧引信。当战斗部侵入目标时,引信可判断其侵入的不同介质,并在最佳时

机起爆战斗部。

为进一步提升毁伤能力,美国空军在 BLU-109/B 的基础上,保持其全重、质量特性、尺寸和物理接口保持不变,研制了 BLU-116 战斗部(见图 6-26),其采用次口径镍/钴钢侵彻弹,装有 PBXN-109 炸药,周围环绕铝制稳定护罩,因此侵彻能力高于 BLU-109/B,可获得比 GBU-28 更高的穿深。设计中采用了硬目标灵巧引信。

图 6-26　BLU-116 型先进单一侵彻战斗部

3. 英国的 BROACH 串联战斗部

BROACH 为串联战斗部结构,其前置战斗部位聚能装药结构(也称抗爆装药),随进战斗部位侵彻杀爆弹结构,中间用隔板隔开,防止聚能装药起爆时危及其后的杀爆主装药。隔板可将前置聚能装药爆炸能量反射给前部,有助于增强前置装药的侵彻能力。在攻击土层/混凝土下的目标时,首先,触发传感器探测目标,探测到目标之后,前置聚能装药战斗部起爆,其产生的金属射流作用于目标,清除目标上方的土层并在混凝土中形成穿孔,为随进杀爆弹侵入目标开辟通道。与此同时,随进杀爆弹与母弹分离,沿射流穿孔侵入目标,并在目标预定深度或目标内部起爆,其作用过程示意图如图 6-27 所示。

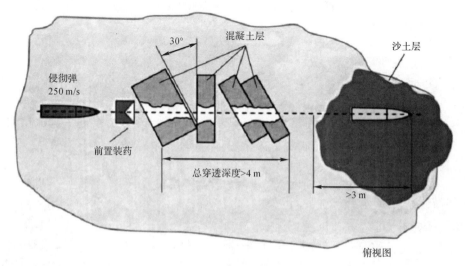

图 6-27　串联战斗部侵彻概念图

1994 年，英国航空航天公司皇家军械部（BAE Systems Royal Ordnance Division）首次透露了适合炸弹和空对地导弹使用，可攻击坚固防御目标的串联战斗部方案，最初是为满足英国空军的常规装备防区外发射导弹（CASOM）的需求，1996 年 5 月，搭载联合防区武器（JSOW）平台（见图 6-28）进行了对桥墩和加固飞机掩体（HAS）等目标的破坏试验。

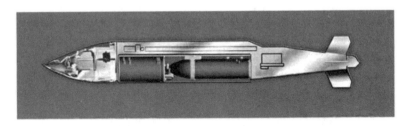

图 6-28 BROACH 战斗部配装 JSOW 防区外攻击武器剖面图

BROACH 战斗部的侵彻能力可用于对付战术碉堡、加固的飞机掩体和弹药库、桥梁和机场跑道。其杀爆能力可用于对付机场跑道、地对空导弹基地、舰船、港口、工业设施和停放的飞机/车辆等。通常，侵彻弹（如美国 BLU-109/B 侵彻弹）需要从一定高度投放，使炸弹达到穿透厚而坚固的混凝土层所所需的速度。而使用 BROACH 战斗部时，飞行员可在距离目标较远的地方，低空将其发射出去，攻击上述目标。BROACH 战斗部不完全依赖动能侵彻目标，因此受碰撞着角和撞击速度的影响较小，在对付加固的飞机掩体模拟目标试验中，仅前置装药就可对目标造成重创，BROACH 战斗部的能量约为常规动能弹的 3.5 倍。

4. 美国的 CBU-87 子母战斗部

CBU-87 子母战斗部内装 202 颗 BLU-97 综合效应子弹。弹体呈圆柱形，采用薄壳结构，如图 6-29 所示。头部为半球形，内装引信，引信可以采用时间控制或高度控制方式。尾部有 4 片折叠式尾翼，投放后打开。发射 CBU-87 时，飞机飞行速度为 370～1 300 km/h，高度为 60～1 200 m。

炸弹由载机投放发射后 0.8 s，电池激活，激活尾翼，炸弹旋转。由于尾翼基本位置与弹体纵轴成 50°角度，保证弹体以 0～2 500 r/min 速度旋转，用于控制子弹的布控宽度。旋转速度可以 500 r 为间隔进行调节。在事先设定的高度或时间位置，子母弹箱打开，子弹散布后的覆盖面积据称可以达到 80 000 m²。

BLU-97 综合效应子弹药，外形为圆柱形，壳体由钢板模压加工而成；采用聚能装药结构，内装 287 g 赛克洛托炸药（RDX/TNT 75/25）。子弹药起爆后，钢质壳体产生大量质量约 30 g 的破片，可毁伤 15 m 外的轻型车辆、75 m 外的飞机；其对付人员的有效杀伤半径达 150 m。这些破片能够可靠地击穿 11 m 外

6.4 mm 厚的装甲板。聚能装药结构在破甲效应的同时还伴随有崩落效应,可击穿 125 mm 厚的装甲板,足以穿透现代坦克的顶装甲;当对付低碳钢装甲板时,其穿深达 190 mm。此外,当被攻击区域内目标有汽油、柴油易燃物时,含锆海绵环在子弹药装药起爆后产生高温燃烧物质火种,在目标区域内纵火。BLU-97/B 子弹药采用万向机械、压电触发引信,安装在子弹药尾部,该引信由霍尼韦尔公司生产,传爆序列中采用 CM91 和 MK96 雷管。BLU-97/B 子弹药头部装有一个外伸式导管,可以感知聚能破甲战斗部的最佳炸高。BLU-97/B 子弹药结构分解图如图 6-30 所示。

图 6-29 美国 CBU-87 航空子母炸弹

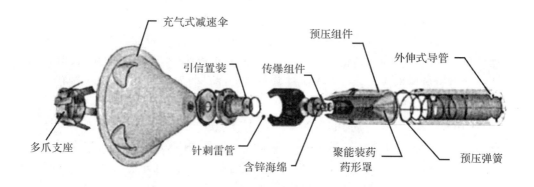

图 6-30 BLU-97/B 子弹药结构分解图

5.美国的 CBU-89 子母战斗部

CBU-89 内装 72 颗 BLU-91 综合效应子弹药和 22 颗 BLU-92 反人员地雷。全弹外形与 CBU-87 一致,不同的是,在其战斗部舱内有一个开关,用于设置 BLU-92 反人员地雷解除安全保险的条件。弹体中间有一个带可膨胀气囊的抛撒机构。CBU-89 子母战斗部示意图如图 6-31 所示。

BLU-92/B 子地雷由 M74 式反人员地雷改造而来,外形为扁圆形,如图

6-32 所示,放置在方形框架内,框架尺寸为:长 146 mm,宽 141 mm,高 66 mm。子地雷的质量为 1.68 kg。

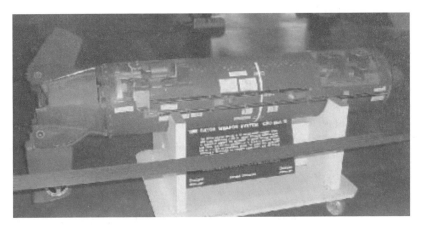

图 6-31　CBU-89 子母战斗部示意图

图 6-32　BLU-92/B 反人员子地雷

　　子弹药投放到地面之后,3 条引线自动展开,当人员触及引线时,引发子弹药起爆产生大量飞散破片,对人员进行杀伤。BLU-92/B 子地雷采用可编程自毁装置,使战场指挥者能够控制反击和防御时间。自毁时间可在飞机起飞前通过子母弹箱上的开关选择,时间为 1~7 天。

　　6. 俄罗斯 RBK-250/500 子母战斗部

　　俄罗斯航空子母炸弹现役装备的有 250 kg 和 500 kg 的 RBK-250/500 型航空子母炸弹,可装填 6 种不同型号和用途的子弹药,如图 6-33,其中 AO-2.5RTM 型用于杀伤人员和轻型武器装备;ПТАБ-1М 型装填 268 颗反坦克子弹药;SPBE-D 型装填 14 颗末敏子弹药,设计思想类似于美国空军 CBU-97 航空子母炸弹内装的传感器引爆 BLU-108/B 子弹药;БЕТАБ-25 型装填 12 颗子弹药,专门用于摧毁机场跑道;ЗАБ-2.5ГР 型装填 12 颗燃烧子弹药,用于烧毁建筑物、交通枢纽、火车站、器材仓库、油库、森林等；ОФАБ－50УД 型装填 10 颗杀伤爆破子炸弹，用于摧毁轻型装甲和易损的技术装备、军事工业目标、防御工事设施、弹药库等目标。

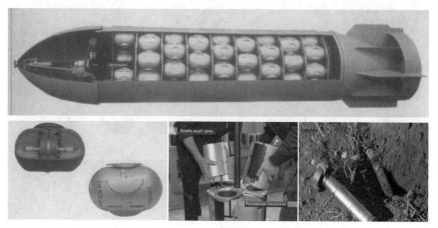

图 6－33　俄罗斯子母炸弹内装填多种子弹药

|6.6　主要试验|

引信与战斗部试验的目的是分别考核引信、战斗部、引战匹配试验是否满足总体下发的研制任务书要求，在试验项目中，除必要的性能验证试验外，还要参照国家军用标准和相关技术规范开展环境适应性、电磁兼容适应性等试验。本书主要介绍引信、战斗部在研制过程中主要开展的性能试验。

6.6.1　整体战斗部威力试验

威力试验是对战斗部爆炸后主要作用的参量、方案设计的可行性进行验证的主要手段，不同类型的战斗部进行试验的方式各有不同，但均包含了静态条件和动态条件下的威力试验项目。

在静态条件威力试验中，侵彻爆破战斗部主要测量距爆心不同距离下的爆轰冲击波超压情况，聚能装药战斗部主要测量聚能射流对装甲钢板的穿透深度和开孔大小，杀伤爆破战斗部主要测量破片数量、破片密度、破片飞散角、破片速度及其穿透威力等。

　　在动态条件威力试验中,一般采用火炮、平衡炮或火箭撬对战斗部进行加速,模拟战斗部与目标的交会速度、角度,对战斗部壳体强度、装药安定性和侵彻威力指标进行考核或评定。侵彻战斗部的动态性能试验不仅要考核壳体强度、装药安全性以及对与典型目标物体等效的混凝土靶破坏效能,还要评定不同攻角、不同落角下的侵彻效能和防跳弹性能等,为引信参数设定和战斗部的毁伤效能评估提供依据。

6.6.2　子母战斗部抛撒试验

　　子母战斗部抛撒试验主要考核子母战斗部传爆(火)序列的作用性能,子弹药抛撒速度、过载和子母战斗部蒙皮分离的可靠性,当采用切割索开舱时,还要评定切割索爆炸产生的爆轰产物隔离的有效性。

　　在静态试验时,要设计与实际开舱姿态相似的试验支架,以确保试验的真实性和考核的完备性。通常情况下,静态的开舱和抛撒试验要求独立开展试验,不同于整体式战斗部,子母战斗部的主要性能是通过静态试验考核的,因此在试验设计时,要着重考量试验工作的时序性和开舱抛撒的可靠性,以指导战斗部的具体设计细节。

　　航空炸弹的子母战斗部弹径较大,战斗部采用轻量化骨架设计,可承受的过载较低,一般采用火箭撬或飞机直接投放的方式开展动态试验。动态试验主要模拟给定速度、姿态范围下的开舱、抛撒性能。

6.6.3　引战匹配试验

　　引战匹配试验是对引信起爆能量匹配性、传火爆轰可靠性、信号传输正确性和引战接口匹配性进行考核,也包括静态性能试验和动态性能试验。

　　航空炸弹引战匹配的静态性能试验通常结合战斗部威力和子母战斗部开舱抛撒试验开展,引战匹配动态试验一般通过空投靶试进行考核。

　　引战匹配试验是航空炸弹与目标运动交会速度、姿态、方向等全作用过程的性能验证,好的引战匹配效果可以大幅提升全弹的作战性能,因此在开展引战匹配试验时,要求详细开展试验设计和试验方案设计。

第7章

"六性"设计

　　"六性"是指制导炸弹的可靠性、维修性、保障性、安全性、测试性及环境适应性。"六性"工作项目不能孤立和零散地进行,必须建立一个完善、协调、系统的工作管理和信息管理的技术方法。

　　由于"六性"各工程专业之间有共同的内涵和一致的目标,因此工程专业之间存在着密切的内在联系。以维修性工程为例,维修性工程的输入主要来自于可靠性工程和维修保障工程。可靠性工程部门提供可维修项目的维修频率估计[如平均维修间隔时间(MTBM)],维修保障部门提供装备的使用要求和保障方案。维修性工程部门据此可提出维修方案和策略,如故障预防、检测、修复要求;并通过维修分析对修复/更换/恢复时间、测试设备、维修人员技能等提出建议。由维修性工程部门确定的装备系统及主要项目的平均修复时间(MTTR)、每次维修活动的直接工时(DMH/MA)和维修人力费用应输出到维修保障工程部门作为该部门进行保障性分析(LSA)的输入,这些数据还应当作为估算装备寿命周期费用(LCC)和效能分析的依据。分析结果应迅速反馈给可靠性、维修性和测试性部门,以便进行设计迭代。此外,维修性工程还与测试性工程、安全性工程部门相关联。比如,维修性与保障性、安全性分析中的使用和保障危险分析(O&SHA)存在接口关系。

|7.1 可靠性设计|

产品的可靠性是指产品在规定的条件下和规定的时间内,完成规定功能的能力。

(1)规定的条件是指产品所处的环境条件和使用条件,包括制导航空炸弹在贮存、待命和作战时的环境条件。

(2)规定的时间是指产品的使用或工作时间。产品的使用时间不同其可靠度也不同。

(3)规定的功能是指产品能正常工作,完成预定的任务。工程上一般将系统正常工作不发生故障的概率作为系统完成规定功能的能力。

7.1.1 寿命剖面和任务剖面

制导航空炸弹从出厂验收合格到交付部队使用,经历了从包装运输、贮存、待命、起飞前检测、挂飞、发射、自主飞行,直至战斗部作用,摧毁目标等不同寿命剖面和任务剖面,如图 7 - 1 所示。

通常将制导航空炸弹的可靠性指标按寿命剖面和任务剖面划分为贮存可靠性(包装贮存可靠性和裸态贮存可靠性)、挂飞可靠性、自主飞行可靠性。

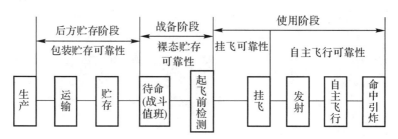

图 7 - 1　航空炸弹的寿命剖面和任务剖面

1. 贮存可靠性

贮存可靠性是经检测合格的制导航空炸弹在贮存寿命期内,按规定的贮存条件贮存到规定的时间后,启封检测合格的概率。制导航空炸弹出厂后,经铁路、公路或空中运输等到达部队库房贮存,在国防仓库主要是在密封包装箱内处于贮存状态,一般 2 年或 5 年检测一次,以定性判定其是否合格,并将故障隔离到内场可更换单元;在战备阶段处于值班或待命停放状态,这时不带包装箱裸态贮存,一般是 6 个月左右检测一次,接到作战任务后,运往停机坪,挂上飞机;机弹联合检测成功后,按预定条件完成炸弹的投放、自主飞行、毁伤目标。炸弹飞行时间一般不超过 3 h,而贮存时间长达十几年。因此,制导航空炸弹在部队的使用寿命期内绝大部分时间处于贮存状态,一定要保证其贮存可靠性。

贮存可靠性主要是指制导航空炸弹非工作状态的基本可靠性,一般用可靠度 R_t 表示为

$$R_t = \prod_{i=1}^{n} R_{t_i} = \prod_{i=1}^{n} e^{-\lambda_i t_i} = e^{-\sum_{i=1}^{n} \lambda_i t_i} \qquad (7-1)$$

式中:R_t 为各单元贮存可靠度;λ_i 为各单元贮存失效率;t_i 为贮存时间。

计算制导航空炸弹贮存可靠性时,主要按 GJB/Z 108A《电子设备非工作状态可靠性预计手册》,在后方仓库/队属仓库环境类别取"地面良好(GB)",贮存时间一般取 2 年或 5 年,待发房环境类别取"一般地面固定(GF1)",贮存时间一般取半年,环境温度一般取 30℃。

2. 挂飞可靠性

制导航空炸弹在挂机飞行期间要上电工作,挂机飞行的炸弹可能不是直接发射出去,有可能是故障弹带弹返回,也有可能是任务临时取消。因此,用于描述制导航空炸弹挂机飞行阶段工作可靠性的挂飞可靠性必不可少。

挂飞可靠性是指在工作寿命期内遵守使用维护规定的制导航空炸弹随载机飞行时,相邻两次故障的平均间隔时间,用 MTBF 表示为

$$\mathrm{MTBF} = \frac{1}{\displaystyle\sum_{i=1}^{n} \lambda_i} \tag{7-2}$$

式中：λ_i 为各单元挂飞失效率。

挂飞可靠性用于考核制导航空炸弹各组成单元的基本可靠性，反映这些组成构件故障所导致的对维修的影响。计算制导航空炸弹挂飞可靠性时，主要按 GJB 299C《电子设备可靠性预计手册》，环境类别取"战斗机无人舱（AUF）"，环境温度一般取 60℃。

3. 自主飞行可靠性

载机带弹飞行进入了攻击区且满足了发射条件后，制导航空炸弹发射，炸弹进入自主飞行阶段。这一阶段要完成产品的最终使命——飞抵目标并引爆毁伤单元，这一阶段的可靠性指标用自主飞行可靠性来描述。

自主飞行可靠性是指在规定的维护使用条件下，发射前自检合格的航空炸弹在规定的发射条件下，正常发射后炸弹能正常工作的概率，用 R_f 表示为

$$R_f = \prod_{i=1}^{n} R_{f_i} = \prod_{i=1}^{n} \mathrm{e}^{-\lambda_{f_i} t} = \mathrm{e}^{-\sum_{i=1}^{n} \lambda_{f_i} t} \tag{7-3}$$

式中：R_{f_i} 为各单元自主飞行可靠度；λ_{f_i} 为各单元自主飞行工作失效率；t 为自主飞行时间。

计算制导航空炸弹自主飞行可靠性时，主要按 GJB 299C《电子设备可靠性预计手册》，自主飞行环境类别取"导弹发射"（$\mathrm{M_F}$），环境温度一般取 60℃。

应综合国内外制导航空炸弹自主飞行可靠度的预计情况，并结合自身的可靠性水平提出合理的自主飞行可靠度指标。这里应注意的是置信度问题，鉴于制导航空炸弹研制数据的小子样特点，决定了其不可能取过高的置信度，制导航空炸弹自主飞行可靠度的置信度一般取 0.5～0.9。

7.1.2 可靠性建模

建立可靠性模型是进行制导航空炸弹可靠性预计和可靠性分配的基础。

可靠性模型包括可靠性框图模型和相应的可靠性数学模型两部分内容，主要说明制导航空炸弹各组成单元在实现全弹功能中的相互作用及相互关系。可靠性框图模型应以产品功能框图、原理图和工程图为依据并相互协调。可靠性框图应能简明扼要并直观地表示产品完成任务的各种串-并联、旁联或混联方框组合。可靠性数学模型是与可靠性框图模型相对应的数学表达式。

1. 基本可靠性模型和任务可靠性模型

在建立可靠性模型时，还应根据建模用途的不同，分别建立基本可靠性模型

与任务可靠性模型。

(1)基本可靠性模型。基本可靠性模型是用以估计制导航空炸弹及其组成单元发生的故障引起的维修及保障要求的可靠性模型。系统中任一单元可能发生故障后,都需要维修或更换,都会产生维修及保障要求,因此,基本可靠性模型可以衡量制导航空炸弹的使用费用。基本可靠性模型是一个全串联模型,即使存在冗余单元,也都按串联处理,所以,储备单元越多,系统的基本可靠性越低。制导炸弹基本可靠性框图示例如图7-2所示。

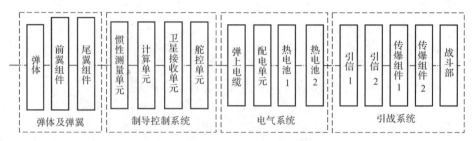

图7-2 制导炸弹基本可靠性框图示例

(2)任务可靠性模型。任务可靠性模型是描述制导航空炸弹完成任务过程中产品各单元的预定作用并度量工作有效性的一种可靠性模型。显然,系统中储备单元越多,工作越可靠,其任务可靠性也越高。制导炸弹任务可靠性框图示例如图7-3所示。

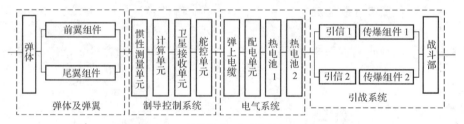

图7-3 制导炸弹任务可靠性框图示例

2.可靠性框图模型和数学模型

(1)串联模型:组成系统的所有单元中任一单元的故障都会导致整个系统的故障。串联模型为非储备模型,如图7-4所示。

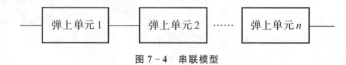

图7-4 串联模型

对应的可靠性数学模型为 $R_s(t) = \prod\limits_{i=1}^{n} R_i(t)$。

（2）并联模型：组成系统的所有单元都发生故障时，系统才发生故障。并联系统是最简单的冗余系统，为工作储备模型，如图 7 - 5 所示。

对应的可靠性数学模型为 $R_s(t) = 1 - \prod\limits_{i=1}^{n} [1 - R_i(t)]$。

（3）旁联模型：组成系统的各单元只有一个单元工作，当工作单元故障时，通过转换装置接到另一个单元继续工作，直到所有单元都故障时系统才故障，又称为非工作储备模型，如图 7 - 6 所示。

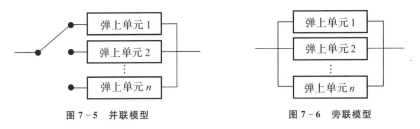

图 7 - 5　并联模型　　　　　　　　　图 7 - 6　旁联模型

非工作模型设计一般在制导炸弹上很少采用，因为其加大了系统的复杂度。

7.1.3　可靠性预计

可靠性预计是在制导航空炸弹设计阶段，根据组成系统元、部件的可靠性数据、系统的构成和工作环境等因素，估计其可靠性水平。可靠性预计是一个自下而上，从局部到整体、从小到大的过程。

1. 相似产品法

相似产品法就是将新设计的产品和已知可靠性的相似产品进行比较，从而简单地估计新产品可能达到的可靠性水平。估计值的精确度取决于历史数据的质量及现有产品和新产品的相似程度，而现有产品的可靠性数据主要来源于现场统计和实验室的试验结果。这种方法简单、快捷，在研制初期被广泛应用。

相似产品法考虑的相似因素主要有以下几个方面：

（1）产品结构及性能的相似性。

（2）设计的相似性。

（3）材料和制造工艺的相似性。

（4）使用剖面（保障、使用和环境条件）的相似性。

相似产品法的预计步骤如下：

(1)确定相似产品,即考虑各种相似因素,选择确定与新产品最为相似,且有可靠性数据的产品。

(2)分析相似因素对可靠性的影响,即分析新产品与老产品的差异及这些差异对可靠性的影响。

(3)对新产品进行可靠性预计,即由有经验的专家评定新产品与老产品的可靠性值的比值,最后根据比值预计出新产品的可靠性。

例7-1 某制导炸弹产品可靠性指标 R 为 0.95,现在引进一种新的设计技术,对舵系统的结构作了局部修改,经过专家验证,新设计的舵系统工作时可靠性增加了 1%,求产品现有的可靠度水平。

解 新、老产品的的区别在舵系统,根据经验,这将影响整个产品的可靠性。由于炸弹工作时舵系统在可靠性框图中和其他系统串联,根据相似产品法,预计现有产品的可靠度为

$$R = 0.95 \times (1 + 1\%) = 0.959\,5$$

这种方法只对具有继承性的产品或其他相似的产品比较适用,对于全新的产品或功能、结构改变比较大的产品就不太适用。

2.评分预计法

组成系统的各单元可靠性由于产品的复杂程度、技术水平、工作时间和环境条件等主要影响可靠性的因素不同而有所差异。评分预计法是在可靠性数据非常缺乏的情况下(可以得到个别产品的可靠性数据),通过有经验的设计人员或专家对影响可靠性的几种因素进行评分,对评分结果进行综合分析以获得各单元产品之间的可靠性相对比值,再以某一个已知可靠性数据的产品为基准,预计其他产品的可靠性。通常情况下各因素评分分值的范围为 1~10,且分值越高说明可靠性越差。该方法主要适用于制导炸弹的初样设计阶段。

下面给出使用评分预计法时应考虑的几种因素,可根据实际情况进行选取。

(1)复杂度。

1)所使用的元器件、部件、组件的数量。

2)所采用的加工工艺、组装的易难程度。

3)结构的复杂程度,如模块化程度、维修是否方便等因素。

(2)技术成熟水平。

1)所采用的技术、元器件、材料等以前是否采用过。

2)是否经过充分的实验验证。

3)是大量采用成熟标准件,还是采用非标准件或新研制的不成熟的零部件。

(3)环境条件。应根据分系统的安装位置和将承受的环境应力来考虑对系统影响的程度。

(4)工作时间。应根据工作时间的长短来考虑对系统影响的大小。

评分预计法主要是在产品可靠性数据十分缺乏的情况下进行可靠性预计的有效手段,但其预计结果受人为因素的影响较大。因此,在应用时,尽可能多请几位专家评分,以保证评分的客观性,提高预计的准确性。

3.元件计数法

元件计数法适用于电子设备方案论证阶段和初样阶段,元器件总类和数量大致已确定,但具体的工作应力和环境等因素尚未明确时,对系统基本可靠性进行预计。这种方法的基本原理是对元器件"通用故障率"的修正。元件计数法假设元件的寿命是指数分布的(即元件失效率恒定)。

其计算步骤是:先计算设备中各种型号和各种类型的元器件数目,然后再乘以相应型号或相应类型元器件的基本故障率,最后把各乘积累加起来,即可得到部件、系统的故障率为

$$\lambda_P = \lambda_G \Pi_Q N \tag{7-4}$$

式中:λ_P 为某类元器件预计的工作故障率;λ_G 为该类元器件的通用故障率;Π_Q 为该类元器件的质量等级系数;N 为该类元器件的总数。

4.应力分析法

应力分析法主要适用于弹上电子设备详细设计阶段,应力分析法假设元器件寿命都服从指数分布(即具有恒定的失效率)。在预计电子元器件工作故障率时,应用元器件的质量等级、应力水平、环境条件等因素对基本故障率进行修正。不同类别的元器件有不同的工作故障率计算模型,例如,下式是晶体管的失效计算模型:

$$\lambda_P = \lambda_b (\lambda_E \lambda_Q \lambda_A \lambda_R \lambda_{S2} \lambda_c) l \tag{7-5}$$

式中:λ_P 为元器件工作故障率($1/h$);λ_b 为元器件基本故障率($1/h$);λ_E 为环境系数;λ_Q 为质量系数;λ_A 为应用系数;λ_R 为电流额定值系数;λ_{S2} 为电压应力系数;λ_c 为配置系数。

当制导航空炸弹可靠性预计结果未达到规定的可靠性定量要求时,必须找出产品中的薄弱环节,并采取措施来改进产品设计,以此来满足产品可靠性要求。例如:基本可靠性不满足,可以简化设计、使用高质量的元器件调整性能容差等予以弥补;任务可靠性不满足,可以用冗余技术等弥补,但应指出,冗余设计技术会增加系统的复杂程度,降低基本可靠性,并会使寿命周期费用增加。

7.1.4 可靠性分配

可靠性分配是将航空炸弹总体可靠性指标,按照一定的方法和程序逐级分

配给各分系统或设备,作为各分系统或设备进行可靠性设计的依据。可靠性分配是自上而下的过程,可以使设计人员明确他们所要设计的产品可靠性指标要求,根据需要估计所需要的人力、时间和资源,并研究实现这些要求的方案。对于分配给各分系统或设备的可靠性指标,可通过可靠性预计进行可行性论证。可靠性预计和分配是反复迭代进行的,直到全弹的可靠性指标能够实现,且经费、进度等所有限制条件都能得到满足时为止。

当前,在进行产品可靠性分配时,人们通常用到的就是评分法,但随着研制的进行,产品定义越来越清晰,可靠性分配方法也应有所不同。采用合适的可靠性分配方法将系统的可靠性指标合理地分配到规定的产品层次,才能为产品的可靠性设计及改进性设计提供重要依据。

下面就以某制导炸弹为例,介绍其在不同研制阶段的可靠性分配方法。

例 7-2 某制导炸弹由发动机、接收机、自动装置、控制设备、电源五部分组成。可靠性指标要求为:平均无故障间隔时间 MTBF 为 180 h,任务可靠度为 0.9(置信度 0.8),单次工作时间为 12 h。

1.评分分配法

评分分配法是在方案设计阶段的初期,可靠性数据非常缺乏的情况下,通过有经验的设计人员或专家对影响可靠性的几种因素评分,并对评分值进行综合分析以获得各单元产品之间的可靠性相对比值,再根据相对比值给每个分系统或设备分配可靠性指标的分配方法。这种方法适合有经验的设计者使用。应用这种方法时,时间一般应以系统工作时间为基准,假设产品服从指数分布。

评分分配法通常考虑的因素有:复杂度、技术水平、工作时间和环境条件,各因素的评分值范围为 1~10 分,分值越高说明可靠性越差。

在本例中,各分系统的评分值及 MTBF 分配见表 7-1。

表 7-1 某制导炸弹可靠性评分分配法分配

单元名称	复杂程度	技术水平	工作时间	环境条件	评分数 ω_i	系数 C_i	$MTBF_i/h$
导引头	6	5	5	4	600	0.671 9	268
接收机	2	1	5	1	10	0.011 2	16 071
配电装置	2	1	5	1	10	0.011 2	16 071
制导控制组件	5	3	5	3	225	0.252 0	714
舵系统	6	4	1	2	48	0.053 8	3 346
总计					893	1.9	180

各分系统评分数 ω_i ＝复杂度、技术发展水平等各项评分之积。

该分系统评分系数 C_i ——各分系统评分数/各分系统评分数之和。

各分系统挂飞可靠性 $MTBF_i$ ＝系统可靠性 MTBF/该分系统评分系数 C_i。

2. 比例分配法

比例分配法是假定组成全系统的各分系统具有相同的关键性。首先根据以往的相关数据和设计经验,预测出各分系统的可靠度,根据预计出的可靠度求出预计失效概率,最后依据指标规定的系统失效概率与分系统的预测失效概率的比例来分配分系统的可靠度。

其具体方法是先求出系统的比例因子 K:

$$K = \frac{F_s^z}{F_s^y}\left(\text{或 } K = \frac{\lambda_s^z}{\lambda_s^y}\right) \tag{7-6}$$

式中:$F_s^z(\lambda_s^z)$ 为系统失效概率的指标值;$F_s^y(\lambda_s^y)$ 为系统失效概率的预测值。

再计算各系统的可靠度 $R_i(i=1,2,3,\cdots,n)$,根据各分系统的可靠性指标计算全系统的可靠度 R_s,并与系统的可靠性指标 R_s^z 相比较。如果 $R_s \geqslant R_s^z$,说明可靠性的指标分配方案合理;否则,要重新进行可靠性指标分配,直到满足 $R_s \geqslant R_s^z$ 为止。

比例法须知条件:系统由 K 个独立的的分系统(或单元)组成,每个分系统(或单元)有预先研制阶段或类似系统的故障统计资料。此法适合系统研制初期(方案设计阶段)使用,主要用于分配系统的任务可靠性。

在本例中,根据历史信息或经验估计各分系统可靠度预计值见表 7-2。

表 7-2 某制导炸弹可靠性比例分配法分配

单元名称	各分系统可靠度预计值
导引头	0.975
接收机	0.990
配电装置	0.985
制导控制组件	0.980
舵系统	0.985

$$F_s^y = F_1^y + F_2^y + F_3^y + F_4^y + F_5^y = 0.085$$

系统的指标失效概率为

$$F_{s\text{目标}}^z = 1 - R_{s\text{目标}}^z = 1 - 0.9 = 0.1$$

系统的比例因子 ω 为

$$\omega = \frac{F_s^z}{F_s^y} = \frac{0.1}{0.085} = 1.18$$

计算各分系统的可靠性指标为

$$R_1 = 1 - \omega F_1^y = 0.970\ 5, \quad R_2 = 1 - \omega F_2^y = 0.988\ 2, \quad R_3 = 1 - \omega F_3^y = 0.982\ 3,$$
$$R_4 = 1 - \omega F_4^y = 0.976\ 4, \quad R_5 = 1 - \omega F_5^y = 0.982\ 3$$

系统的可靠度 $R_s = R_1 \times R_2 \times R_3 \times R_4 \times R_5 = 0.901\ 9 > 0.9$，系统指标分配合理。

随着项目研制的进行，产品定义越来越清晰，进行可靠性分配时，必须综合考虑各分系统的重要度和复杂度。

在本例中，动力装置分系统由两台发动机并联组成，一台发动机故障而动力装置还未故障时，系统也未故障。这就涉及了产品的重要度。

在串联系统中，各分系统的重要度往往是相同的，某个分系统中构成部件数所占的百分比越大就越复杂，就越容易出故障，这就涉及了产品的复杂度。

综合考虑分系统的重要度和复杂度，系统可靠性的分配公式为

$$\theta_{i(j)} = \frac{N\omega_{i(j)} t_{i(j)}}{n_i(-\ln R_s)} \tag{7-7}$$

式中：$\theta_{i(j)}$ 为第 i 个分系统，第 j 个机构的平均故障间隔时间；N 为系统的基本构成部件总数；$\omega_{i(j)}$ 为第 i 个分系统，第 j 个机构的重要度；$t_{i(j)}$ 为第 i 个分系统，第 j 个机构的工作时间；R_s 为规定的系统可靠度指标。

考虑重要度和复杂度的比例法分配见表 7-3。

表 7-3　某制导炸弹可靠性比例法分配

序号	单元名称	分系统构成部件／个	工作时间／h	重要度
1	导引头	102	12.0	1.0
2	接收机	91	12.0	1.0
3	配电装置	95	3.0	0.3
4	制导控制组件	242	12.0	1.0
5	舵系统	40	12.0	1.0
	总计	570		

$$\theta_1 = \frac{-570 \times 1.0 \times 12}{102 \times \ln 0.923}\mathrm{h} = 837\ \mathrm{h}, \quad R_1 = \mathrm{e}^{-12/837} = 0.985\ 8$$

$$\theta_2 = \frac{-91 \times 1.0 \times 12}{102 \times \ln 0.923}\mathrm{h} = 938\ \mathrm{h}, \quad R_2 = \mathrm{e}^{-12/938} = 0.967\ 8$$

$$\theta_3 = \frac{-95 \times 0.3 \times 12}{102 \times \ln 0.923} \text{h} = 67 \text{ h}, \quad R_3 = e^{-3/67} = 0.956\,2$$

$$\theta_4 = \frac{-242 \times 1.0 \times 12}{102 \times \ln 0.923} \text{h} = 353 \text{ h}, \quad R_4 = e^{-12/353} = 0.966\,6$$

$$\theta_5 = \frac{-40 \times 1.0 \times 12}{102 \times \ln 0.923} \text{h} = 2\,134 \text{ h}, \quad R_5 = e^{-12/2134} = 0.994\,4$$

7.1.5　可靠性设计准则

在进行制导航空炸弹可靠性设计分析时,仅采用建模、预计、分配等定量分析是不够的,还需要进行可靠性定性设计,并与产品性能同步设计,这样才能使设计出来的产品满足规定的可靠性要求。可靠性设计准则是将产品的可靠性要求和规定的约束条件,转换为产品设计应遵循的、具体而有效的可靠性设计细则。

制定可靠性设计准则时,应根据产品的特点、任务要求及其他约束条件,将通用的可靠性设计标准、规范条款进行剪裁,同时加入已积累的产品研制经验,特别是总结历史的教训,从而形成产品专用的可靠性设计准则。不仅总体单位要制定可靠性设计准则,各分系统、设备承研单位也应制定相应的可靠性设计准则。

例如,在某产品设计定型靶试中,机弹安全分离后,由于弹翼未正常打开,试验弹未能飞抵目标点。故障原因定位为引信电缆在装配过程中受损,绝缘性降低,"A 指令"发出后引信电缆过流烧蚀,导致翼展控制器未正常作用。事后项目组总结出一条可靠性设计准则:在产品装配后应对引信电缆进行耐电压检查。

可靠性设计准则主要内容见表 7 - 4。

表 7 - 4　某制导炸弹可靠性设计准则

序号	名称	准则条款
1	降额设计	元器件按 GJB/Z 35 进行降额设计
2	热设计	电子部件按 GJB/Z 27 进行热设计
3	安全性设计	引信的安全性设计应满足 GJB 373 的相关要求
4	裕度设计	热电池的放电时间应进行裕度设计
6	冗余设计	引信电路采用冗余设计
…	…	…

可靠性设计准则符合性情况示例见表 7-5。

表 7-5　可靠性设计准则符合情况表

准则条款内容	符合	采取的设计措施	不符合	原因
裕度设计	√	热电池的容量在设计时已留出 20% 的裕量		
冗余设计	√	采用双发引信并联设计,提高作用可靠度		
…	…	…	…	…

可靠性设计准则的贯彻实施程序如下:

(1)型号可靠性设计准则的颁发。将型号可靠性设计准则下发到各承研单位、分系统,确保设计人员可以随时查阅可靠性设计准则详细内容。

(2)根据可靠性设计准则进行设计。设计人员根据从事的技术专业特点和可靠性设计准则中相关的条款,确定相应的设计措施,逐条予以落实,保证型号可靠性设计准则落实在设计中。

(3)编写可靠性设计准则的符合性报告。在完成初样设计和正样设计之后,设计人员应分阶段将贯彻可靠性设计准则各项技术措施汇总,编写型号可靠性设计准则的符合性报告,并经过总师系统的批准。如对型号可靠性设计准则中的个别条款没有采取措施,应充分说明理由。

(4)评审。由专家对型号可靠性设计准则的符合性报告进行评审,可靠性评审可以结合设计评审共同进行。

7.1.6　故障模式、影响及危害性分析

故障模式影响及危害性分析(FMECA)的目的是系统地分析零件、元器件、设备所有可能的故障模式、故障原因及后果,以便发现设计、生产中的薄弱环节,加以改进以提高产品的可靠性。

FMECA 由故障模式及影响分析(FMEA)、危害性分析(CA)两部分组成。只有在进行 FMEA 基础上,才能进行 CA。

(1)FMEA:分析产品中每一个可能的故障模式并确定其对该产品及上层产品所产生的影响,以及把每一个故障模式按其影响的严重程度予以分类。

(2)CA:同时考虑故障发生概率与故障危害程度的故障模式与影响分析,是对系统中每一个产品按故障的发生概率和严重程度进行综合评估。

在制导炸弹寿命周期各阶段,采用 FMECA 的方法及目的见表 7-6。

表 7 - 6　各阶段适用的 FMECA 分析表

适用阶段	方　法	目　的
方案阶段	功能 FMECA	分析产品功能设计的缺陷与薄弱环节,为产品功能设计的改进和方案的权衡提供依据
工程研制、定型阶段	功能 FMECA 硬件 FMECA 软件 FMECA 过程 FMECA	分析产品硬件、软件、生产工艺设计缺陷和薄弱环节,并提出改进措施
生产阶段	过程 FMECA	分析研究产品的生产工艺缺陷和薄弱环节,为产品生产工艺的改进提供依据
使用阶段	硬件 FMECA 软件 FMECA 过程 FMECA	分析研究产品使用过程中可能或实际发生的故障、原因及其影响,为提高产品使用可靠性,进行产品的改进、改型或新产品的研制以及使用维修决策等提供依据

FMECA 示例见表 7 - 7。

FMECA 注意事项:

(1)FMECA 工作要与产品的设计同步进行,由产品设计人员完成,贯彻"谁设计,谁分析"的原则。

(2)尽量找出所有潜在故障模式,建立故障模式库,应注意故障模式与故障原因之间的层次关系和传递关系。

(3)在做 FMEA 时,应充分重视接口、时序、逻辑等功能设计中潜在的薄弱环节的分析,尽可能发现和消除所有的设计隐患。

7.1.7　故障树分析

故障树分析(FTA)是通过对可能造成产品故障的硬件、软件、环境、人为因素进行分析,寻找导致某种故障事件(顶事件)的各种可能原因,直到最基本的原因,以便改进设计,提高系统可靠性、安全性。故障树分析主要用于制导航空炸弹的研制、生产、使用阶段。

1.事件及其符号

(1)底事件。底事件是故障树中仅导致其他事件的原因事件,它位于故障树底端,总是某个逻辑门的输入事件而不是输出事件。底事件分为基本事件与未展开事件。

(2)结果事件。结果事件是故障树分析中由其他事件或事件组合所导致的事件,它下面与逻辑门连接,表明该结果事件是此逻辑门的一个输出。结果事件包括故障树中除底事件之外的所有顶事件及中间事。

(3)特殊事件。特殊事件在故障树分析中需用特殊符号表明其特殊性或引起注意的事件。特殊事件分为开关事件和条件事件,见表 7 - 8。

表 7 - 7　某某炸弹战斗部故障模式及影响分析表

初始约定层次：全弹

约定层次：战斗部

任务：毁伤目标

分析：张三

审核：

批准：

第 1 页 · 共 2 页

填表日期：20130115

代码	名称	功能	故障模式	故障原因	任务阶段	故障影响			故障检测方法	严酷度	发生度	使用补偿措施
						局面	高一层次	最终				
1101	战斗部壳体	具有足够的装药空间，满足毁伤性能要求	壳体发生弯曲/断裂/头部钝粗等变形	强度不够	终点毁伤	壳体强度不够	毁伤威力不足	炸弹无法毁伤预定目标	材料和加工检测	Ⅲ 或 Ⅱ	D	1. 优化热处理工艺； 2. 优化结构设计； 3. 控制加工质量
...	...	...	...	...	...	...	...	...	...			...

表7-8 故障树常用事件符号

符 号	说 明
底事件	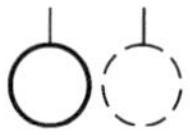 **基本事件** 底事件只能作为逻辑门的输入而不能作为输出;实线圆表示产品故障,虚线圆表示人为故障
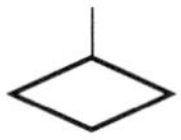 底事件	**未展开事件** 表示省略事件,一般用以表示那些可能发生,但概率值较小,或者对此系统而言不需要再进一步分析的故障事件
结果事件	 **顶事件** 故障树分析中所关心的最后结果事件,不希望发生的对系统技术性能、经济性、可靠性和安全性有显著影响的故障事件,顶事件一般由FMECA分析中的Ⅰ、Ⅱ类故障确定;是逻辑门的输出事件而不是输入事件
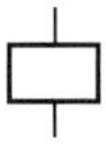 结果事件	**中间事件** 包括故障树中除底事件和顶事之外的所有事件;它既是某个逻辑门的输出事件,同时又是别的逻辑门的输入事件
特殊事件	**开关事件** 已经发生或将要发生的特殊事件,在正常工作条件下必然发生或必然不发生的特殊事件
特殊事件	**条件事件** 逻辑门起作用的具体限制的特殊事件

2.故障树的建造

故障树是一种特殊的倒立树状逻辑因果关系图,它用事件符号、逻辑门符号和转移符号描述系统中各种事件之间的因果关系。逻辑门的输入事件是输出事件的"因",逻辑门的输出事件是输入事件的"果"。

建立故障树的流程图如图7-7所示。

某制导炸弹弹体结构故障树示例如图7-8所示。

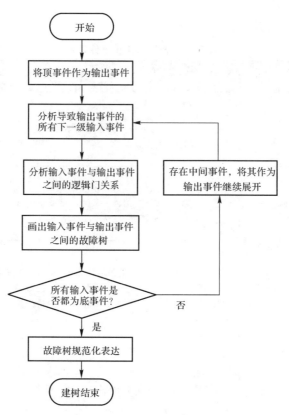

图 7 - 7　故障树的建树流程图

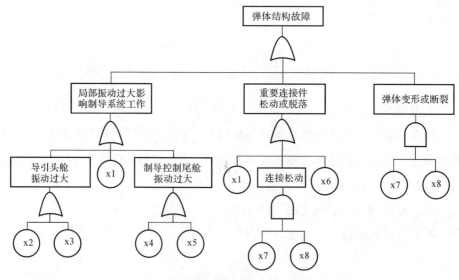

图 7 - 8　某制导炸弹弹体结构故障树

|7.2 维修性设计|

维修性是指产品在规定的条件下和规定的时间内,按规定的程序和方法进行维修时,保持或恢复到规定状态的能力。维修性涵盖了产品自身维修性的设计水平和其他因素。因此,影响制导炸弹维修性水平的主要有三个因素:维修性的设计水平、维修资源和维修作业。相应地,维修性设计就从这三个方面入手。

7.2.1 产品固有维修性设计

为达到全弹整体及分系统维修性设计指标及要求,必须对弹上各设备种类、布局、安装方式及维修可达性进行统筹规划。

1. 简化设计

简化设计要求尽可能简化产品功能,合并产品功能,尽量减少零件、部件的品种和数量。

2. 可达性

可达性是维修产品时,接近维修部位的难易程度。产品设计时,应合理布局,故障率高、维修空间需求大的部件,尽量安排在系统外部或容易接近的部位。为避免各部分维修时交叉作业与干扰,可用专舱、专柜或其他适宜的形式布局。尽量做到检查或维修某一部分时,不拆卸、不移动或少拆卸、少移动其他部分。需要维修和拆装的机件,其周围要有足够的空间,以便进行测试和拆装。

3. 互换性要求

在现有技术水平上尽量提高标准化和互换性程度。同型号、同功能的部件、组件应具有互换性,应尽量采用标准化设计和选用标准化的设备、附件和零件,优先采用模块化设计,并考虑模块之间的互换性,尽量做到免调整设计,并尽量使各部件预期寿命相同。

4. 防差错措施及识别标志

设计产品时,外形相近但功能不同的零件、重要连接部件和安装时容易发生差错的零部件,应从结构上加以区别或做明显的识别标记,系统、设备应防止在连接、装配、安装时发生差错,做到即使发生操作差错也能立即发现,避免损坏装置和发生事故,重要设备或部位采用"错位装不上"的特殊措施。

5. 人素工程、安全性要求及维修保障要求

设计时应考虑将维修的技术等级尽量压低,以使维修人员的技术素质要求

适合普通使用要求。设置合适的地面设备,降低维修人员的体力负荷,以保证维修人员的维持工作能力、维修质量和效率。

7.2.2　维修级别分析

炸弹出厂后,大部分时间处于贮存和战备值班状态。贮存状态的炸弹一般需要定期检测,检测有故障的产品,或者在技术阵地进行简单的修复,大部分情况下是更换故障单元,拆卸下的故障单元送到更高级别的维修单位进行修理。

维修级别是根据装备的范围与深度区分其任务并按维修时所处的场所划分的等级。通常情况下,制导炸弹按照两级维修体制进行保障,即基地级维修和部队级维修。

基地级包括空军和战区空军直属装备保障机构(炸弹维修厂),或炸弹生产厂,主要任务是对寿命周期结束的炸弹及从部队维修中返回的故障单元进行维修。

部队级包括军以下部队所属建制保障力量,主要任务是在外场更换挂机检查报故的炸弹,在弹药大队和仓库对贮存、待发及担负战斗值班任务的炸弹按要求进行定期检测和预防性维修,对发生故障的炸弹可进行故障舱段更换。

7.2.3　确定维修工作

通过故障模式、影响及危害性分析(FMECA)确定新研装备有哪些修复性维修工作要求,通过以可靠性为中心的维修分析(RCMA)确定新研装备有哪些预防性维修工作要求。

1. 开展 RCMA

RCMA 的工作流程如图 7-9 所示。

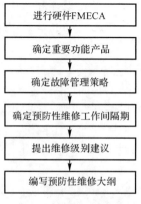

图 7-9　RCMA 工作流程

（1）进行硬件 FMECA。进行硬件 FMECA，充分利用下列信息：

1）功能：在当前使用条件下，产品的功能是什么，与之相联系的预期性能标准是什么。

2）功能故障模式：它以怎样的方式不能履行其功能。

3）故障原因：每一个功能的故障是由什么引起的。

4）故障影响：每一个故障发生会出现什么情况。

5）故障后果：每一个故障的发生可能引起的安全性/环境性后果、运营性/经济性后果。

（2）确定重要功能产品。重要功能产品是指故障符合下列条件之一的产品：

1）可能影响装备正常使用，或者可能导致重大的经济损失。

2）可能导致安全性或环境性影响，如造成人员伤亡。

3）可能由于隐蔽功能导致多重故障。

（3）确定故障管理策略。针对当前分析的故障原因选择预防性维修工作，故障管理策略包括保养、视情检修、定期恢复/报废等预防性维修工作（主动性维修工作），也包括更改设计及无预定维修等非主动性维修工作。

1）保养：为保持产品固有的设计性能而进行的表面清洗、擦拭、添加/更换油液或润滑剂、紧固、间隙调整等作业。

2）视情检修：定期进行的，以检查潜在故障为目的的维修工作，用于确定产品的功能状态是否在规定限度内。

3）故障检查：定期进行的，仅针对隐蔽功能故障的检查工作，用以确定产品是否仍能保持规定功能。故障检查也称为功能检查。

4）定期恢复：定期进行的，把现有产品或部件恢复到原有状态的工作（不考虑产品或部件当前的状况）。例如对某些寿命达不到设计要求的设备进行首次翻修。

（4）确定预防性维修工作间隔期。可参考以下信息以确定预防性维修工作间隔期：

1）供货商提供的数据。

2）相似产品的数据。

3）已有的现场故障统计数据。

4）有经验的分析人员的判断。

最优的预防性维修工作间隔期只有在产品投入使用后才能得到。在缺少有关故障率、维修费用等数据时，预防性维修工作间隔期可根据相似产品的数据和分析人员的经验判断来确定。

（5）提出维修级别建议。参考产品的使用要求等条件提出维修级别建议。

除特殊需求外,一般应将预防性维修工作定在维修费用消耗最低的维修级别。

(6)编写预防性维修大纲。在编写预防性维修大纲时,应将预防性维修工作间隔期就近组合到现有维修制度规定的间隔期上,使其与现有维修制度相符。

2.修复性维修工作分析的过程

修复性维修工作分析过程如图 7-10 所示。

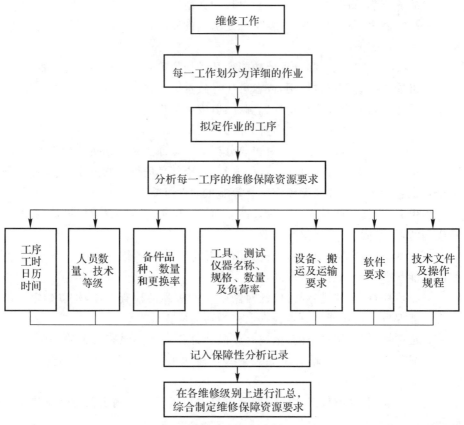

图 7-10　修复性维修工作分析过程

进行维修工作分析时所需的主要信息如下:

(1)产品功能要求和备选保障方案分析文档中提出的维修要求信息,如使用前准备、使用后保养、测试和维修的主要部位与要求等。

(2)已有产品类似的维修现场数据和资料,如选用的工具和保障设备、确定维修工时和备件供应以及所需技术资料等。必要时可以实际测定工时和试用设备。

(3)初始维修级别分析所拟定的各维修级别的维修工作内容,例如在产品或分系统中所需更换的部件或零件要求,以及拆卸分解的范围等。

(4)各种保障资源的费用资料,用以权衡与优化保障资源或评价备选保障方案。

(5)当前保障资源方面的新技术,如新型通用测试设备、工具和先进工艺方法等。

(6)有关运输方面的信息,如运送待修件的距离、使用的运输工具与包装要求等。

|7.3 测试性设计|

测试性是及时、准确地确定产品的状态(可工作、不可工作或性能下降),并隔离其内部故障的一种设计特性。

7.3.1 测试性指标的确定

针对制导炸弹的特点,测试性设计通常应包括如下几个定量指标。

1. 故障检测率

故障检测率是产品故障检测能力的定量表示,它可定义为在规定的条件下和规定的时间内,用规定的方法正确地检测出的故障数与全部可能发生的故障数之比。

2. 故障隔离率

故障隔离率指能将故障定位到具体部位的能力的定量表示。故障隔离率可定义为在规定的时间内,用规定的方法正确隔离到不大于规定的可更换单元的故障数与同一时间内检测到的故障之比。

3. 虚警率

虚警指检测设备或内装测试(BIT)给出故障指示,而实际上设备并无故障。它主要是由于故障检测电路不良造成的。虚警率定义为在规定时间内发生的虚警数和同时间内的故障指示总数之比。

7.3.2 固有测试性设计

制导炸弹的固有测试性取决于系统或设备本身的硬件设计,反映该产品固有的可测性。设计一型炸弹,首先应对系统结构进行正确划分,例如:系统应设计成若干在现场可更换的单元(部件),各可更换单元的交联应最少,并便于独立

地测试,对这些单元测试设备应易于检测,便于故障隔离。其次部件应按功能划分,每个车间可更换单元应包含一个完整的功能,这样,在更换一个换修件时不影响其他功能。应把高故障率的产品集中在一个单独的可更换单元中,以便于基层级修理。在选择元器件时,品种和规格应尽量少,并应优先选择那些内部结构和故障模式已充分被描述的元器件;测试点的设计应作为系统/设备设计的一个组成部分。所提供的测试点应能进行定量测试、性能监控、故障隔离、校准或调整。测试点与新设计的或计划选用的自动测试设备兼容。应优先测试对任务而言是最重要的功能、可作为故障诊断依据的特性,以及最不可靠或最易受影响的功能或部件;应尽量减少测试点。诸如以上问题,如果产品在设计之初就给以充分考虑,将给今后的测试和诊断工作带来方便。

7.3.3　测试性分配

测试性分配工作主要在方案论证和初步设计阶段进行。确定了系统级的测试性指标之后就应把它们分配到各组成部分,以便后面设计工作的开展。测试性分配应是一个逐步深入和不断修正的过程,开始把系统的指标分配给子系统或设备,以后还要把子系统或设备的指标再分配给其组成部分。测试性分配的指标主要是故障检测率和故障隔离率。

根据系统的功能划分和构成层次,以及维修方案的要求,画出系统功能层次图,如图 7-11(a)所示。顶层是系统或分系统。第二级是现场维修可更换单元(LRU),它可能是设备、机组或单机。第三级是维修车间可更换单元(SRU),它可以是部件、组合件插件板等。每一级的每个方框都应有名称和编号,还可标明必要的特性数据,如故障率和平均修复时间要求或分配的测试性指标等。依照功能层次图把测试性指标从上至下逐级往下分配。知道低级的测试性指标后,也可以按照功能层次图由下往上综合,预计出系统级的指标,如图 7-11(b)所示。

测试性分配一般采用按系统组成单元的故障率分配法,系统的组成部件越多越复杂,就越容易出故障,其故障率就高;反之,产品构成简单,其故障率就低。故障率高的组成部分(分系统或 LRU),应有较高的自动故障检测与隔离能力,以便减少维修时间,提高系统可用性,所以,设计早期阶段可按故障率高低来分配测试性指标。

当采用按系统组成单元的故障率分配法时,完成系统的功能、结构划分,画出功能层次图,并取得有关各部分的故障率数据(从可靠性分析资料得到)后,就可按以下 3 个步骤进行分配工作:

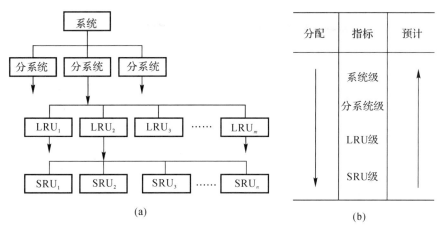

图 7 - 11　系统功能层次图和测试性指标分配/预计

(a)系统功能层次图；　(b)测试性指标分配/预计

（1）计算各组成部分（LRU_i）分配值 P_{ia}。

$$P_{ia} = \frac{P_{sr}\lambda_i \sum \lambda_i}{\sum \lambda_i^2} \qquad (7-8)$$

式中：P_{sr} 为系统的指标（要求值）；P_{ia} 为第 i 个 LRU 分配指标；λ_i 为第 i 个 LRU 的故障率。

（2）根据需要与可能修正（调整）计算的 P_{ia} 值。

故障检测率和隔离率都不能大于 1，如果计算值中有大于 1 的，则取其最大可能实现值；同时应提高另外的 LRU（如故障影响大的或容易实现 BIT 的）分配值。

（3）用下式验算是否满足要求：

$$P_s = \frac{\sum \lambda_i P_{ia}}{\sum \lambda_i} \geqslant P_{sr} \qquad (7-9)$$

P_s 为计算的系统测试性指标，如 $P_s \geqslant P_{sr}$（要求值），则分配工作完成。否则，应重复第（2）步的工作。

|7.4　保障性设计|

保障性是指系统的设计特性和计划的保障资源能满足平时战备及战时使用要求的能力。进行保障性设计的最终目标是以合理的寿命周期费用实现系统战

备完好性要求。主要工作目标是制定出与战备完好性目标相适应的保障性要求,使保障性要求有效的影响装备系统的设计,在获得装备的同时获得与装备相匹配的保障资源,以最低的费用提供所需保障。

7.4.1 保障性设计内容

对产品设计提出要求,使装备设计得易于保障和容易保障。

合理规划制导炸弹使用前的包装、装卸、贮存、运输、开箱、装箱、维护及检测等操作时机、场地、程序等。

规划装备维修方案,研制保证装备正常使用所需的检测、维修设备及工具,并保证研制的设备便于操作、携带及运送。

研制及合理配置各种综合保障设备,规划综合保障要素方案。

7.4.2 保障性设计要求

1. 产品固有保障性

最大限度地提高装备的"三化"水平:优先采用通用化、系列化、组合化(模块化)的设备、工具、组件、元器件和零部件;按照已有或新件的系列型谱研制装备和选择配套装备,尽可能一弹多型、一弹多用、一机(保障设备)多型、一机多用。

应贯彻 GJB 450 的规定,提高装备可靠性。减少预防性维修项目和频数,在装备性能要求前提下,尽可能减少分系统、设备、组件、工具的类型和数量,降低装备系统的复杂程度。尽可能采用成熟的技术,并有尽可能多的继承性,减少保障的难度。

(1)应贯彻 GJB 368A 的规定,提高装备的维修性,减少维修时间和维修所需费用,保证维修安全,防止维修差错。

(2)应便于维护和战前准备使用操作。减少技术准备项目,提高启封、测试等操作的简便性和快速性,降低对专用设备、工具和人力的要求。

(3)应贯彻 GJB 2547 的规定,提高装备的测试性,保证在使用与维修中能及时、正确确定装备的技术状态,并隔离故障舱段或组件。

(4)应贯彻 GJB 900 有关规定,提高装备的安全性,保证在使用、通电测试、维修、包装、装卸、贮存、运输过程中人员和装备的安全。

2. 保障系统及资源要求

装备的保障方案应与使用方案及设计方案相协调,计划的保障体制应尽可能与现行的或可能实现的保障体制和保障手段相适应,应比现行同类产品保障体制更简便、更可靠、更有效。

（1）应充分考虑编制限额，在满足平时和战时使用与维修装备需要前提下，合理划分技术专业，降低对使用与维修人员数量和技术等级要求。

（2）在满足平时和战时使用与维修装备的前提下，尽量减少备件和消耗品的品种和数量；在保证质量的前提下，尽量采用价格便宜、便于筹措、贮存和供应的标准件、通用件、国产件。

（3）保障设备应与装备相匹配，尽量采用现有保障设备和通用保障设备，减少专业和特殊保障设备，减少保障设备的种类、规格和数量。保障设备自身应便于保障。

（4）使用与维护装备所需的技术资料应配套齐全、内容系统完整，能满足平时和战时使用与维修的需要。

（5）装备使用与维修人员应及时得到训练，训练内容、训练方法、训练资料、训练器材以及教员，应满足训练需要。

（6）保障设施应满足平时和战时使用、维修、贮存装备及训练的需要，应尽量利用现有保障设施。

（7）装备保障、装卸、贮存和运输所需保障资源应与装备相匹配，与包装储运环境相适应，保证装备能安全地由生产厂运送到部队和由一个部队运送到另一个部队，并在规定的储运期内保持可用状态。

7.4.3　产品保障流程

制导炸弹在工厂生产装配后交付使用，一般要经过运输、贮存、检测、维修、装卸、作战使用或报废等寿命剖面。根据制导炸弹战备使用的需要，制导炸弹划分为3个战备使用等级，实行分级使用与保障。

制导炸弹从工厂出厂后，经历吊装运输过程贮存入国防仓库，用作战略、战役储备，处于三级战备状态。三级战备状态为工厂交付状态，炸弹置于包装箱内，需要进行定期维护和定期检测。

当制导炸弹从三级战备状态转入二级战备状态时，将制导炸弹从国防仓库运输到队属仓库贮存。二级战备状态为待用状态，炸弹置于包装箱内，需要进行定期维护和定期检测。

二级战备状态转入一级战备状态时，全弹将进行通电检测。检测合格后，将制导炸弹从队属仓库转运到弹药大队技术阵地待发房。一级战备状态为战斗值班状态，一级战备状态的制导炸弹亦称为待发弹。

接到作战任务后，待发弹经检测系统检测合格后即可作战使用。制导炸弹

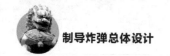

使用保障流程如图 7-12 所示。

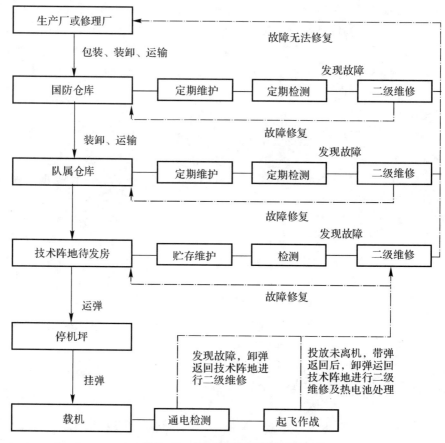

图 7-12　制导炸弹使用保障流程图

7.4.4　保障资源的确定

　　保障资源是为了使系统满足战备完好性与持续作战能力的要求所需的全部物资与人员,主要包括训练装置、备件、保障资源、保障设备、技术资料、保障设施、计算机保障资源、搬运与装卸设备以及使用与维修人员。保障资源要与装备同步而协调地设计,即在装备设计研制时确定与优化保障资源要求,并同时进行保障资源的规划、研制、购置于筹措。这是装备交付部队使用时能够及时地建立起经济有效的保障系统和在使用阶段能以最低费用与最少人力提供装备所需保障的基本保证。

制导炸弹保障资源的规划一般过程及相应的工作项目如图7-13所示。

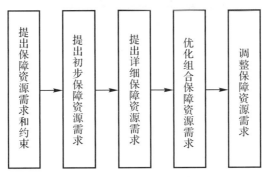

图 7 - 13 规划保障资源的程序

1. 提出保障资源需求和约束

在论证阶段,通过实施保障性分析工作项目,对各项保障资源提出需求和约束。

2. 提出初步保障资源需求

根据制导炸弹的适配载机、作战使用要求、可靠性、寿命剖面、工作环境等约束条件,提出初步保障资需求,重点考虑新的、关键的和技术复杂的保障资源,对这些保障资源将重点规划。

3. 确定详细保障资源需求

在工程研制阶段,制导炸弹工程样机已研制出来,已具备详细确定全面保障资源所需的设计数据。在确定了包括保障工作类型、保障原则、维修级别划分及其任务、保障策略、所预计的主要保障资源和保障活动的约束条件等内容后,进行使用与维修工作分析。该工作是确定保障资源的核心分析工作,是将保障方案转化为保障资源的关键性中间环节。在制导炸弹的研制阶段,利用收集到的保障信息,通过使用与维修任务分析,分别完成制导炸弹的维修级别划分,确定各维修级别所完成的制导炸弹预防性维修工作任务、修复性工作任务和炸弹使用任务(包含战备使用任务和训练使用任务),确定炸弹保障所需的人力人员、供应保障、保障设备、技术资料、训练和训练保障、计算机资源保障、保障设施及包装、装卸、储存和运输,形成炸弹的保障资源需求方案。确定制导炸弹详细保障资源流程如图7-14所示。

4. 优化组合保障资源需求

经过使用与维修工作分析得出的保障资源需求是针对完成各具体的使用与维修工作而提出的资源需求,通过综合协调,使保障资源总体上得到优化,并根据使用方案,优化各级保障机构的资源配置。

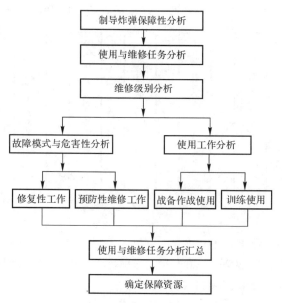

图 7-14 确定制导炸弹详细保障资源流程图

5.调整和完善保障资源需求

在定型试验过程中要用规划和研制的保障资源,实施对被试装备的保障,验证其对装备的匹配性和适用性。在初始部署和使用阶段进行保障性目标评估,并考虑停产后保障问题。

当一种新研制制导炸弹投入部队使用时,往往与现有装备同时使用,部队的保障机构或保障系统要同时保障多种装备,因此,在装备部署初期要进行现场分析,以确定新研装备对现有装备、对共用的保障资源是否有冲突或不协调之处,做到既能保证新研制装备对保障资源的要求,又不与现有装备争用保障资源而降低现有装备保障效能。

|7.5 安全性设计|

7.5.1 安全性设计要求

安全性是指产品具有的不导致人员伤亡、装备损坏、财产损失或不危及人员健康和环境的能力。

1.引信

(1)冗余保险。电子安全与解除保险装置至少应包括两个独立的保险件,其中每一个都应能防止电子安全与解除保险装置意外解除保险。启动这些保险件的激励应从不同的环境获得。其中至少一个保险件依靠感觉制导炸弹发射后的环境而工作。进行通电检查时,检测程序和仪器不得产生激励引信组件的信号。

(2)延期解除保险。电子安全与解除保险装置有一个保险件能够提供延期解除保险功能,保证在规定的使用条件下能达到安全距离要求。

(3)状态识别要求。安全和解除保险装置具有一种可靠的判断方法,以判断它在装弹时所处的状态(保险或已解除保险)。

2.战斗部

(1)使用寿命周期内的环境要求。设计战斗部时,考虑可能经常遇到的各种情况,如雨淋或浸渍贮存、低温或老化等影响。战斗部使用时对热应是不敏感的。其试验应模拟这些环境的最恶劣的情况进行。

(2)震动环境要求。战斗部的设计应考虑能经受铁路、公路、海运和空运等正常运输中的震动及在载机上的震动。

(3)搬运和装卸。在任何场合,战斗部的搬运和装卸,均应按有关安全条例进行。

3.电路

对危险电路要加以保护,以防止这些电路被内部或外部的其他电路的通电所激励。

尽可能地使用电缆组件,且电缆组件的数量尽量少。对这些电缆组件必须适当地接地和使用屏蔽线,以减少电磁干扰。

线路通孔的所有边缘应圆滑,或用适当的绝缘材料保护导线。

4.材料

除火工品材料和辅助材料外,其余材料均应按下列优先顺序选用:

(1)不易燃的材料——在537℃以下不应点燃。

(2)有阻燃能力的材料——无明火时便自熄。

(3)缓燃材料——垂直燃速不得大于5 cm/min。

除经特许外,不得使用在预定的贮存、使用条件下,产生有害有毒影响的材料。

不得使用在预定的使用条件下,性能不稳定并产生腐蚀性物质,或在组件内引起腐蚀的材料。

5.包装

包装方式应保证产品在预定的装卸、运输和贮存条件下的安全。危险品包

装箱上,应有明显的标记。

7.5.2　初步危险分析

1.分析目的

通过初步危险分析,全面识别各种危险状态及危险因素,确定它们可能产生的潜在影响。使设计人员了解系统或设备的潜在危险和安全关键的部位,以便通过设计来消除或尽量减少这些危险。对各种危险进行初始风险评价,确定安全性设计准则,提出为消除危险或将其风险减少到可接受水平所需的安全性措施和替换方案。例如,可采用连锁、警告和过程指示等设计特性来避免会导致事故的人为差错。

2.分析范围

为了能全面地识别和评价潜在的危险,初步危险分析必须考虑以下内容:

(1)危险品,例如:燃料、激光、炸药、有毒物、有危险的建筑材料、压力系统、放射性物质等。

(2)系统部件间接口的安全性,例如:材料相容性、电磁干扰、意外触发、火灾或爆炸的发生和蔓延、硬件和软件控制等,包括软件对系统或分系统安全可能产生的影响。

(3)确定控制安全关键的软件命令和响应,例如:错误命令、不适时的命令或响应、由订购方指定的不希望事件等的安全性设计准则,采取适当的措施并将其纳入软件和相关的硬件要求中。

(4)与安全有关的设备、保险装置和可能的备选方法,例如:连锁装置、冗余技术、硬件或软件的故障-安全设计、分系统保护、灭火系统、人员防护设备、通风装置、噪声或辐射屏蔽等。

3.分析方法

产品危险分析通过危险类别列表及危险清单来识别产品危险,分析产品危险产生的原因及其影响。要进行产品危险分析,其所需要的输入包括:设计信息,操作信息,顶层灾害清单,危险检查单,故障模式影响及危害性分析。

(1)设计信息是指分析员掌握的产品当前设计的功能和结构等信息。

(2)操作信息是指产品的使用与保障方法、步骤。操作信息通常可以从操作手册与维护手册中获取。

顶层灾害清单是产品最顶层一级产品可能出现的灾害汇总,由总体室根据炸弹的使用特性结合危险分类进行整理。常见的顶层灾害清单见表7-9。

表7-9 顶层灾害清单

编号	灾害	说 明	严酷度	备注
1	未按规定引爆炸药	在贮存期间受到外界冲击而发生的爆炸。挂飞期间由于外部因素而引起的爆炸	I	
2	未按规定投放炸弹	在挂飞期间投放炸弹,或者未按规定指令投放炸弹	II	
3	未能准确命中目标	自主飞行阶段末期,炸弹没有准确击中目标,或对地面作战产生影响	I	
4	未知的炸弹状态	炸弹在自检过程中存在未检测到的功能单元,导致炸弹未完成任务	III	
5	炸弹着火	由于战斗部起火或电气引起的短路起火,导致炸弹着火	I	
6	人员受伤	炸弹在贮存、检测、挂飞期间发生意外事故导致人员受伤	II	
7	人员死亡	炸弹在贮存、检测、挂飞期间发生意外事故导致人员死亡	I	

故障模式影响及危害性分析(FMECA)是一种寻找设计上的薄弱环节,提出改进措施,将产品潜在的故障和风险控制在可接受水平的分析方法。

4.分析工作程序

按图7-15所示的工作程序进行产品危险分析。

(1)定义系统。确定要分析的系统,明确分析范围。定义任务、任务阶段和任务环境。明确系统设计、主要系统组件。

(2)获得数据。获得分析所必需的产品信息,如产品功能层次图、产品结构树、产品边界图以及产品故障数据。准备危险检查表,从历史经验或其他的一些途径获得产品危险信息。

(3)进行危险识别与分析。由主任设计师组织设计人员进行危险识别与分析工作。

(4)风险评估。为每个识别出的危险确定风险级别,包括在系统设计中已经减轻的危险和没有减轻的危险。

风险评估是要对识别出的危险确定风险级别。风险评估主要确定两方面内容:危险严重性等级、危险发生度。

1)危险严重性等级。危险严重性等级是危险导致的后果,每个后果给出一个等级,见表7-10。

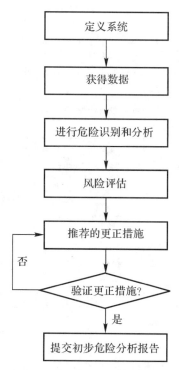

图 7-15 产品危险分析工作程序

表 7-10 危险严重性等级

等级	分类	描述
Ⅰ	灾难的	人员死亡或系统报废
Ⅱ	严重的	人员严重受伤、严重职业病或系统严重损坏
Ⅲ	临界的	人员轻度受伤,轻度职业病或系统轻度损坏
Ⅳ	轻微的	轻于Ⅲ级的损伤

危险严重性等级的评价原则如下:

a.评判一个危险严重性的等级时通常按照这个危险发生时所造成最严重的事故情况来考虑。

b.如果一个系统具有冗余设计,当系统和冗余设计都发生故障时才会造成危险,那么在考虑时也要按照最坏的情况来考虑。

2)危险发生度。危险发生度是危险发生的频繁程度,根据不同的系统定义出不同的危险发生等级,见表 7-11。

表 7 - 11　危险发生度

等　级	分　类	衡量标准	描　述
A	频繁发生	>10 个 (每 1 000 套设备/项目)	很可能经常发生。危害将长期存在
B	可能发生	≤10 个 (每 1 000 套设备/项目)	将发生几次。危害可以预期经常发生
C	偶然发生	≤1 个 (每 1 000 套设备/项目)	可能发生几次。危害可以预期有几次发生
D	极少发生	≤0.1 个 (每 1 000 套设备/项目)	在系统寿命周期内可能偶尔发生。 危害可以合理地预期发生
E	几乎不可能	≤0.010 个 (每 1 000 套设备/项目)	几乎不发生,但可能发生。 可假定危害可预期发生
不评审即可接受		造成的影响小可忽略,无须提交评审	

(5)推荐的控制措施。推荐的控制措施用来减轻或消除已经识别出的危险,措施应符合以下原则:

1)最小风险设计:降低风险的设计措施,如冗余设计、故障导向安全设计等。

2)安全装置:自动的或其他安全防护装置,使风险严重性降低。

3)报警装置:采用报警装置检测危险状况,并向有关人员发出适当的报警信号。

4)专用规程:制定专用的规程和进行培训。

(6)检验控制措施。利用复查实验结果来确认推荐的控制措施在减轻危险上是有效的。

7.6　环境适应性设计

环境适应性是指产品在服役过程中的综合环境因素作用下能实现所预定的性能和功能且不被破坏的能力,是产品对环境适应能力的具体体现,是一种重要的质量特性。

任何产品都处于一定的环境之中,在一定的环境条件下使用、运输和贮存,因此都避免不了受这些环境的影响。产品环境适应性水平高低的源头是环境适应性设计,因此要研制出一个环境适应性好的产品,首先抓的是环境适应性设计,设计奠定了产品的固有环境适应性。

7.6.1　环境适应性设计程序

（1）确定寿命期的环境剖面。制导炸弹从生产到报废,除使用过程中的环境条件外,还要经受到运输和贮存环境条件;还涉及经受各种环境因素的概率,所谓环境剖面就是产品全寿命期所遇到的各种环境因素及其出现概率。制导炸弹的环境适应性设计应明确全寿命期的环境剖面,并以此作为设计依据。

（2）确定环境适应性设计准则。制导炸弹的组成比较复杂,涉及多个分系统、子系统、设备单元等,因此要搞好环境适应性设计,必须制定能保证产品环境适应性的统一设计准则,让每一位设计师在进行环境适应性设计时有统一的依据。环境适应性设计准则应采用先进的、成熟的材料、工艺、结构等,并且有好的费效比。

（3）环境适应性设计评审。环境适应性设计评审是对环境适应性设计输入进行的全面、系统审查,从中发现环境适应性设计中的薄弱环节、提出改进意见、完善设计、降低设计风险。

（4）环境适应性设计输入验证。制导炸弹在完成了环境适应性设计输入后,如果这种设计以前没有试验结果报告证实是可行的,则应进行设计验证试验来证明其可行性。

7.6.2　典型环境条件的适应性设计

制导炸弹寿命周期内的典型环境条件有高低温、潮湿、生物侵害、腐蚀以及振动与冲击。

1. 耐高低温设计

（1）正确地选择材料。

1）尽量选择对温度变化不敏感的材料,采用经优选、认证或经多年实践证明可靠的金属和非金属材料。

2）选择的材料在温度变化范围内,不应发生机械故障或破坏完整性,如机件变形、破裂、强度降低等级、材料发硬变脆、局部尺寸改变等。

3）选择膨胀系数不一的材料时,应确定其在温度变化范围内不黏结或相互咬死。

4）选择的润滑剂,应在温度变化范围内能保证其黏度、流动性稳定。

（2）电子产品应采用合理的结构。

1）电子产品的结构设计应综合考虑机箱的功率密度、总功耗、热源分布、热敏感性、热环境等因素,以此来确定产品最佳的冷却方法。

2)电子元器件、模块的最大结温的减额准则应符合有关规定;单个电子器件(如集成器件、分立式半导体器件、大功率器件)应根据温升限值,设置散热器或独立的冷却装置;热敏器件的安置应远离热源;对关键器件、模块的冷却装置应采取冗余设计;互连用的导线、线缆、器材等应考虑温度引起的膨胀、收缩造成的故障。

3)对于印制板组件,其板上的功率器件,应采取有效的措施降低器件与散热器界面的接触电阻;带导热条的印制板,其夹紧装置、导轨及机箱(或插箱)壁之间应保证有足够的压力和接触面积;采用空气自然对流冷却的印制板,其板之间的间距、板上的最高元器件与插箱壁之间的间距应符合有关规定。

(3)电子产品应采用稳定的加工、装联工艺。

1)应在高标准的制造和装配环境下进行电子产品的加工、装联。

2)对于电子产品机箱内各个组件,应采取合适的热安装技术;而对于印制板组件,其板上的电子元器件同样应采取正确的热安装技术。

3)应采用新型的、经验证的或典型的、可靠的天线、机箱及印制板涂装工艺、金属电镀工艺等,以确保其工艺涂镀层在温度变化范围内不出现不符合标准的保护性及装饰性评价。

2.防潮设计

(1)憎水处理。通过一定的工艺处理,降低产品的吸水性或改变其亲水性,如用硅有机化合物蒸气处理,可提高产品的憎水能力。

(2)浸渍处理。用高强度与绝缘性能好的涂料填充某些绝缘材料、各种线圈中的空隙、小孔、毛细管等。浸渍处理除可以防潮外,还可以提高纤维绝缘材料的击穿强度、热稳定性、化学稳定性以及提高元器件的机械强度等。

(3)灌封。用环氧树脂、蜡、沥青、油、不饱和聚酯树脂、硅橡胶等有机绝缘材料加热熔化后,注入元器件本身或元器件与外壳间的空间或引线的空隙,冷却后自行固化封闭。所使用的材料应保证其耐霉性。

(4)密封装置。对零部件、模块以及整弹,在不影响设备性能的前提下,采用密封设计。

(5)表面涂覆。用有机绝缘漆涂覆材料表面,提高防潮性能。

(6)使用防潮剂。在设备内部放置防潮剂,并定期更换。

(7)材料选择。应尽量选用防潮性能好的材料,如铸铁、铸钢、不锈钢、钛合金钢、铝合金等金属材料以及环氧型、聚酯型、有机硅型、聚酰亚胺型等绝缘防护材料。

(8)防潮包装。为防止设备在贮存、运输过程中受潮,应采用防潮包装,并符

合相关标准的规定。

3.防霉菌设计

(1)材料选择。

1)应选用耐霉性材料。常用耐霉性材料见表7-12。

2)金属、陶瓷、石棉等材料不利于霉菌生长,但应经适当的表面处理,以防止其表面染上霉菌。

3)高分子材料(如塑料、合成橡胶、胶黏剂、涂料等)中的填料、增塑剂的选择,应尽量选用防霉的无机填料及其他耐霉助剂。

4)热固性塑料应完全固化,以提高其防霉性。

5)非耐霉材料如天然纤维材料及其制品应尽量避免使用,若难以避免,则必须经过防霉处理之后才能使用。

表7-12 常用耐霉性材料

序 号	材料名称	序 号	材料名称
1	丙烯腈-氯乙烯共聚物	12	聚乙烯(高分子量)
2	石棉	13	聚对苯二甲酸乙二醇酯
3	陶瓷	14	聚酰亚胺
4	聚氯醚	15	聚三氟氯乙烯
5	玻璃	16	聚丙烯
6	金属	17	聚苯乙烯
7	环氧层压、酚醛树脂尼龙纤维层压、有机硅树脂玻璃纤维层压制品	18	聚砜
8	邻苯二甲酸二烯丙酯	19	聚四氟乙烯(PTFE)
9	聚丙烯腈	20	聚全氟代乙丙烯(FEP)
10	聚酰胺	21	聚偏二氯乙烯
11	聚碳酸酯	22	硅酮树脂

(2)防霉处理。当使用的材料和元器件等耐霉性达不到要求时,必须作防霉处理。

1)对非耐霉材料(如塑料、橡胶、涂料、胶黏剂等),可在材料的生产工艺过程中直接加入防霉剂。

2)对由非耐霉材料制成的零部件、元器件,可浸涂、刷涂防霉剂或防霉涂料。

3)应根据防霉处理的材料种类、使用环境、要求防霉的时间长短以及主要的霉菌种类等因素,选用合适的防霉剂。常用防霉剂见表7-13。

表7-13　常用防霉剂

序号	防霉剂名称	应用范围
1	水杨酰苯胺	适用于棉、毛织品、塑料、橡胶、油漆、软木等的防霉
2	SF501	适用于光学仪器、玻璃零件及各种工业产品密封包装的防霉
3	TBZ	适用于漆膜等多种物品的防霉
4	百菌清	适用于漆膜等多种物品的防霉
5	多菌灵	适用于漆膜等多种物品的防霉

（3）包装防霉。为防止设备在贮存、运输过程中长霉，应采取防霉包装。

1）霉菌对设备性能有影响或外观要求较高的设备，应采用密封包装，方法包括抽负压、置换惰性气体密封包装、干燥空气封存包装、除氧封存包装、使用挥发性防霉剂密封包装。

2）经有效防霉处理的设备，可采用非密封包装，但应先外包防霉纸，然后再包装。

3）长霉敏感性较低的设备，亦可采用非密封包装，并应在包装箱上开通风窗，以防止和减小由于温度升降在设备上产生凝露。

4．防腐蚀设

（1）结构设计。

1）一般要求采用密封式结构。密封设计优先顺序为：模块单元进行单独密封；插箱、分机局部密封；机箱或插箱整体密封。进行气密式设计时，容器应采用永久性熔焊气密结构，局部采用密封圈密封，密封圈应选用永久变形小的硅橡胶"O"形圈。

2）对于大容积的构件（如天线箱体、天线罩、高频箱等），应尽量避免气密式设计。

3）外壳顶部不允许采用凹陷结构，避免积水导致腐蚀；外壳结构应优选无缝隙结构，在采用其他结构时，要确保其密封性和电接触性能；外壳与开关、电缆插头座等部件的连接部位应采取密封措施。

4）减少积水积污的间隙、死角和空间，易积水的部位应设置足够的排水孔。将内腔和盲孔设计成通孔，便于排水和排除湿气。

5）避免采用不同类型金属接触，以防电偶腐蚀。必须由两种金属接触时，应选用电位接近的金属。不同金属组成的构件，应设计为阳极面积大于阴极面积。

6）在贮存或运输过程中，应保证可靠的包装形式和包装材料，提出贮存和运输的安全防护要求。

（2）材料选择。

1)在容易产生腐蚀和不容易维护的部位,应优选钛合金、不锈钢等高耐蚀性能材料。

2)选择腐蚀倾向小的材料。

3)选择杂质含量低的材料:金属材料中杂质的存在,直接影响其抗均匀腐蚀、应力腐蚀的能力,其中高强度钢、铝合金、镁合金等材料的这种倾向尤为严重。

4)不同金属材料相互接触时,选用电化偶相容材料。

5)印制板应优选高绝缘、耐燃、无毒、不易变形、刚度高的环氧玻璃布覆铜板。

6)避免使用放气剧烈的材料如聚乙烯、多硫化合物、酚基塑料、纸、木材等;避免使用不相容的材料,如铜、锰与橡胶、纸与铜或银等。

5. 抗振动与抗冲击设计

(1)隔振缓冲系统设计。

1)振动传递率应小于1。设备的隔振缓冲系统应同时具有隔振和缓冲两种功能,即既是一个好的振动隔离器又是一个好的缓冲器,其振动传递率、冲击传递率、平均碰撞传递率均应小于1。

2)不出现刚性碰撞去除耦联振动。应根据设备的质量、尺寸、固有频率、危险频率、允许的振动、冲击量值进行隔振缓冲系统的设计(包括提出隔振缓冲系统的动态特性要求等),并且要做到具有足够的吸收储存能量的位移空间,保证不出现刚性碰撞。支承平台的刚度中心应与设备的质量中心重合,以去除耦联振动的有害影响。

3)固有频率偏差应小于10%。加载后的各隔振器的固有频率与同轴向设计时的理论固有频率的偏差应小于10%。

(2)紧固件。在内部设备中,使用许多不同形式的紧固件,它们对设备的可靠性起着重要作用。由于紧固件在振动与冲击的动态环境下使用,所以设计时应考虑下述几方面:

1)以动态载荷(冲击载荷按 $15g \times 1.78 = 26.7g$、线性加速度按 $12g$ 考虑)和结构的几何形状为基础,选择正确的紧固件尺寸和固定位置。

2)按动态载荷选择紧固件的锁紧装置。

3)根据动态载荷的要求,选择装配方法,例如螺钉应该用扭矩装置旋紧,该装置可预调到要求的扭矩值。扭矩值应该是扭断螺丝头所需扭矩值的 $60\% \sim 80\%$。

(3)加固。弹上设备必须用紧固件紧固,以提高抗冲击与抗振动的能力。

第8章

系统性能分析及优化设计

制导炸弹系统性能分析的目的是评估方案的主要性能参数能否满足战术技术指标要求,而系统性能优化设计是在特定的约束条件下,通过改变一个或多个设计参数,获得性能最优的方案的一个过程。因此,系统性能分析是优化设计的基础,优化设计包含了系统性能分析。

在制导炸弹方案论证和方案设计早期,系统性能分析是分析制导炸弹的主要技术参数,检查所选的方案是否能够达到已经确定的设计指标。通过多个方案的主要性能比较,选出最终的总体方案。在方案设计和工程研制阶段,性能分析及优化设计工作还担负着制导炸弹及其各分系统设计参数的设计协调任务。各参数涉及气动、结构、弹道、控制、战斗部等多个专业,这些参数互相影响、互相制约,制导炸弹总体设计过程实质上就是一个在多约束条件下的各参数反复迭代优化的过程,以实现产品功能更多、综合性能更优,项目研制周期更短、研制成本更低。

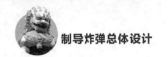

|8.1　系统性能分析|

1. 飞行性能

制导炸弹的飞行性能主要指其射程、速度、机动性能、稳定性与操纵性。飞行性能数据是评价制导炸弹性能的主要依据之一。

(1)射程。射程是在保证一定命中概率的条件下,炸弹发射点在地面的投影至与落点之间的距离。射程有最大射程和最小射程之分。最大射程和最小射程取决于炸弹的质量、结构特性、气动特性、弹道特性和安全性等。在方案设计初期,可采用定攻角(最大升阻比对应的攻角)飞行方案对炸弹的最大射程进行简单估算。

(2)速度。速度特性即炸弹的速度随时间变化曲线及速度特征量(最大速度、平均速度、加速度和速度比等)。

速度特性是炸弹总体设计的依据之一。通常,考虑到突防能力和侵彻能力,对炸弹飞行弹道末端有最小速度要求。而考虑炸弹跨声速飞行气动参数变化剧烈或超声速飞行气动载荷大等因素,对整个飞行过程的最大飞行速度有限制要求。通过弹道设计,可以对飞行过程中的最大或最小速度进行控制。

(3)机动性能。炸弹机动性能是指炸弹在一定时间内迅速改变其飞行状态(速度的大小和方向)的能力。炸弹攻击活动目标,必须具备良好的机动性能,机动性能是评价炸弹飞行性能的重要指标之一。

炸弹的机动性通常用法向过载和侧向过载来评定。法向过载越大,炸弹所能产生的法向加速度就越大,在相同速度下,炸弹改变飞行方向的能力就越强,即炸弹越能在铅垂面作较弯曲的弹道飞行;侧向过载越大,炸弹所能产生的侧向加速度就越大,即炸弹越能在水平面作较弯曲的弹道飞行。因此,炸弹的法向过载和侧向过载越大,机动性能就越好。法向过载和侧向过载主要由气动力产生。炸弹的过载受到炸弹结构、仪器设备等承载能力的限制。

(4)稳定性与操纵性。稳定性与操纵性是衡量炸弹飞行性能的两个重要特性,在本书 4.4.2 节中对这两个特性有详细介绍,本章不再赘述。

2. 命中精度

武器的精度要求通常以单发命中概率 P 或命中点的圆概率偏差(CEP)的值的方式提出。制导炸弹精度一般采用命中点的圆概率偏差(CEP)表示。圆概率偏差是一个统计值,它是指在弹着点正态分布的条件下,炸弹有 50% 的概率落入以目标中心为圆心的平面圆内时,此圆的半径值。影响命中精度的主要误差因素有:炸弹的弹体结构,制导系统误差;投放平台的投放条件,火控系统精度;外界干扰,如风干扰、卫星干扰等。

3. 威力

威力是指炸弹对目标的毁伤能力。炸弹对目标的毁伤通常通过一定的机械的、热的、化学的或者核的效应来完成。对于常规战斗部,主要为机械效应毁伤方式。

威力衡量的度量包括两个方面:一是强度,是杀伤参量值,例如冲击波的超压值、破片的动能或比动能、金属射流的速度等;二是广延性,指杀伤手段作用的范围或距离,以及子母战斗部的子弹药散布面积。强度和广延性是互相关联的,在一般情况下随着范围或距离的增大,强度逐渐衰减。炸弹战斗部的威力,以其装药的质量来表征,装药的质量大则其战斗部威力就大。

4. 使用性能

炸弹的使用性能是指保证炸弹作战使用时操作简单、准备时间短、安全可靠等。其内容包括运输维护性能和经济性能等。

(1)运输维护性能。运输性能与炸弹的尺寸、质量、结构强度及炸弹元器件对运输振动冲击的敏感性等有直接关系,因此在设计时要充分考虑运输条件对炸弹各部分的限制,以保证良好的运输特性得到满足。

维护性能是指炸弹在贮存期间,为保证处于良好的正常工作状态而必须进行的经常性维护、检查及排除故障缺陷等性能。在炸弹设计时,必须充分重视炸弹各部分的维修性和尽可能使维护简单易行,最大限度减少故障可能性,最关键的是具备良好的可达性、互换性,检测迅速简便以及保证维修安全等,以保证炸

弹良好的操作使用性能。

（2）经济性能。经济性能关系到炸弹本身能否发展和实际应用，因此应讲究经济效益。经济性要求包括生产经济性要求和使用经济性要求。

炸弹的生产经济性要求包括：设计结构简单、可靠和工艺性好，各部件的标准化程度高，材料的国产化程度和规格化程度高，符合组合化、系列化要求等。炸弹的使用经济性要求包括要使成本低、设备简化和人员减少等。

|8.2 系统优化设计|

1. 优化设计常见概念

（1）设计变量。设计变量是指在设计过程中，能够用来描述炸弹设计特征的参数，每一组设计变量决定一个设计方案。设计变量的初始值原则上可以任意选取，并不影响最终的优化结果，但是初始变量选取恰当的情况下，可以加快优化参数的收敛速度，节省优化时间。设计变量逐次变化的取值，由优化程序给出，最后选出的一组设计变量使得设计方案达到最优。

设计变量通常用 $x_1, x_2, \cdots, x_n$ 表示，它们构成 n 维列矢量 $\boldsymbol{X}$，即

$$\boldsymbol{X} = (x_1, x_1, \cdots, x_n)^\mathrm{T} \tag{8-1}$$

式中：x_i 为 n 维列矢量的第 i 个分量；T 为矩阵转置符号。

（2）数学模型。建立精度能满足设计要求的数学模型，即给出一套能反映制导炸弹系统设计参数和性能的数学方程或逻辑关系式。其输入参数为"设计变量" $\boldsymbol{X}$，输出为"性能参数"，即一组能表征制导炸弹典型性能的参数，设其为矢量 $\boldsymbol{Y}$，即

$$\boldsymbol{Y} = (y_1, y_1, \cdots, y_n)^\mathrm{T} \tag{8-2}$$

建立数学模型就是尽量简单而足够精确地给出一组数学方程为

$$\boldsymbol{Y} = f(\boldsymbol{X}) \tag{8-3}$$

（3）约束条件。约束条件就是对设计提出的各种限制。一般来说，这种限制有两类：对设计变量的约束（对设计变量取值范围的限制）和对某些性能指标的约束。

从数学表达形式而言，约束又可以分为等式约束和不等式约束。

1）不等式约束。

$$g_i(\boldsymbol{X}) > 0(\text{或} < 0), \quad i = 1, 2, \cdots, m \tag{8-4}$$

2）等式约束。

$$h_j(\boldsymbol{X}) = 0, \quad j = 1, 2, \cdots, l \tag{8-5}$$

式中：m, l 分别表示不等式和等式约束的数目。考虑到

$$h_j(\boldsymbol{X}) = 0, \quad j = 1, 2, \cdots, l \tag{8-6}$$

等价于

$$h_j(\boldsymbol{X}) \geqslant 0, \quad h_j(\boldsymbol{X}) \leqslant 0, \quad j = 1, 2, \cdots, l \tag{8-7}$$

因此，约束都可以用不等式约束来统一表达。

（4）目标函数。可以满足约束条件的设计方案很多，每种方案都可称为"可行方案"；在这众多的可行方案中，究竟哪一种方案更优，这就需要有评价指标。这个评价设计方案优劣的指标，实际上就是设计所追求的目标。该指标是设计变量的函数，即

$$f(\boldsymbol{X}) = (x_1, x_1, \cdots, x_n) \tag{8-8}$$

函数 $f(\boldsymbol{X})$ 就是"目标函数"，而使得 $f(\boldsymbol{X})$ 取得极值的那组设计变量（记为 $\boldsymbol{X}_{\mathrm{opt}}$），就是最优设计方案的相应设计参数。

（5）优化方法。优化方法种类繁多，在制导炸弹总体优化设计中，最常用的是有约束的非线性规划法。非线性规划法又可分为间接法和直接法。

间接法是指系统可以用较简单的数学函数式来描述，并且可以用解析法来求得最优解的方法。例如目标函数可用方程表示为

$$f(\boldsymbol{X}) = (x_1, x_1, \cdots, x_n)$$

令 $\dfrac{\partial f}{\partial x_i} = 0, i = 1, 2, \cdots, n$，则可得到一个非线性方程组，求出其解 $\boldsymbol{X}_{\mathrm{opt}}$ 即可使 $f(\boldsymbol{X})$ 达到极值，$\boldsymbol{X}_{\mathrm{opt}}$ 即为最优解。这种方法计算效率高，而且能得到精确解。但许多实际工程问题，特别是像制导炸弹的总体设计问题，很难用数学方程直接描述，因此，制导炸弹总体优化设计中更常用的是直接法。

直接法就是根据设计的变量和约束条件，通过数学模型直接求取目标函数值。设计变量在其探索区间内按一定的规划取值，经试算、比较后逐步改进，按给定标准逼近最优解。直接法的优点是概念直观，程序简单，不需要复杂的数学解析处理，对数学模型没有特别的要求，适用于各种复杂的工程问题。其缺点是只能按一定精度给出近似解，而且数值计算工作量较大。

2. 优化设计的一般过程

各种工程设计问题，虽然其初始条件、数学模型和设计约束各不相同，但在进行优化设计时，其原理和方法大致相同，如图 8-1 所示。

优化设计过程：首先根据经验给出初始条件，连同已知数据一起输入数学模型，进行性能分析与计算。所得性能参数和约束条件一起，得到目标函数值，并按目标函数值评价方法优劣。如不满意，本优化方法则按其特有逻辑给出设计

变量的改进值,重复上述过程,直到目标函数取得极值,输出最优方案。在此过程中,进行人工干预,显示目标函数逐次取值及某些重要性能参数值,必要时人为改变设计参数。人工干预可以充分利用设计人员的工程经验,检查整个优化过程的进展是否正常。这对于新发展的优化程序和解决比较新的问题是非常必要的。

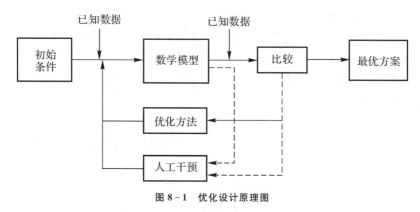

图 8-1　优化设计原理图

制导炸弹的总体设计是制导炸弹武器系统研制过程的重要环节,当系统数学模型不复杂,设计变量不多时,可以采用数学规划领域许多成熟的算法。早期的优化设计是对弹上各分系统分别进行优化。随着制导炸弹技术的迅速发展,弹上分系统越来越复杂,它们之间的耦合越来越严重,通过耦合作用提高系统性能,提出了一种一体化多学科设计优化方法(Multidisciplinary Design Optimization,MDO)。目前,该方法已十分成熟,并在航空航天兵器等领域广泛应用。

MDO 是一种进行复杂工程系统和子系统的设计方法学,其基本思想是在复杂系统设计的整个过程中集成各个学科(子系统)的知识,应用有效的设计/优化策略和分布式计算机网络系统,来组织和管理整个系统的设计过程,通过充分利用各个学科(子系统)之间的相互作用所产生的协同效应,协调不同学科设计之间的耦合和可能遇到的冲突,实施多学科优化方法的软件和硬件结构,集成设计、分析工具,使设计从孤立的、串行的过程成为并行的、协同的过程,把设计的焦点从单独的部件级转移到系统级整体性能优化,从而可以缩短设计周期和提高设计效率,得出整体上的最优设计。

第 9 章
武器系统试验

制导炸弹的设计是基础,制造是实现设计,试验是在模拟或真实条件下完善设计和评估产品的性能、可靠性、质量水平的有效手段,试验贯穿于制导炸弹研制的全过程。

(1)初样阶段,各种地面试验可以验证设计方案的正确性和各系统工作的协调性。

(2)工程研制阶段,环境试验、大型地面试验、机载试验和飞行试验可以全面检验部件、分系统、炸弹及武器系统的性能、环境适应性、可靠性、维修性、电磁兼容性和综合保障水平。

(3)设计定型阶段,通过飞行试验可以获取接近真实战术环境条件下的武器系统有关数据,为武器系统定型或鉴定提供依据。

|9.1　大型地面试验|

9.1.1　风洞试验

在制导炸弹方案设计阶段，经初步的气动外形设计和工程计算后，为获取准确的气动数据，往往需要进行风洞试验验证。

目前的制导炸弹风洞试验相对简单，常见的风洞试验有常规测力试验、动导数试验、铰链力矩试验及 CTS(捕获轨迹系统)试验。常规测力试验主要为了获取全弹的气动特性参数；动导数试验主要为了获取全弹阻尼系数；铰链力矩试验主要用于确定舵面气动力对转轴的力矩，为舵机选型提供依据；CTS 试验主要用于分析机弹分离的安全性。风洞试验费用较高，随着仿真分析手段的不断进步，计算精度越来越高，设计阶段主要以计算为主，尽量减少吹风的反复。

9.1.2　静力试验

在制导炸弹初样研制阶段，对 $1:1$ 的炸弹结构进行强度、刚度检验。炸弹结构有重大更改时也应重做或补做静力试验。

试验项目有：

（1）部件试验：对主要承力部件，如弹翼、尾翼、承力舱段、承力支架等，进行单独的或组合的静力试验。

（2）全弹静力试验：对全弹基本结构进行综合静力试验。

根据试验获取的部件和全弹强度与刚度数据，可以对炸弹的结构特性作出评估。

9.1.3 模态试验

结构模态试验是为了获取炸弹结构的模态参数，包括固有频率、固有振型、阻尼比及传递函数。模态试验获取的有关数据作为制导炸弹气动弹性、控制系统设计和动态特性等专业研究的基本依据，也是制导炸弹飞行试验结果分析的重要参考数据。

9.1.4 弹上设备桌面联试

在研制的每个阶段，在制导炸弹总装前，弹上设备应进行地面联试，以便检查各设备工作的正确性和各系统（包括弹上和地面设备）之间工作及接口关系的协调性，也作为弹上设备总装前的检验测试。

9.1.5 系统联合试验

制导炸弹的系统联合试验主要是为了验证设备间机械与电气接口、设备与弹体机械接口的正确性，信号传递的协调性及可靠性，全系统工作是否满足设计要求，产品的齐套性。

（1）单元检查：制导炸弹各分系统按照各自的单元检查专用技术文件进行检查。

（2）协同检查：将导引头、电气设备单元、引信、制导控制组件、舵机、卫星接收装置等弹上设备及地面检测设备接入系统，考核工作是否正确协调，测试闭环供电特性。

（3）装后检查：将所有弹上设备在弹上复位，所有火工品的输入信号电路均断开，检查弹上设备安装精度、供电及信号是否连接正常，电缆及接插连接件是否连接牢固等。

（4）自动检查：将所有火工品的输入信号电路均断开，进行单元检查；再检查全系统是否按时序发出信号并满足预定的控制关系。

9.1.6 全弹综合测试

将制导炸弹弹体置于挂机状态(吊耳朝上),并与地面检测设备、外场仿真设备相连,按照工作流程工作,测试全流程的正确性和协调性。

|9.2 机弹地面试验|

9.2.1 CTS试验

CTS试验主要用于检验不同投放条件下制导炸弹与飞机分离特性是否安全。CTS试验应考虑炸弹实际挂装方式,图9-1、图9-2所示分别为F-16外挂和F-35内埋挂装情况下的CTS试验照片。CTS试验过程如下:用六自由度支撑外挂物于投放/发射初始位置,测出外挂物受到的空气动力和力矩,并输入与风洞相匹配的计算机中;在考虑投放/助投力和力矩以及外挂物的推力特性等影响因素后,用计算机求解外挂物运动方程组,给出下一时刻外挂物的位置和姿态;由计算机控制机械装置来完成这一移动,在新的位置上重新测量和计算,如此循环进行。

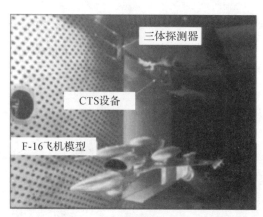

图9-1 F-16进行外挂CTS试验

图 9 - 2 　F - 35 进行外挂/内埋结合 CTS 试验

9.2.2　DSI环境试验

通过 DSI(无附面层隔道超声速进气道)环境试验验证制导炸弹各项功能、逻辑及其与航电系统的接口要求是否满足产品设计要求。

试验内容包括:通过弹模拟器模拟炸弹正常流程(自检过程、对准过程、正常投放)和故障流程(自检故障、对准故障、射前检查故障),检查各项功能、逻辑及其与航电系统的接口是否满足产品设计要求;通过模拟试验弹(不含火工品)或全套弹上设备的正常流程测试和故障流程测试,检查各项功能、逻辑及其与航电系统的接口是否满足产品设计要求。

9.2.3　机弹接口试验

验证制导炸弹与机载火控系统交联工作流程正确性。首先使用弹模拟器与载机的下接口试验,主要验证正常投放、模拟投放、选择投放、应急投放流程;再利用电子对接弹与载机的下接口试验,主要验证模拟投放流程。

9.2.4　航电与悬挂装置的组合试验

验证飞机与制导炸弹及其悬挂装置机械、电气接口正确性,装卸程序的合理性,弹射分离的可靠性和对环境条件的适应性,为控制挂飞奠定基础。

制导炸弹与悬挂装置的试验包括鉴定试验和验收交付试验。鉴定试验一般

在试验室进行,验收交付试验一般在装机后进行。其试验项目见表 9-1。

表 9-1　制导炸弹与悬挂装置组合试验项目

试验项目	鉴定试验	验收交付试验	试验标准
物理检测	√	√	GJB 1063A—2008
对接试验	√	√	GJB 1063A—2008
投放试验	√	√	GJB 1063A—2008
振动试验	√		GJB 150A—2009
冲击试验	√		GJB 150A—2009

试验要求:悬挂装置应是真实的;制导炸弹用外形、重量、重心、接口和爆控系统与真实产品一致的模拟弹;物理检查包括手动开、闭锁操作,起挂与机械、电气对接,止动预紧等操作的方便性、合理性。

9.3　电源适应性试验

电源适应性试验包括正常电压瞬变试验、非正常电压瞬变试验、电源转换工作试验、电源接口中断试验,验证制导炸弹是否满足 GJB 181A—2003 和载机供电特性要求。

9.4　电磁兼容性试验

9.4.1　试验目的

电磁兼容性试验的目的是考核炸弹、设备和分系统与外部系统、设备或电磁环境协调工作而互不干扰的能力。电磁兼容性试验通常在专门设计的屏蔽的吸波暗室中进行,如图 9-3 所示,以保证试验场所的电磁环境满足要求,同时避免较强的电磁辐射对周围其他设备和人员可能造成的危害。

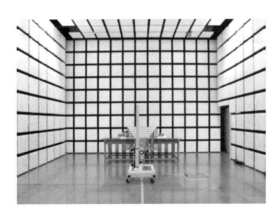

图 9 - 3　典型吸波暗室

9.4.2　试验项目

电磁兼容性试验包括电磁发射试验和电磁敏感度试验两类。电磁发射试验是测试被测系统、设备对外部产生的电磁干扰是否满足有关标准规范的极限值要求,根据电磁干扰传输途径分为传导发射(CE)试验和辐射发射(RE)试验。电磁敏感度试验是测试被测系统、设备在有关标准规范规定或实际工作的电磁干扰环境下正常工作的能力,根据电磁干扰加载的方式分为传导敏感度(CS)试验和辐射敏感度(RS)试验。

(1)传导发射试验测量在炸弹电源线上存在的且由被测设备产生的干扰信号,根据干扰信号的性质,传导发射测量干扰电流、干扰电压和尖峰干扰信号。相应的测试方法有电流探头法、线路阻抗稳定网络法和时域瞬态测试法。测试的频率范围通常为 25 Hz~10 MHz。

(2)辐射发射试验测量炸弹通过空间发射的信号。辐射发射分磁场辐射发射和电场辐射发射。磁场测试使用环形磁场接收天线测试,电场测试根据测试频段不同分别使用杆天线、双锥天线、双脊喇叭天线等天线测试。磁场测试频段通常为 25 Hz~100 kHz,电场测试频段通常为 10 kHz~18 GHz(根据需要可到40 GHz)。

(3)传导敏感度试验考核炸弹对施加到其电源线、互连电缆、天线端子及壳体上的干扰信号的承受能力。施加的干扰信号类型主要有连续波干扰和瞬态脉冲干扰。根据干扰类型、施加方式和测试对象的不同,主要的传导敏感度试验见表 9 - 2。

表 9－2　主要的传导敏感度试验

测试对象	干扰信号特性	施加干扰类型	施加干扰方式
电源线	25 Hz～50 kHz	连续波	注入变压器
	$E=100\sim400$ V $T=0.15,5,10\ \mu s$	瞬态尖峰信号	串联、并联
电源线和互连电缆	10 kHz～400 MHz	连续波(调制)	注入探头
	$T_r\leqslant2$ ns,$I=5$ A	瞬态脉冲	
	10 kHz～100 MHz	阻尼正弦脉冲	
壳体	50 Hz～100 kHz	连续波	直接注入
天线端子	10 kHz～20 GHz	连续波(调制)	三段网络

(4)辐射敏感度试验考核炸弹对施加的辐射电磁场的承受能力。辐射电磁场分为磁场和电场。测试一般采用天线辐射法、TEM 室法或 GTEM 室法进行。测试的频率范围:磁场 25 Hz～100 kHz,电场 10 kHz～18 GHz(根据需要可 40 GHz)。场强的幅值根据炸弹不同的工作平台,电场从 5 V/m 到 200 V/m 不等。炸弹工作在特殊的电磁环境下,根据实际环境,可以提高或降低测试场强。

除了上述电磁兼容性试验,根据具体型号需求还可以进行如下电磁兼容性测试项目:无线电频谱特性的测量、接地电阻和搭接电阻测试、屏蔽效能测试、电磁环境测试、系统安全系数测试、天线间干扰耦合测试、电源特性测试、浪涌测试、尖峰测试、雷电测试、静电测试、电磁脉冲测试等。

9.4.3　试验标准

电磁兼容性试验一般按选用的标准进行,常用的电磁兼容性试验国家军用标准有 GJB 151A—1997《军用设备和分系统电磁发射和敏感度要求》、GJB 152A—1997《军用设备和分系统电磁发射和敏感度测量》、GJB 181—1986《飞机供电特性及对用电设备的要求》、GJB 3590—1999《航天系统电磁兼容性要求》等。

炸弹设备和分系统的电磁兼容性试验,以 GJB 152A 最为全面和详细,标准详细规定了测试场地、测试环境、测试布置、测试设备及测试步骤,同时对测试校准、测试精度、数据的提供也提出了详细的要求。标准根据炸弹及其分系统的预定安装使用平台的不同,其要求测试的项目和极限值也不同。平台分为舰船、飞机、空间和地面,根据使用条件又分为陆、海、空三种。GJB 152A 是 GJB 151A 的配套标准。

其他电磁兼容性测试的主要标准还有 GJB 114《无线电频谱特性的测量》、QJ 2428《战术炸弹武器系统电磁兼容性测试方法》、QJ 2429《战术炸弹壳体屏蔽效能测量方法》、QJ 2803《电磁环境场测量方法》、QJ 3022《炸弹（火箭）天线间耦合干扰测试方法》等。

9.4.4 试验标准的剪裁

剪裁是国外多年来执行高层次通用标准和规范的经验总结，是对标准中的各项要求进行分析和选择，必要时进行修改、删减或补充，以确定并形成适合于某一具体产品的最低要求的过程。

对电磁兼容性标准的剪裁一般有两种，一种是对技术要求项目的选取，另一种是对技术指标要求的修改。当使用电磁兼容性标准时，要分析标准中规定的各项要求是否适用特定的型号具体要求和环境。在 GJB 151A 中共有 19 项测试，在提出具体型号的电磁兼容性测试要求时，应根据分系统和设备的干扰和敏感特性及所使用的平台环境，选择测试项目，去掉那些不必要的项目要求，这样既节省了经费，又加快了研制进度。如机载设备一般要求 7～8 项测试。

电磁兼容性要求和试验项目，是通过与任务要求、性能指标、工程研制经费和进度权衡而确定的。如预期的电磁环境十分恶劣，超过标准的要求，就需要提出附加的屏蔽、隔离和管理要求。反之，实际的电磁环境远好于标准规定的电磁环境时，经过总师系统的批准，可以放宽要求。需要引起注意的是，对电磁兼容性要求和试验项目的剪裁，需要在认真分析研究的基础上进行，对标准中规定的，在其适用范围以内必须协调统一的强制性要求及关系到型号质量、安全的基本要求，不能剪裁。同时，对标准的剪裁需按规定的程序报批，并在任务书或大纲中予以说明或规定。

9.5 "六性"试验

9.5.1 可靠性试验

1. 目的与要求

可靠性试验是对产品可靠性进行调查、分析和评价的一种手段，其目的是：

(1)发现产品在设计、材料和工艺方面的各种缺陷，为改善产品的战备完好

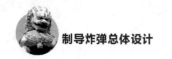

性,提高任务成功性、减少维修费用及保障费用提供信息。

(2)确认产品是否符合规定的可靠性定量要求。

(3)确认经可靠性设计分析所确定的薄弱环节,从而为提高产品的固有可靠性提供信息。

可见,可靠性试验不只是为了产品作出接收、拒收或合格与否的结论,它的一个重要作用是为了发现产品的可靠性问题,采取有效的纠正措施,从而提高产品的可靠性。

实际上,用可靠性数据来消除的往往是那些通过设计分析不便发现的故障。当然,也可能还有一些不便通过试验发现的问题,那就只有通过现场使用试验来发现。

2.试验的分类

可靠性试验可分为工程试验与统计试验两大类。

(1)工程试验。工程试验的目的是暴露产品的可靠性问题并采取纠正措施,从而提高产品的可靠性。工程试验包括环境应力筛选及可靠性增长试验。

1)环境应力筛选是为发现和排除不良零件、元器件、工艺缺陷和防止早期失效的出现而在环境应力下所做的一系列试验。典型应力为随机振动、温度循环及电应力。

2)可靠性增长试验是通过试验分析,采用试验剖面循环的方式,着重于性能监控、故障检测、故障分析,采取有效的纠正措施,尽早暴露产品可靠性薄弱环节,并证明纠正措施有效而进行的一系列可靠性试验。

(2)统计试验。统计试验包括可靠性摸底试验和可靠性鉴定试验。

1)可靠性摸底试验是为了确定产品的可靠性特性或其量值而进行的试验。这是一种其目的不在验收与否的可靠性试验。承制方通过可靠性测定试验对产品当前达到的可靠性水平获取信息,来判断产品的可靠性水平。可靠性摸底试验是根据制导炸弹的典型任务剖面确定试验剖面,试验剖面由温度应力、湿度应力、振动应力等构成,按照 GJB 899A 计算或实测数据归纳,可进行适当的加严处理。

2)可靠性鉴定试验是为确定产品可靠性与设计要求的一致性,验证产品的MTBF 最低可接受值是否达到研制总要求或技术协议书/研制任务书的相关要求,由订购方用有代表性的产品在规定的条件下所做的试验,并以此作为批准定型的依据。试验条件按照 GJB 899A 计算或实测数据归纳。应模拟实际使用环境。试验方案根据置信度要求和使用方风险,一般在 GJB 899A 中选取,应经过使用方确认。

9.5.2 维修性试验

维修性试验的目的是考核与验证所研制产品满足维修性要求的程度,以之作为进行产品鉴定和验收的依据,发现和鉴别有关装备维修性的设计缺陷,以便采取纠正措施,实现维修性增长。此外,在开展维修性试验与评价工作的同时,还可实现对各种相关维修保障要求(如备件、工具、设备、资料等资源)的评价。

9.5.3 测试性试验

通过测试性试验确定制导炸弹是否满足规定的测试性要求,一般选用故障检测率(FDR)、故障隔离率(FIR)、故障检测时间(FDT)等参数描述。

9.5.4 保障性试验

保障性试验是对综合保障方案中规划的所有保障进行试验,验证保障资源规划的合理性和利用率,保障制导炸弹战备完好性及战时使用性能。

9.5.5 安全性试验

制导炸弹上的战斗部、引信和火工品需满足相关行业军标的要求,安全性试验参照相关要求执行。

9.5.6 环境试验

1. 概述

环境试验仅是装备寿命周期环境工程工作的一部分,环境试验包括自然环境试验。实验室环境试验和使用环境试验,实验室环境试验只是环境试验中的一部分工作,实验室环境试验遍及装备研制和生产阶段全过程,是提高装备环境适应性和验证装备环境适应性是否满足合同要求的重要手段。现行的 GJB 150A《军用装备实验室环境试验方法》作为 GJB 150《军用设备环境试验方法》的修订本,已于 2009 年 5 月由中国人民解放军总装备部发布,2009 年 8 月实施。

(1)环境试验的目的。

环境试验的目的是考核和评定产品的环境适应性,寻找产品的薄弱环节和频率特性,以便改进产品设计,提高产品质量,确保飞行器首飞安全。

(2)环境试验的分类。

环境试验按试验种类分为研制试验、鉴定试验和验收试验。

研制试验的目的是测定产品的动力学响应,验证设计方案及计算分析模型的正确性,寻找产品的薄弱环节和频率特性,发现和修改设计缺陷,提高产品的环境适应性。研制试验的特点是试验要反复进行,试验的应力量值比较灵活。

鉴定试验的目的是检验产品耐环境设计是否达到研制任务书规定的要求,保证产品对必然遇到的环境的适应性。鉴定试验一般在炸弹飞行试验成功后进行。鉴定试验的特点是试验条件接近真实环境条件的极值。

验收试验的目的是考察该批产品是否符合合同要求的耐环境能力。验收试验的特点是试验项目仅选择主要的,如温度、振动。验收试验的应力量值和持续时间可低于鉴定试验。

(3)环境试验项目的确定。

根据寿命期环境剖面经历的环境应力类型,分析环境因素对产品可能造成的影响效应,剪裁确定对产品起主要作用的环境因素,根据 GJB 150A 的适用范围确定环境试验项目。制导炸弹研制阶段开展的环境试验项目见表 9-3。

表 9-3   制导炸弹研制阶段开展的环境试验项目

序号	试验项目			试验条件确定说明
1	低温试验	低温贮存试验		按照 GJB 150.4A 相关规定确定
		低温工作试验		
2	高温试验	高温贮存试验		按照 GJB 150.3A 相关规定确定
		高温工作试验		
3	温度冲击试验			按照 GJB 150.5A 相关规定确定
4	温度-湿度-高度试验			按照 GJB 150.24A 相关规定剪裁确定(包括高低温工作温度、最大飞行高度、最高最低电应力等)
5	振动试验	运输振动试验		按照 GJB 150.16A 相关规定确定
		挂飞振动	挂飞振动功能试验	优先采用实测数据。无实测数据则按 GJB 150.16A 及相关标准规定的方法进行计算(挂飞包线/动压、悬挂装置形式、挂飞次数及时间、自由飞最长时间、模态特性等)
			挂飞振动耐久试验	
		内部挂飞振动功能试验		按内埋载机要求确定

续表

序号	试验项目		试验条件确定说明
6	冲击试验	功能性冲击试验	按照 GJB 150.18A 相关规定确定
		弹射冲击试验	常用真弹真架实弹弹射
7	淋雨试验		一般按 GJB 150.8A 的程序Ⅱ——强化进行试验
8	湿热试验		按照 GJB 150.9A 相关规定确定
9	盐雾试验		按照 GJB 150.11A 相关规定确定
10	霉菌试验		按照 GJB 150.10A 相关规定确定
11	砂尘试验	吹尘试验	按照 GJB 150.12A 相关规定确定,需要进一步明确温度、吹尘吹砂方向、砂浓度等参数
		吹砂试验	

(4)环境试验的一般程序。

环境试验的一般程序包括:

1)试前检查:在通常条件下对试验件进行电性能、机械性能测量以及外观检查。

2)安装:试验件在试验设备中的安装应模拟实际使用状态。

3)试验:对试验件施加规定的环境条件。在试验期间要求试验件工作时,应进行检测。

4)试后检测:试验结束后,在通常条件下对试验件进行电性能、机械性能测量以及外观检查。

当试验件出现下列情况时,则被认为不合格:试验件性能参数的偏离值超出了规定的允许极限;结构损坏影响了试验件的功能。

试验中断的处理:试验设备故障中断时,试验条件没有超过允许误差,试验时间有效;试验件故障中断时,试验时间无效。

(5)环境条件确定方法。

制导炸弹环境是指炸弹武器系统在整个寿命期内遇到的环境,包括气候环境、力学环境、电磁环境、运输环境和贮存环境等。环境条件是制导炸弹武器系统研制过程中产品设计和环境试验的重要依据。环境设计主要在产品研制初期进行,通过设计—试验—改进—试验这一过程反复进行,将环境适应性纳入产品。分析产品寿命期内环境剖面和任务剖面后,根据国内环境试验设备的能力,设计、制定产品的环境条件。制定环境条件应考虑工程性,恰当地制定环境条件,对产品研制有着至关重要的意义。过低的环境条件,导致欠试验,使产品在

地面试验中得不到充分考核,某些缺陷无法暴露,产品在实际恶劣的环境下飞行可能失效;过高的环境条件,导致过试验,要求产品必须通过高于空中飞行环境的地面试验,因而导致产品研制难度增加,尤其对于一次性使用的产品,会造成研制周期过长、经费浪费等。因此,制定恰当的环境条件,能使产品结构本身及其设备在短周期、低成本下得到合理设计。但确定炸弹环境,尤其是新型号的环境,是在大量具体情况未知(如结构的详细情况)的前提下进行的,因此不可能一次得到精确的数据结果。一般先依据已有工程经验或试验提出暂行环境条件,随工程进展逐步加以修订完善。

2.单因素环境试验

环境试验大部分是单因素试验。单因素环境试验的优点是试验设备简单,试验过程容易控制和掌握。单因素试验中产品一旦失效,其失效原因容易找到,以便迅速采取改正措施。在产品研制阶段,环境试验的重点是了解环境因素的影响,因此多采用单因素环境试验。通过单因素环境试验逐步提高产品对环境的适应性是非常重要的。单因素环境试验包括以下试验项目:

(1)高温试验。

一般情况下,所有装备在其寿命周期内均需进行高温试验,因为高温环境是装备贮存、运输和使用过程中不可避免的环境。高温环境与其他环境因素综合作用,将直接或间接影响装备的性能。

GJB 150.3A 标准规定了两大类试验程序:程序Ⅰ——贮存和程序Ⅱ——工作。

1)程序Ⅰ——贮存。

该程序主要用于考核装备贮存期间高温对其安全性、完整性和性能的影响。根据适用的对象不同,该程序又细分为恒温贮存和循环贮存。恒温贮存主要用于考核安装在靠近发热装置(发热装置主要指电动机、发动机、电源、高密度电子封装件等)附近的装备,这些发热装置通过辐射、对流和排出的气流冲击作用可明显提高附近装备的局部空气温度,此近似恒定的温度可抵消日循环的影响。除靠近发热装置附近以外的所有装备,高温贮存试验均应选用循环贮存试验程序,所以一般制导炸弹均采用循环贮存试验程序。

2)程序Ⅱ——工作。

该程序主要用于考核装备工作期间高温对其性能的影响。同程序Ⅰ类似,根据适用的对象不同,该程序也细分为恒温工作和循环工作。恒温工作主要用于考核安装在靠近发热装置附近的装备,其他装备高温工作的考核均应选择循环工作程序。

温度试验持续时间主要取决于在贮存温度或工作温度下的停留时间。如果不能确定贮存温度或工作温度下的停留时间,标准规定高温贮存时间为 48 h。高温工作时间为温度稳定时间加上测试时间。温度稳定是指试验件中热容量最大的部件的温度与规定的温度相差不超过 2℃。可以通过直接测量温度的方法检查试验件温度是否稳定;当温度测量困难时,可以用质量法,温度稳定时间由试验件的质量决定,见表 9-4。

表 9-4　温度稳定时间与试验件质量的关系

试验样品质量 G/kg	温度稳定时间/h
$G \leqslant 1.5$	1
$1.5 < G \leqslant 1.5$	2
$15 < G \leqslant 150$	4
$G > 150$	8

高温贮存试验和高温工作试验主要考核温度持续作用的影响,不要求考核环境试验条件对温度变化速率的影响。但是,温度变化速率过大会引入快速温变失效机理(一般规定温度变化速率不超过 3 ℃/min),温度变化速率过小会影响试验效率。

(2)低温试验。

低温试验适用于可能遇到低温环境的设备。试验温度分贮存温度和工作温度。贮存温度是产品不工作状态遇到的最低温度。低温贮存试验又称低温耐受试验,它考核产品对极度低温环境的耐受能力,如炸弹冬天在阵地上或飞机上,要求产品在该给定环境中不产生不可逆损坏,不要求性能正常。炸弹工作温度是产品工作状态遇到的最低温度。低温工作试验考核产品对使用中遇到的低温环境的工作适应性,如炸弹飞行中遇到的低温工作环境。

试验时间也是试验条件中一个非常重要的因素,直接影响着装备的安全性、完整性和性能。GJB 150.4A 标准根据装备自身所用的材料、结构特性和使用情况对贮存和工作试验程序的试验时间进行了规定:

1)对于制导炸弹上的火工品,GJB 150.4A 标准对含爆炸物、弹药、有机塑料等产品的装备在低温环境中的时间进行了规定,因为爆炸物、弹药、有机塑料等产品的性能可能会随着时间的延长逐渐恶化。根据相关研究表明,装备温度稳定后,再保持 72 h 可作为爆炸物、弹药、有机塑料等产品的一个典型低温暴露持续时间。因此,GJB 150.4A 标准规定对含爆炸物、弹药、有机塑料的装备贮存试验时间为试件温度稳定后再保持 72 h;对工作试验,试验时间与非危险性或与安全性无关(非生命保障)的装备的工作试验时间相同,采用试件温度稳定后再保持至少 2 h。

2)对于采用光电制导类航空制导炸弹的导引头,GJB 150.4A 标准对安装或限定在特定位置的玻璃、陶瓷和玻璃类产品的温度稳定时间也进行了详细的规定,如安装或限定在光学系统、激光系统和电子系统上。这类产品在低温条件下会出现静疲劳而使装备损坏。据相关报道,24 h 暴露一般能使安装或限定在特定位置的玻璃、陶瓷和玻璃类产品在低温条件下出现静疲劳而使装备损坏的设计缺陷发现的概率达到 87%。

因此,GJB 150.4A 标准对一般没有作出特殊规定的该类装备,规定其贮存试验时间为试件温度稳定后再保持 24 h;对工作试验和拆装操作试验,试验时间与非危险性或与安全性无关(非生命保障)的装备的工作试验和拆装操作试验时间相同。

温度变化速率也是影响装备的一个重要因素,对贮存和工作试验,主要是考虑温度持续作用的影响,因此温度变化速率不宜过快,过快会给装备引入快速温变失效机理。一般规定温度变化速率不应超过 3℃/min。

(3)温度冲击试验。

温度冲击试验适用于可能遇到温度急剧变化环境的设备。温度冲击试验考核弹上设备在周围大气温度急剧变化条件下的适应性。高温箱温度和低温箱温度分别与高温工作温度和低温工作温度一致。高温持续时间为产品在贮存高温中达温度稳定时间,低温持续时间为产品在低温极值下达温度稳定时间。高低温转换时间不大于 1 min,转换次数不多于 3 次。

(4)振动试验。

振动试验考核炸弹设备在使用振动环境条件下的工作适应性和结构完好性,检验弹体结构、弹上设备安装与连接等的工艺质量。

挂飞和自由飞振动如有实测数据,经数据处理(常用标准有 GJB/Z 222—2005《动力学环境数据采集和分析指南》等)确定挂飞和自由飞振动试验条件。无实测数据则可通过 GJB 150.16A 给定的方法计算得出挂飞和自由飞振动条件。具体试验条件量值与外挂武器的物理特性、动压等因素相关。

振动试验按振动信号分为正弦振动试验和随机振动试验,按振动性能分为功能振动试验和耐久振动试验。

制导炸弹振动试验目前多采用随机振动试验。功能振动试验检验设备对环境的工作适应性,耐久振动试验检验设备结构的完好性。功能振动试验量值为使用环境的合理极值。功能振动试验时间为炸弹经受严酷环境的时间,标准规定为 5 min。耐久振动试验量值为功能振动试验量值的 2 倍,试验时间为 10 min。

当进行功能振动试验时,若设备的质量超过 35 kg,则要对振动量值进行质量衰减修正,因为炸弹飞行时,激励源有限,对较重的设备不可能激起量值较高的振动。

试验件往往通过振动试验夹具与振动台连接。试验件的状态应尽可能接近试验件的实际使用情况。要求试验夹具能不失真地将运动传递到试验件,因此试验夹具应具有良好的动态特性,即在试验频段内不出现共振峰,要有足够的刚度。试验夹具的质量过大会增加振动台的额外推力。

振动试验的关键问题是振动控制点的选取问题。控制点选取不当会造成试验件的过试验或欠试验,使试验件得不到合理有效的考核。在全弹功能振动试验中,最关心的是在使用振动条件下的炸弹工作性能。对于弹上重要设备舱是否达到了使用振动环境,是判定振动试验是否成功的标准。因此振动控制点选取在重要设备舱上,如雷达舱和驾驶仪舱。为了避免局部振动对振动试验的影响,控制点一般位于刚度较高的框、梁上,而不要位于薄蒙皮或口盖上。各控制点控制的频段均匀,各控制点控制的时间相同(正弦振动),以便弹上各设备受到充分、均匀的考核,避免有的设备过试验,有的设备欠试验。

单台随机激励的全弹功能振动试验在制导炸弹的型号研制与生产中发挥了重要的作用。但随着炸弹战术技术指标的提高,振动环境更加恶劣,为了真实地模拟复杂振动环境,现有的单台激振已无法满足这一要求。为了真实地模拟这一情况,在新型号的振动环境试验中,前后弹身给出了不同的振动量值。我国和俄罗斯等国家的炸弹环境条件有的是按舱段给出,这无疑能提高炸弹的设计质量和可靠性,降低研制成本,但同时也为进行全弹功能振动试验带来了很大的难度。为此,许多国家解决此问题的方法是采用多振动台试验系统。双台全弹振动试验系统如图9-4所示。

图9-4 双台全弹振动试验系统

由于振动的复杂性,为了更真实模拟实际的振动环境,国外采用多轴向振动试验系统代替单轴向振动试验系统。

(5)冲击试验。

冲击试验考核炸弹设备对制导炸弹起飞、着陆、弹射投放等特定时刻产生的瞬态环境的适应能力。冲击的特点是其瞬态性,表现为冲击的激励峰值大,但很快就消失了,且重复次数少。冲击可以激起结构和设备在其固有频率上的瞬态振动,因此它造成产品的破坏是以峰值破坏为主。峰值破坏主要表现为质量效应较大,即 $mA^2\omega^2/2$(m 为产品等效质量,A 为振幅,ω 为产品一阶固有频率)项大;弹簧效应较小,即 $KA^2/2$(K 为弹簧刚度系数)项小;阻尼效应更小,即 $\zeta^2 A\pi\omega$(ζ 为阻尼系数)项小。

冲击试验以理想的脉冲为主。冲击试验条件由脉冲波形、峰值加速度、持续时间和冲击次数组成。脉冲波形有半正弦波和后峰锯齿波。半正弦波由于易于实现,是最常用的波形。后峰锯齿波具有较宽频谱,容易激起试件各固有频率的响应,有较好的再现性,当条件具备时,可优先选用。

由于实际的冲击环境是十分复杂的,用简单的脉冲来模拟复杂的环境是不合理的,为此,近年来随着计算机技术的发展,已将冲击谱概念引入冲击环境试验中。冲击谱用冲击引起的响应大小来衡量冲击的破坏能力,可用于比较不同冲击的严酷度。同理想的脉冲波形冲击试验相比,冲击谱试验更为合理。目前国内已具备了用振动台进行冲击谱试验的能力,只不过要求试验控制系统具有冲击谱分析和冲击波形综合功能。

(6)加速度试验。

加速度试验考核弹上设备及结构对飞行加速度环境的适应能力。加速度是矢量,有方向和量值两个要素。油箱中的燃油会因加速度作用使压力增加,其增加压力的值等于燃油质量乘以加速度值。这个压力对供油系统有影响。炸弹机动时大的加速度会增加惯性力,因而增加结构内部应力。

加速度试验包括功能试验和结构试验两类。功能加速度试验评定设备耐使用加速度环境的能力。结构加速度试验评定设备在非使用环境下的结构完好性(如运弹车紧急制动、挂弹飞机迫降等)。对航空炸弹来说,结构加速度试验的量值为功能加速度试验的 1.1～1.5 倍。

(7)运输试验。

运输试验是验证产品在运输载体上,在规定的运输条件下的适应性试验。运输试验包括水运(舰船在海上运输)试验、空运(运输机在空中运输)试验、陆运(铁路运输和公路运输)试验 3 种。弹上设备公路运输试验可以用随机振动试验代替,也允许用公路运输跑车试验。路面包括公路和土路,炸弹运输试验通常在包装状态进行实际运输试验,如公路 600~700 km,铁路 6 000~8 000 km,空运 2 000 km,水运 600 nmile。

(8)淋雨试验。

装备无论是处于工作状态还是贮存状态,都将不同程度地受到各种水的影响,其中受淋雨影响最常见。有些装备虽然有防雨措施,但还会受到暴露在其上表面凝结水或泄漏水的影响。当雨降落时,由于在环境中雨的渗透性,雨水流动、冲击和积聚,对装备及其材料会产生各种影响,如暴雨会干扰雷达信号的传播,大雨滴能侵蚀高速飞行的飞机和炸弹的表面,雨水渗透到装备内部使其强度降低、泡胀并引起电气设备失灵等。该项试验目的是验证:装备的保护罩、壳体和密封垫圈的密封性能;装备暴露于水中时以及暴露之后满足其性能要求的能力;产品排水系统的有效性;产品装备包装的有效性。淋雨试验的种类、特点、应用及试验条件见表 9 - 5。

表 9 - 5   淋雨试验的种类、特点、应用及试验条件

种类		特点	应用	试验条件
程序Ⅰ	降雨和吹雨试验	模拟自然降雨和风吹雨的情况,有风速要求	户外使用且没有防雨措施的装备	降雨强度:1.7 mm/min 雨滴直径:0.5~4.5 mm 水平风速:不小于 18 m/s 试验时间:30 min 试件温度:高于水温(10±2)℃
程序Ⅱ	强化试验	不是模拟自然降雨而是考核装备的防水密封性	大型装备,不能使用吹雨试验装置进行试验时	雨滴直径:0.5~4.5 mm 喷嘴水压力:最小 276 kPa 试验时间:40 min
程序Ⅲ	滴水试验	模拟滴水情况	有防雨措施但可能暴露于冷凝或泄漏而滴水的装备	滴水量:大于 280 L/(m²·h) 水滴降落最终速度:9 m/s 试件温度:高于水温 10℃ 试验时间:15 min

(9)湿热试验。

湿热试验验证产品在高温、高湿环境条件下工作的适应性。湿热试验是一种模拟自然环境湿热条件的加速试验方法。所谓加速,是指强化试验条件,以达到缩短试验周期的目的。

产品在贮存、运输和使用中,总会受到与温度综合在一起的潮湿影响,温度越高,在相同湿度下绝缘受潮速度越快。在坑道(如贮弹库)内,由于通风不良,局部潮湿不容易散发,其严酷程度往往超过自然界中的潮湿条件。产品在潮湿条件下发生外观变化,或物理、化学和电性能方面的变化,导致产品功能失效。

湿热试验有恒定湿热试验和交变湿热试验两种,试验参数为温度、湿度和时间。

(10)盐雾试验。

产品在盐雾环境中试验,评定产品在盐雾环境中的耐用性。盐雾试验适用于暴露在盐雾大气条件下的设备。盐雾是海洋大气的显著特点。盐雾试验是模拟海洋大气对产品影响的一种加速试验。盐雾是一种极其微小的流体,很容易受到物体的阻隔,阻隔越多,盐雾越少。据测定,室外盐雾含量是室内的 4~8 倍。盐雾对产品的腐蚀破坏作用是由于盐雾中含有盐分。盐雾会降低绝缘材料的绝缘电阻和增大电接触元件的压降。

盐雾试验的主要参数是试验温度,盐溶液的组成、浓度及其 pH(酸)值,盐雾沉降率,喷雾方式和试验周期。

(11)霉菌试验。

霉菌试验是产品在规定的霉菌菌种和湿热条件下的试验,目的是评定产品的抗菌能力。霉菌在自然界分布很广,种类繁多,它属于真菌类,以孢子繁殖。霉菌在流动的空气中极易传播。霉菌以腐生和寄生方式生活。霉菌试验是将产品置于有利于霉菌生长的条件下进行试验。霉菌生长的三大要素是温度、湿度和营养物质。

温度是霉菌生长存活的最重要因素之一。温度影响表现在一方面随着温度的升高,细胞生长速度加快,另一方面随着温度的升高,霉菌机体的重要组成如蛋白质、核酸等可能遭受不可逆破坏。大多数霉菌的平均最适宜温度为 25~30℃。

湿度是霉菌生长的必要条件,一般霉菌生长最适宜的湿度为 85%~100%。湿度低于 65%时,多数霉菌不再生长,孢子停止萌发。

霉菌在生命活动的各个阶段,都需要吸取一定的营养物质。碳、氮、钾、磷、硫和镁等是霉菌必需的养料。霉菌试验中,试验箱提供了霉菌生长的温湿条件,而营养物质是由被试产品提供的。

(12)砂尘试验。

砂尘试验是产品在一定的试验箱(室)中,用人工吹砂,确定产品抵抗尘埃微粒渗透、磨损(磨蚀)或者堵塞的能力的试验。砂尘试验适用于暴露在飞散干砂和充满尘埃环境中的设备。

风是产生砂尘环境的动力,是使砂尘移动的最重要因素之一。风在砂尘表面产生剪切应力,当剪切应力超过某一临界值时,一定直径的砂尘颗粒便开始移动。当风速足够大时,一定直径的砂尘开始悬浮于气流中。吹动直径为 2 000 μm 大小的砂粒,需要 22 m/s 的风速;吹动直径为 80~1 000 μm 大小的砂粒,需要 $5\sim 11$ m/s 的风速。

在砂尘沿地表垂直向上的分布中,占扬起砂尘总量 95% 的砂尘在距地表 0.25 m 以内的高度上。砂粒的大小随高度的增加急剧变小,如在 $900\sim 1\ 200$ m 高度的大气中,很少有直径超过 $40\ \mu m$ 的砂粒。

砂尘试验的参数有砂尘浓度、温度、湿度、风速和持续时间。

3. 综合环境试验

(1)综合环境试验的特点。

产品在贮存、运输和使用中,往往各种环境因素同时作用于产品。各种环境因素的综合作用,往往会加强对产品的有害影响,如高温加剧湿度和盐雾对产品的影响,振动加剧温度对产品的影响等。

两种或多种环境同时作用于试验样品的试验称为综合环境试验。综合环境试验有温度、湿度和高度试验,温度、湿度、振动和高度试验,振动和加速度试验等。综合环境试验是今后的发展趋向。

综合环境试验确定设备在使用期间,对综合环境用的适应能力。例如温度、湿度、高度综合环境试验,模拟机载炸弹带飞期间弹内设备遇到的环境条件。当载弹飞机停在高温高湿的机场时,弹内设备处在高温高湿环境中;当载弹飞机升空时,大气温度下降,使空气中过饱和的水蒸气凝露,由于外部压力低,弹内压力高,这时出现呼吸现象,弹内压力减小,最终内外压力平衡;当返航着陆时,产品温度低于周围空气温度,产品表面凝露;由于呼吸现象,将外部潮湿空气吸到弹体内部。温度、湿度和高度试验主要考核冷凝水对产品造成的影响。温度、湿度和高度试验参数为温度、湿度、气压和循环次数。

(2)环境试验与可靠性试验的关系。

只有常规性能试验符合设计要求的产品才能进行环境试验。环境试验的目的是考核产品对环境的适应性,评定产品耐环境设计是否符合要求。环境试验是最基本的试验。环境试验采用合理的极值环境条件,包括在贮存、运输和工作中最恶劣的环境条件。这一要求意味着产品若能在极值环境条件下不被损坏并能正常工作,则在低于极值环境条件下也一定不会被损坏并一定能正常工作,但这并不涉及产品能维持这种能力多长时间的定量指标。环境试验不允许出现故障,若产品不能适应预定环境而出现故障,则判定产品未通过试验。可靠性是产品的一项质量指标。产品的可靠性是指产品在规定的使用条件下,在规定的时间内完成规定功能的能力。可靠性试验是确定产品可靠性的定量指标,评定产品可靠性设计是否符合要求。只有通过环境试验的产品才能进行可靠性试验。可靠性试验为任务模拟试验,模拟使用中经常遇到的最典型的环境条件。可靠性试验中产品只有小部分时间处在较严酷的环境作用下,大部分时间处在经常

遇到的较温和的环境作用下。可靠性试验允许产品出现故障,对出现故障的产品可进行修复。

由此可见,环境适应性是可靠性的基础,环境试验有利于提高产品质量和可靠性。环境试验是可靠性试验的先决条件。由于环境试验和可靠性试验的目的、所用应力、试验时间和故障处理等方面不同,因此环境试验不能替代可靠性试验,可靠性试验也不能替代环境试验,二者只能相互补充。

|9.6 挂 飞 试 验|

9.6.1 挂飞适应性试验

挂飞适应性试验是为了验证制导炸弹与载机机械、电气接口的正确性、匹配性,制导炸弹与载机交联匹配性,制导炸弹在挂飞、着陆条件下的结构强度、刚度是否满足设计要求。载机按照规定的航迹进行挂弹飞行,飞机带弹返场着陆后,对制导炸弹进行检查。

9.6.2 导引头系留飞试验

导引头系留飞试验是为了验证制导炸弹导引头工作时序的正确性。载机按照规定的航迹进行挂弹飞行,对导引头的性能进行验证,提高飞行试验的成功率。

9.6.3 动基座传递对准试验

动基座传递对准试验是为了验证不同飞行条件下,动基座传递对准算法的适应性,为优化传递对准算法提供数据支撑;验证发控流程的正确性、机弹接口交联的协调性;验证传递对准精度和导航精度。

9.6.4 靶场合练

靶场合练是指飞行试验前,制导炸弹、火控系统、地面保障系统、靶场技术保障系统及发射指挥系统实施模拟发射过程的联合演练(遥测系统及地面站亦参加合练)。

(1)靶场合练条件:炸弹和试验载机对接完毕,系统工作正常;靶场技术保障系统工作正常及协调。

(2)参加合练的设备及系统:炸弹、挂架、载机、地面照射系统、挂/运弹车、遥测地面站。

(3)合练成功的标准:合练程序正常协调,参加合练的设备工作正常协调,合练指挥及操作正确。

|9.7 程控分离试验|

程控分离试验是为了验证制导炸弹与载机的分离特性是否满足要求,并对炸弹弹道性能进行摸底,如图9-5所示。试验条件的确定是依据前期的CTS试验结果。试验要求基本同飞行靶试试验(详见9.8节)。

图9-5 F22机弹分离试验

|9.8 飞行靶试试验|

飞行靶试试验是为了验证弹上设备的工作性能和全系统工作协调性,验证在典型条件下的飞行性能、射程、导航与控制精度、弹道末端弹体姿态等指标要求。

1.靶试实施条件

靶试实施的条件为:产品检测合格,外场仿真工作正常和精度满足要求,试验载机状态正常,靶场技术保障系统工作正常,靶标状态正常,靶场合练成功,气

象条件符合试验要求等。

2. 靶试前准备

靶试时间确定后,进入靶试前准备状态,主要工作内容有:参试产品火工品线路检查,参试产品性能检查,遥测系统地面供电检查、遥测地面站检查,任务数据确认及相关任务卡制作等。

3. 实施靶试程序

实施靶试程序包括:产品挂装;地面上电自检、模拟传递对准及任务加载;确认任务数据装定正确性;检查遥测信号;载机起飞前拔除地面保险销及导引头保护罩等;载机起飞完成炸弹上电、传递对准和任务加载;载机进入预定航线,进入发射区后,听从指控大厅的指令,按照"发射"指令,完成炸弹投放。

4. 应急处理

若发射时出现故障,炸弹未能离梁或投放后炸弹偏离安全飞行管道时,应立即采取应急处理措施。应急处理包括炸弹未能离梁的处理和炸弹偏离安全管道的处理。

5. 靶试后工作

靶试后工作包括:试验数据收集和处理,图像资料整理和编辑,残骸搜集和分析,试验结果初步分析,参试设备的维护和检测。

|9.9　复杂环境适应性及边界性能试验|

9.9.1　复杂环境适应性试验

复杂环境适应性试验包括复杂光/电磁环境、气象环境、地理环境等适应性试验。
复杂光/电磁环境包括卫星导航系统干扰、光电干扰等干扰环境。
复杂气象环境包括云、雾、雨、雪、沙尘、烟雾等干扰环境。
复杂地理环境包括沙漠、森林、城市、海面等背景环境下的干扰环境。

9.9.2　边界状态鉴定性能试验

综合考虑载机和炸弹的能力,设置边界试验条件,如最远/近攻击距离、最大离轴攻击能力、最大目标海拔高度攻击能力、最大纠偏能力、最小目标/背景温差攻击能力、最低激光反射率攻击能力等,对炸弹的边界能力进行考核。

|9.10 作 战 试 验|

作战试验是依据制导炸弹作战使命任务,在近似实战条件下,按照作战流程,对制导炸弹作战效能、保障效能、部队适用性、作战任务满足度以及质量稳定性等进行考核与评估的装备试验活动,主要依托军队装备试验单位、部队、军队院校及训练基地联合实施。

作战试验是把考核要求融入制导炸弹作战/训练使用保障的全过程,通过在技术阵地保障、运输、挂机检查与卸弹、训练使用和作战使用等制导炸弹作战/训练必不可少的环节设置考核点,采集相关信息,评价其可用性、可靠性、维修性、保障性、兼容性、机动性、安全性、人机工程、编配方案、作战和训练要求,并客观评估其全系统完成作战任务的能力。

参考文献

[1] 路史光,曹柏桢,杨宝奎. 飞航导弹总体设计[M]. 北京:宇航出版社,1991.

[2] 赵育善,吴斌. 导弹引论[M]. 西安:西北工业大学出版社,2006.

[3] 李俊亭. 导弹与制导炸弹[M]. 北京:兵器工业出版社,2011.

[4] 谷良贤,温炳恒. 导弹总体设计原理[M]. 西安:西北工业大学出版社,2004.

[5] 刘桐林. 世界导弹大全[M]. 北京:军事科学出版社,1998.

[6] 黄瑞松. 飞航导弹工程[M]. 北京:中国宇航出版社,2004.

[7] 范金荣. 制导炸弹发展综述[J]. 现代防御技术,2004,32(3):27-31.

[8] 张伟. 机载武器[M]. 北京:航空工业出版社,2008.

[9] 张波. 空面导弹系统设计[M]. 北京:航空工业出版社,2013.

[10] 于剑桥. 战术导弹总体设计[M]. 北京:北京航空航天大学出版社,2010.

[11] 吕国鑫,王文清. 飞航导弹气动设计[M]. 北京:宇航出版社,1989.

[12] 方宝瑞. 飞机气动布局设计[M]. 北京:航空工业出版社,1997.

[13] 苗瑞生. 导弹空气动力学[M]. 北京:国防工业出版社,2006.

[14] 范洁川. 风洞试验手册[M]. 北京:航空工业出版社,2002.

[15] 陈桂彬,邹丛青,杨超. 气动弹性设计基础[M]. 北京:北京航空航天大学出版社,2004.

[16] 钱杏芳. 导弹飞行力学[M]. 北京:北京理工大学出版社,2000.

[17] 余后满,范含林. 航天器总体设计技术成就与展望[J]. 航天器工程,2008,17(4):1-5.

[18] 胡登高,陈刚.机载空地导弹作战效能评估[J].军事运筹与系统工程,2004(1):60-64.

[19] 殷志宏,崔乃刚.空地导弹武器系统作战效能综合分析模型研究[J].战术导弹技术,2006(2):14-17.

[20] 刘建新.导弹总体分析与设计[M].长沙:国防科技大学出版社,2006.

[21] 樊富友,刘林海,陈军,等.制导炸弹结构总体分析与技术[M].西安:西北工业大学出版社,2016.

[22] 常新龙,胡宽,张永鑫,等.导弹总体结构与分析[M].北京:国防工业出版社,2010.

[23] 余旭东,葛金玉,段德高.导弹现代结构设计[M].北京:国防工业出版社,2007.

[24] 王心清.结构设计[M].北京:宇航出版社,1994.

[25] 俞云书.结构模态试验分析[M].北京:宇航出版社,2000.

[26] 李为吉,宋笔锋,孙侠生,等.飞行器结构优化设计[M].北京:国防工业出版社,2005.

[27] 陈集丰.导弹、航天器结构分析与设计[M].西安:西北工业大学出版社,1995.

[28] 丁兰芳.飞航导弹电气系统设计[M].北京:宇航出版社,1994.

[29] 杨军.现代导弹制导控制系统设计[M].北京:航空工业出版社,2005.

[30] 杨军.导弹控制原理[M].北京:国防工业出版社,2010.

[31] 刘兴堂,戴革林.精确制导控制技术[M].西安:西北工业大学出版社,2009.

[32] 蔡淑华.飞航导弹电气系统设计[M].北京:宇航出版社,1996.

[33] 韩品尧.战术导弹总体设计原理[M].哈尔滨:哈尔滨工业大学出版社,2002.

[34] 关成启,杨涤.面向21世纪飞航导弹总体设计思想探讨[J].战术导弹技术,2000(2):31-34.

[35] 刘兴堂.精确制导、控制与仿真技术[M].北京:国防工业出版社,2006.

[36] 孟秀云.导弹制导与控制系统原理[M].北京:北京理工大学出版社,2003.

[37] 符文星.精确制导导弹制导控制系统仿真[M].西安:西北工业大学出版社,2010.

[38] 王少峰.空面导弹制导控制系统设计[M].北京:航空工业出版社,2017.

[39] 张家余.飞行器控制[M].北京:宇航出版社,1993.

[40] 张莉松,胡佑德,徐立新. 伺服系统原理与设计[M]. 北京:北京理工大学出版,2006.

[41] 余瑞芬. 传感器原理[M]. 北京:航空工业出版社,1995.

[42] 唐国富. 飞航导弹雷达导引头[M]. 北京:宇航出版社,1991.

[43] 张万清. 飞航导弹电视导引头[M]. 北京:宇航出版社,1994.

[44] 钟仁华. 飞航导弹红外导引头[M]. 北京:宇航出版社,1995.

[45] 小哈得逊. 红外系统原理[M]. 红外系统原理翻译组,译. 北京:国防工业出版社,1976.

[46] 赵峰伟. 景象匹配算法、性能评估及其应用[D]. 长沙:国防科技大学,2002.

[47] 胡贵红. 红外成像系统非均匀性校正方法研究[D]. 南京:南京理工大学,2003.

[48] 曹柏桢. 飞航导弹战斗部与引信[M]. 北京:宇航出版社,1995.

[49] 陈庆生. 引信设计原理[M]. 北京:国防工业出版社,1986.

[50] 孙晓波,曹旭平,李世义,等. 引信电子安全系统的发展[J]. 探测与控制学报,2003,25(2):46-49.

[51] 张晓今,张为华,江振宇. 导弹系统性能分析[M]. 北京:国防工业出版社,2013.

[52] 葛晶晶,姚竹亭,甄晓辉. 电磁兼容设计在电子武器和装备中的应用[J]. 火力与指挥控制,2010,35(4):158-160.

[53] 叶鹏程. 电磁兼容性设计在电子产品中的应用[J]. 电子质量,2005(1):64-65.

[54] 李昕. 航空制导炸弹半实物仿真系统设计与实现[J]. 国防技术基础,2009(5):49-52.

[55] 张培忠. 制导炸弹仿真试验技术[M]. 北京:国防工业出版社,2019.

[56] 陆廷孝,郑鹏洲,何国伟. 可靠性设计与分析[M]. 北京:国防工业出版社,2002.

[57] 曾胜奎,赵廷弟,张建国. 系统可靠性设计分析教程[M]. 北京:北京航空航天大学出版社,2001.

[58] 杨为民,阮镰,俞沼. 可靠性维修性保障性总论[M]. 北京:国防工业出版社,1995.

[59] 李海泉,李刚. 系统可靠性分析与设计[M]. 北京:科学出版社,2002.

[60] 宋保维. 系统可靠性设计与分析[M]. 西安:西北工业大学出版社,2000.

[61] 龚庆祥,赵宇,顾长鸿. 型号可靠性工程手册[M]. 北京:国防工业出版

社,2007.

[62]　王善,何健.导弹结构可靠性[M].哈尔滨:哈尔滨工程大学出版社,2002.

[63]　胡海岩.机械振动与冲击[M].北京:航空工业出版社,1998.

[64]　侯世明.导弹总体设计与试验[M].北京:宇航出版社,1996.